数控机床
编程与操作入门

金璐玫　主　编
周敬勇　副主编

化学工业出版社
·北京·

内容简介

本书分为编程和加工基础篇、数控车床篇、数控铣床和加工中心篇，主要内容包括数控机床概述、数控机床编程基础、数控车削工艺基础、数控车床编程指令、数控车床基本操作、数控车床编程典型案例、数控铣削工艺基础、数控铣削的编程指令及应用、数控铣床/加工中心基本操作、数控铣床/加工中心编程典型案例等。

本书内容由浅入深，既适合初学者的学习，又能帮助数控加工人员提升岗位能力。本书可作为职业院校机械制造专业数控技术、机电技术等课程的教材，也可作为数控加工岗位培训教材或自学用书。

图书在版编目（CIP）数据

数控机床编程与操作入门：微课视频版/金璐玫主编；周敬勇副主编. —北京：化学工业出版社，2023.5

ISBN 978-7-122-43027-4

Ⅰ.①数… Ⅱ.①金… ②周… Ⅲ.①数控机床-程序设计-职业教育-教材②数控机床-操作-职业教育-教材 Ⅳ.①TG659

中国国家版本馆 CIP 数据核字（2023）第 039630 号

责任编辑：王　烨　　　　文字编辑：张　宇　陈小滔
责任校对：李　爽　　　　装帧设计：刘丽华

出版发行：化学工业出版社（北京市东城区青年湖南街 13 号　邮政编码 100011）
印　　刷：三河市航远印刷有限公司
装　　订：三河市宇新装订厂
787mm×1092mm　1/16　印张 14½　字数 360 千字　2023 年 10 月北京第 1 版第 1 次印刷

购书咨询：010-64518888　　　　售后服务：010-64518899
网　　址：http://www.cip.com.cn
凡购买本书，如有缺损质量问题，本社销售中心负责调换。

定　　价：69.00 元

前言

随着科学技术的发展，数控技术在机械制造领域日益普及与提高，各种类型的数控机床在生产中得到越来越广泛的应用。因此，培养更多数控技术高级应用型人才，是企业生产的需要，也是我国振兴机械工业的关键。为了满足职业院校和企业培养数控专业人才的需要，我们根据数控技术领域职业岗位群的要求，参考人力资源和社会保障部培训就业司颁发的《数控加工专业教学计划与教学大纲》，并结合《数控程序员国家职业标准》《数控车工国家职业标准》《数控铣工国家职业标准》和《加工中心操作工国家职业标准》，在广泛调研的基础上编写了本书。

本书在内容设置上，依次分“编程和加工基础”“数控车床”“数控铣床和加工中心”共三篇展开，较好地平衡了知识系统化和碎片化关系，集理论、实训教学为一体，把“工艺分析、零件编程、零件加工”的职业岗位工作内容融入各典型案例，图文并茂，循序渐进，符合学生心理和认知特征，以及技能养成规律。典型案例均来自车间第一线，按照车间岗位工作内容分为工艺分析和制定工艺卡、数控编程、加工等环节。此外，还设有拓展训练，供读者练习使用。书中所选实例具有较强的实用性和代表性，以期达到举一反三的目的。

本书由金璐玫主编，周敬勇副主编，王影、段全成参编。“‘兴辽’教学名师”、辽宁轻工职业学院金璐玫负责第二篇和第三篇的编写，合肥职业技术学院周敬勇和王影负责第一篇的编写、稿件统筹和绘图工作。“全国技术能手”、辽宁省“五一劳动奖章”获得者、“沈阳市技术大王”段全成高级技师负责技术指导和标准化审核。本书是编者多年来实际工作经验的总结，在编写过程中也借鉴了国内外同行的相关资料文献，在此表示感谢！

尽管做出了许多努力，但由于编者水平所限，难免存在疏漏之处，欢迎各位读者批评指正，并将意见及时反馈给我们，在此深表感谢。

编　者

目录

第一篇　编程和加工基础

第二篇　数控车床

第三篇 数控铣床和加工中心

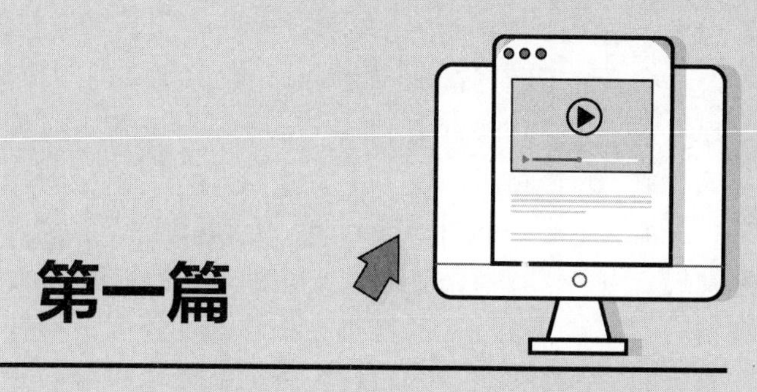

第一篇

编程和加工基础

第一章　数控机床概述

第一节　数控机床的产生与发展

一、数控机床的产生及发展概述

（一）数控机床的产生

随着科学技术和生产力的发展，机械产品日趋精密、复杂，长期以来，这类产品都在通用机床上加工，劳动强度大，而且难以提高生产效率和保证产品质量。对于一些由复杂曲线、曲面所构成的零件，通用机床根本无法完成加工。数控机床就是为了解决单件、小批量、精度高、复杂型面零件加工的自动化要求而产生的。它不仅在宇航、造船、军工等领域被广泛使用，而且也进入了汽车、机械制造、模具加工等行业。目前，在这些行业中，产品种类不断增加，形状结构日趋复杂，精度和质量也在逐渐提高。

数控机床的研制最早始于20世纪40年代末，美国麻省理工学院和帕森斯公司在美国空军后勤部的资助下，于1952年3月成功研制了世界上第一台有信息存储和处理功能的三坐标立式数控铣床。数控技术及数控机床的诞生，标志着生产和控制领域一个崭新时代的到来。

（二）数控机床的发展状况

从第一台数控机床问世至今，随着微电子技术的不断发展，特别是计算机技术的发展，数控系统也在不断更新换代。1952年出现了电子管、1959年出现了晶体管、1965年出现了小规模集成电路、1970年出现了大规模集成电路及小型计算机、1974年出现了微处理器和微型计算机。其中前三代称作硬件NC系统，后两代称作计算机软件数控，也称CNC系统

(Computerized NC)。NC系统的控制逻辑只能完成固定的控制功能，是由固定接线的硬件电路组成的专用计算机来实现的，制成后就不易改变，柔性差。CNC系统是由硬件和软件组成，通过改变软件很容易更改或扩展其功能，目前，NC系统已经被CNC系统所代替。

在系统不断更新换代的同时，数控机床的品种得到不断发展，几乎所有品种的机床都实现了数控化。1956年，日本富士通公司研制成功数控转塔式冲床，美国帕克工具公司研制成功数控转塔钻床；1958年，美国K&7F公司研制出带自动刀具交换装置的加工中心。

加工中心（machining center，MC）、CNC技术、信息技术、网络技术及系统工程学的发展，为单机数控化向计算机控制的多机制造系统自动化发展创造了必要的条件。20世纪60年代出现了由一台计算机直接管理和控制一群数控机床的计算机群控系统，即直接数控系统DNC（Direct NC）；1967年，出现了由多台数控机床连接成的可调加工系统，这就是最初的柔性制造系统FMS（flexible manufacturing system）。1978年以后加工中心迅速发展，各种加工中心相继问世。20世纪80年代初，又出现以1～3台加工中心或车削中心为主体，再配上工件自动装卸的可交换工作台及监控检验装置的柔性制造单元FMC（flexible manufacturing cell）。

我国从1958年开始研究数控技术，于1966年成功研制晶体管数控系统，并生产出了数控线切割机、数控铣床等产品，由于数控系统的稳定性及可靠性较差，数控机床品种不全，数量较少，数控技术的发展处于初步阶段。20世纪80年代初期，我国先后从德国、美国等国家引进了一些数控系统和伺服技术，在一定程度上促进了这项技术的发展。这个时期，我国经济也有了较大发展，为这项技术的进步奠定了物质基础，我国研制的数控机床性能逐步提高，品种和数量不断增加。20世纪90年代以后，国民经济进入高速发展阶段，研究开发数控系统、应用数控机床已经成了各企业的自发行为，数控技术及产品的发展速度逐年加快，我国数控技术进入了蓬勃发展时期。

二、数控机床的发展趋势

半个多世纪以来，数控机床在品种、数量、机床性能等方面有了很大的发展，大规模集成电路和微型计算机的发展以及完善，使数控系统的价格逐年下降，而加工精度和可靠性却大大提高。随着先进生产技术的发展，数控机床的发展进入了一个崭新的时代。如今，数控机床正朝着高精度化、高速度化、高复合化、高智能化、开放式结构方向发展。

（一）高精度化

数控机床的精度包括机床的几何精度、加工精度、进给分辨率、定位精度和重复定位精度、动态刚度、闭环交流数字伺服系统性能等。20世纪90年代初、中期全程定位精度达到±(0.002～0.005)mm的加工中心已越来越多。定位精度、机床的结构特性以及热稳定性的提高，使得数控机床的加工精度得到了大幅度提高，纳米技术的应用，使得数控机床的精度又发生了一次革命性提高。近10年来，普通级数控机床的加工精度已由10μm级提高到5μm级，精密级加工中心则从3～5μm级提高到1～1.5μm级，并且超精密加工精度已开始进入纳米级（0.01μm）。

（二）高速度化

高速度指数控机床的高速切削和高速插补进给。在保证精度的前提下，提高加工速度，节省加工时间，除了对数控系统的处理速度提出了更高的要求外，同时还要求数控机床具有大功率和大转矩的高速主轴、高速进给电动机、高性能的刀具、稳定的动态刚度。

提高生产效率是机床技术发展的基本目标，数控机床出现和快速发展的原因之一就是其生产效率比一般普通机床高。近 20 年来，数控机床的生产效率又有了很大提高，主要方法是减少切削时间和非切削时间。减少切削时间是通过提高切削速度及提高主轴转速来实现的。高速加工中心进给速度可达 80m/min，甚至更高，空运行速度可达 100m/min 左右。目前世界上许多汽车厂，包括我国的上海通用汽车公司，已经采用以高速加工中心组成的生产线部分替代组合机床。美国 Cincinnati 公司的 HyperMach 机床进给速度最大达 60m/min，快速运动为 100m/min，加速度达 $2g$，主轴转速已达 60000r/min，加工一薄壁飞机零件只用 30min，而同样的零件在一般数控铣床加工需 3h，在普通铣床加工需 8h。

（三）高复合化

高复合化加工指一台机床上集中了多台机床的功能，工件一次装夹可完成多工种、多工序的加工，减少了装卸刀具、装卸工件、调整机床的辅助时间，最大限度提高了机床的利用率。这种机床既保证了更高的加工精度，又提高了生产效率，节省了占地面积，节约了投资，避免了重复建设，其典型代表就是加工中心，即带有刀库和自动换刀装置的数控镗铣床。在加工中心上，工件装夹后，机械手可自动更换刀具，连续地对工件的各加工表面进行多工序加工。目前加工中心的刀库容量可多达 120 把左右，自动换刀装置的换刀时间为 1～2s。加工中心除了镗铣类加工中心和车削类车削中心外，还出现了集成型车或铣加工中心、自动更换电极的电火花加工中心、带有自动更换砂轮装置的内圆磨削加工中心等。

复合加工技术不仅是加工中心、车削中心等在同类技术领域内的复合，而且正向不同类技术领域内的复合发展。多轴联动是衡量数控系统的重要指标。高档次的数控系统，还增加自动上、下料的轴控制功能，有的在 PLC 里增加位置控制功能，以补充轴控制数的不足，这将会进一步扩大数控机床的加工范围。

（四）高智能化

数控装置发展到以微处理器为主体组成的 CNC 系统以后，系统功能不断扩大，数控机床的自动化程度也在不断提高。先后出现了自动换刀和自动交换工件功能，故障自诊断功能，人机对话自动编程功能，刀具尺寸自动测量和补偿、工件尺寸自动测量和补偿、切削参数的自动调整等功能，自适应控制功能，等等，单机自动化达到了很高的程度。

（五）开放式结构

为解决传统的数控系统封闭性和数控应用软件的产业化生产存在的问题，目前许多国家对开放式数控系统进行研究，如美国的 NGC（The Next Generation Work-Station/Machine Control）、欧共体的 OSACA（Open System Architecture for Control within Automation Systems）、日本的 OSEC（Open System Environment for Controller）、中国的 ONC（Open Numerical Control System）等。所谓开放式数控系统就是数控系统的开发可以在统一的运行平台上，面向机床厂家和最终用户，通过改变、增加或剪裁结构对象（数控功能），形成系列化，并可方便地将用户的特殊应用和技术诀窍集成到控制系统中，快速开发不同品种、不同档次的开放式数控系统，形成具有鲜明个性的名牌产品。

基于 PC 的开放式 CNC 大致可分为四类：PC 连接型 CNC、PC 内装型 CNC、CNC 内装型 PC 和纯软件 NC。典型产品有 FANUC150/160/180/210、A2100、OA.500、Advantage CNC System、华中Ⅰ型等。这些系统以通用 PC 机的体系结构为基础，构成了总线式（多总线）模块，开放型、嵌入式的体系结构，其硬、软件和总线规范均是对外开放的，硬件即插即用，可向系统添加在 MS-DOS、Windows 环境下使用的标准软件或用户软件，为数控设备制造厂和用户进行集成提供了有力的支持，便于主机厂进行二次开发，以发挥其技术特色。经过加固的工业级 PC 机已在工业控制领域得到广泛应用，并逐渐成为主流，其技术上的成熟程度使其可靠性大大超过了以往的专用 CNC 硬件。

数控系统开放化已经成为数控系统的未来之路。目前开放式数控系统的体系结构规范、通信规范、配置规范、运行平台、数控系统功能库以及数控系统功能软件开发工具等是当前研究的核心。

第二节　数控机床基本组成

数控机床由程序载体、输入装置、数控装置（CNC）、伺服系统、检测与反馈装置、辅助控制装置和机床本体等几部分组成，如图 1-1 所示。

（一）程序载体

程序载体是用于存储零件加工程序的装置。零件加工程序包括刀具的运动轨迹、加工工艺参数（进给速度、切深量、退刀量、主轴的转速）和辅助动作（换刀、冷却液的打开与关闭）等。将零件的加工程序用机床能够识别的语言编制成一定的格式存储在载体上，常用的载体有穿孔纸带、磁盘、磁带和硬盘等。

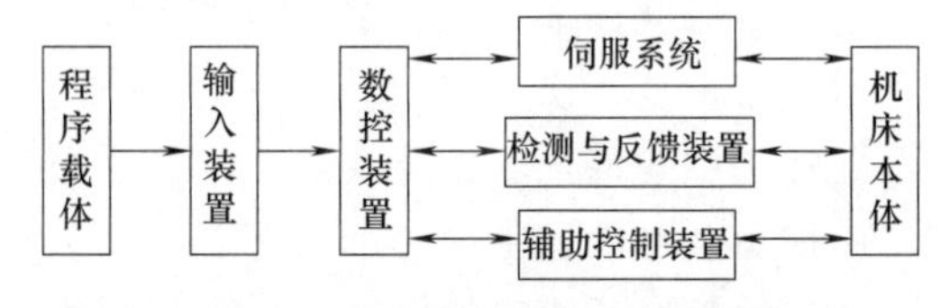

图 1-1　数控机床的基本结构图

（二）输入装置

输入装置的主要作用是将载体上的程序传递并存入数控系统内。根据加工程序存储介质的不同，输入装置可以是光电读带机、磁带机、磁盘输入机和软盘驱动器。加工程序可以通过手工方式直接输入数控系统（MDI 方式），也可以通过计算机用 RS232 接口或网络通信方式传送到 CNC 装置。目前加工程序的输入有两种方式：一种是 CNC 方式，即将加工程序提前输入机床，然后直接调出来执行该程序，这种方式适用于内存大的数控机床；另一种是 DNC 方式，即将计算机与机床进行连接，机床的内存作为存储缓冲区，计算机一边传输机床一边执行该程序进行加工，这种方式适用于内存小的数控机床。

（三）数控装置（CNC）

数控装置是数控机床的核心，主要包括微处理器、存储器、局部总线和输入/输出控制等，目前主要采用的是计算机数控装置，也称为 CNC 装置，它本质上是一台由特定的硬件和软件组成的专用计算机。数控装置是根据输入的程序和数据，经过数控装置的逻辑电路和系统软件进行编译、运算和逻辑处理后，输出控制信息和指令，控制机床各移动部件按照程序规定的动作运行。

（四）伺服系统

伺服系统的作用是将数控装置插补产生的脉冲信号，经系统功率放大器放大后，驱动伺服电动机运转，通过机械传动装置驱动机床移动部件，使工作台和主轴按规定的轨迹运动，加工出符合要求的工件。伺服系统的性能和动态响应性是影响数控机床加工精度、表面质量和生产率的重要因素之一。

伺服系统是数控系统和机床本体之间的电传动联系环节。伺服系统包括驱动装置和执行装置两大部分，伺服系统主要由伺服控制电路、功率放大电路和伺服电动机组成。伺服电动机是系统的执行元件，驱动控制系统则是伺服电动机的动力源。常用的伺服电动机有步进电动机、直流伺服电动机和交流伺服电动机。

（五）检测与反馈装置

检测装置与伺服装置配套组成半闭环和闭环伺服驱动系统。它的作用是通过直接或间接测量将执行部件的实际位移量、实际进给速度检测出来，通过模数转换变成数字信号，并反馈到数控装置中与指令位移、指令速度进行比较，将其误差转换放大后控制执行部件的进给运动，检测与反馈装置有利于提高数控机床的加工精度。

（六）辅助控制装置

辅助控制装置的主要作用是接收数控装置输出的开关量指令信号，经过编译、逻辑判断和功率放大后驱动相应的电器，带动机床的机械、液压等装置完成指令规定的开关量动作。辅助装置主要包括自动换刀装置、自动交换工作台机构、回转工作台、液压控制系统、润滑装置、切削液装置、排屑装置、过载和保护装置等。

（七）机床本体

数控机床是高精度、高速度、高智能和高生产率的自动化机械加工机床，其机床本体与通用机床本体相似，同样由主传动系统、进给传动系统、工作台、床身以及辅助运动装置、润滑系统、冷却装置等组成，但数控机床在整体布局、外观造型、传动系统、刀具系统和操作机构等方面已发生了很大的变化。其目的是充分发挥数控机床的特点。

第三节　数控机床的加工特点及分类

一、数控机床的分类

数控机床的规格较多，根据其加工范围、控制原理、功能和组成可以从以下几个不同的角度进行分类。

（一）按工艺用途分类

1. 金属切削类数控机床

这类数控机床有数控车床、数控铣床、数控镗床、数控磨床、加工中心等。

2. 金属成形类数控机床

这类数控机床主要有数控折弯机、数控弯管机、数控回转头压力机等。

3. 特种加工机床

这类数控机床主要有数控线切割机床、数控电火花机床、激光切割机床、超声（波）加工机床、电子束加工机床等。

4. 其他数控机床

这类数控机床有数控火焰切割机床、数控缠绕机、三坐标测量机等。

（二）按运动轨迹分类

1. 点位控制数控机床

点位控制数控机床只控制刀具从一个点精确地移动到另一个点的准确位置，而对于两点之间的移动轨迹不进行控制，且移动过程中不进行切削加工。为了提高加工效率，这种机床常采用“快速趋近，减速定位”的方法实现控制，如数控钻床、数控铣床、数控冲床、数控镗床等。

2. 直线控制数控机床

直线控制数控机床不但要控制点与点之间的准确位置，而且还要控制刀具的移动轨迹是一条直线，且在移动的过程中刀具能以给定的速度进行切削，进给速度根据切削条件可在一定范围内变化。这类机床的刀具一般沿与坐标轴平行的方向或沿与坐标轴呈 45°的斜线方向做切削运动，如某些简单的数控车床、数控镗铣床等。

3. 轮廓控制数控机床

轮廓控制数控机床能同时对两个或两个以上的坐标轴的位置和速度进行实时连续控制，它不仅能控制机床移动部件起点与终点坐标，而且能控制移动部件在整个轮廓的每一个点的速度和位移，使其能够加工出任意的曲线、曲面。数控车床、数控铣床、数控线切割机床、加工中心等都属于此类机床。

（三）按进给伺服系统的类型分类

1. 开环控制数控机床

图 1-2 是开环控制数控机床的工作原理图。这类数控机床的控制系统不带位置检测元件，无反馈回路，数控装置发出的指令是单向的，所以不存在系统稳定性。其驱动部件一般为反应式步进电动机或混合式步进电动机。数控装置每发出一个进给脉冲，经驱动电路放大功率后驱动步进电机转动一个角度，再经过齿轮减速机构带动丝杠旋转，通过丝杠螺母机构转化为移动部件的位移。步进电机的转角位移和转速分别取决于数控装置发出脉冲的数目和频率，系统的精度则取决于步进电机的步距精度和机械传动精度，因此其精度低。但其线路简单，调整方便，成本较低，故一般用于小型或经济型数控机床。

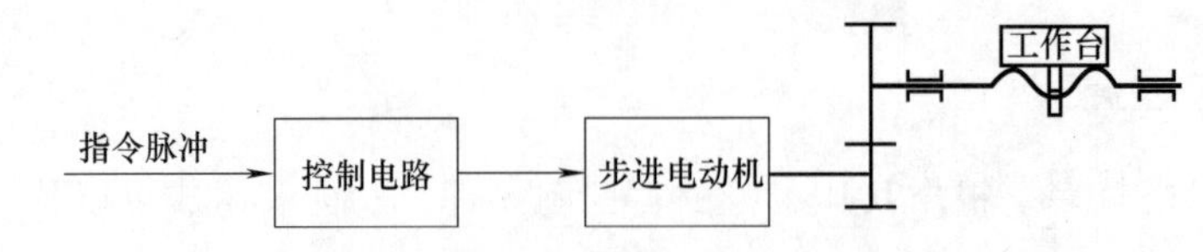

图 1-2 开环控制数控机床的工作原理图

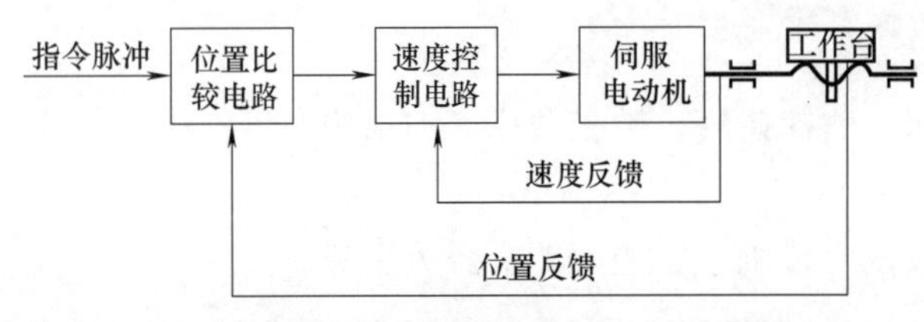

图 1-3 闭环控制数控机床的工作原理图

2. 闭环控制数控机床

图 1-3 是闭环控制数控机床的工作原理图。这类数控机床是在机床的移动部件上直接安装位置检测装置，直接检测工作台的实际位置，并实时反馈给数控装置，与输入的指令位置进行比较，利用差值控制伺服电机运行。这类机床可校正全部传动链的误差，其加工精度很高，机床的精度主要取决于检测装置的精度。驱动装置一般采用直流伺服电机或交流伺服电机，位置检测装置常用光栅尺、磁栅尺等。闭环控制的数控机床加工精度高、速度快，但调试和维护困难，成本高。

3. 半闭环控制数控机床

图 1-4 是半闭环控制数控机床的工作原理图。这类数控机床是将位置检测装置安装在电动机或丝杠的轴端，通过检测电动机或丝杠的转角间接地检测机床移动部件的实际

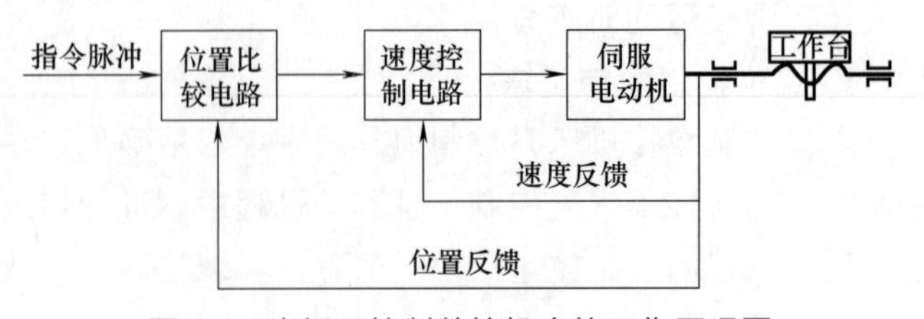

图 1-4 半闭环控制数控机床的工作原理图

位移，然后反馈到数控装置中与数控装置的输入指令进行比较，用差值进行控制。这类机床可校正传动链部分环节造成的误差，精度比开环控制高。驱动装置一般采用直流伺服电动机或交流伺服电动机。半闭环控制数控机床结构简单、造价较低、不受机械传动装置的影响，容易获得稳定的控制特性，且调试方便，应用广泛。

二、数控加工的特点

（一）自动化程度高

在数控机床上加工零件，加工过程几乎都可以由机床自动完成，这样既节省了加工时间，提高了加工效率，又减轻了操作者的劳动强度，改善了劳动条件。某些数控机床配备有完备的辅助装置，可以实现“无人化生产”。

（二）适应性强

适应性即所谓的柔性，是指数控机床随生产对象变化而变化的适应能力。在数控机床上改变加工零件时，只需要重新编制新零件的加工程序，输入新零件的程序就能对该零件进行加工，而不需要改变机械部分和控制部分的硬件。在数控机床上加工零件不需要制作特别的夹具，更不需要重新调整机床，因此数控机床特别适合单件小批量工件的加工，这给新产品的研制开发，产品改进、改型提供了很大的方便。

（三）加工精度高，产品质量稳定

由于数控机床是按照事先编制好的程序自动完成工件的加工，加工过程中排除了人的干预，因此，加工中消除了操作者的人为误差，提高了同一批零件的尺寸一致性，产品质量稳定，零件废品率大为降低。

（四）生产效率高

工件加工所需时间包括机动时间和辅助时间，数控机床能有效减少这两部分时间。数控机床主轴转速和进给量的调节范围都比通用机床的范围大，机床刚性好，可采用较大的切削用量；快速定位采用了加速、减速措施，因而既能提高空行程运动速度，又能保证定位精度，有效地降低了加工时间。

数控机床加工的效率高，一方面是由于数控机床具有高的自动化程度，另一方面是加工过程中省去了画线、多次装夹定位、检测等工序，有效地提高了生产效率。

（五）劳动强度低

数控机床的工作是按照加工程序自动完成的，操作者除将加工程序和有关参数输入机床、关键工序的中间测量和观察机床运行状况外，不需要进行繁重的操作，这就使工人的劳动条件大为改善。

（六）良好的经济效益

虽然数控机床的价格昂贵，分摊到每个工件上的设备费用较大，但是使用数控机床可以节省许多其他费用，特别是不需要设计制造专用夹具，而且具有加工精度稳定、废品率低等优点，因此降低了成本，可获得良好的经济效益。

（七）有利于生产管理的现代化

数控机床使用数字信息与标准代码处理、传递信息，特别是在数控机床上使用计算机控制，为计算机辅助设计、计算机辅助制造以及管理一体化奠定了良好的基础。

第二章　数控机床编程基础

第一节　数控编程的概念

普通机床上加工零件时，首先应由工艺人员对零件进行工艺分析，制订零件加工的工艺规程，包括机床、刀具、定位夹紧方法及切削用量等工艺参数。同样，在数控机床上加工零件时，也必须对零件进行工艺分析，制订工艺规程，同时要将工艺参数、几何图形、数据等，按规定的信息格式记录在控制介质上，将此控制介质上的信息输入到数控机床的数控装置，由数控装置控制机床完成零件的全部加工。从零件图样到制作数控机床的控制介质并校核的全部过程称为数控加工的程序编制，简称数控编程。数控编程是数控加工的重要步骤。理想的加工程序不仅应保证加工出符合图样要求的合格零件，同时应能使数控机床的功能得到合理的利用与充分的发挥，以使数控机床能安全可靠及高效地工作。

一、数控编程的内容和步骤

一般来讲，数控编程过程的主要内容包括：分析零件图样、工艺处理、数值计算、编写加工程序单、制作控制介质、程序校验与首件试加工。数控编程的具体步骤与要求如下。

（一）分析零件图样

首先要分析零件的材料、形状、尺寸、精度、批量、毛坯形状和热处理要求等，以便确定该零件是否适合在数控机床上加工，或适合在哪种数控机床上加工，同时要明确加工的内容和要求。

（二）工艺处理

在分析零件图的基础上，进行工艺分析，确定零件的加工方法（如采用的工夹具、装夹定位方法等）、加工路线（如对刀点、换刀点、进给路线）及切削用量（如主轴转速、进给速度和背吃刀量等）等工艺参数。数控加工工艺分析与处理是数控编程的前提和依据，而数控编程就是将数控加工工艺内容程序化。制订数控加工工艺时，要合理地选择加工方案，确定加工顺序、加工路线、装夹方式、刀具及切削参数等；同时还要考虑所用数控机床的指令功能，充分发挥机床的效能；尽量缩短加工路线，正确地选择对刀点、换刀点，减少换刀次数，并使数值计算方便；合理选取起刀点、切入点和切入方式，保证切入过程平稳；避免刀具与非加工面的干涉，保证加工过程安全可靠，等等。

（三）数值计算

根据零件图的几何尺寸、确定的工艺路线及设定的坐标系，计算零件粗、精加工运动的轨迹，得到刀位数据。对于形状比较简单的零件（如由直线和圆弧组成的零件）的轮廓加工，要计算出几何要素的起点、终点、圆弧的圆心、两几何要素的交点或切点的坐标值，如果数控装置无刀具补偿功能，还要计算刀具中心的运动轨迹坐标值。对于形状比较复杂的零件（如由非圆曲线、曲面组成的零件），需要用直线段或圆弧段逼近，根据加工精度的要求计算出节点坐标值，这种数值计算一般要用计算机来完成。

（四）编写加工程序单

根据加工路线、切削用量、刀具号码、刀具补偿量、机床辅助动作及刀具运动轨迹，按照数控系统使用的指令代码和程序段的格式编写零件加工的程序单，并校核前两个步骤的内容，纠正其中的错误。

（五）制作控制介质

把编制好的程序单上的内容记录在控制介质上，作为数控装置的输入信息，通过程序的手工输入或通信传输送入数控系统。

（六）程序校验与首件试加工

编写的程序单和制作好的控制介质，必须经过校验和试切才能正式使用。校验的方法是直接将控制介质上的内容输入到数控系统中，让机床空运转，以检查机床的运动轨迹是否正确。在有 CRT（阴极射线管）图形显示的数控机床上，用模拟刀具与工件切削过程的方法进行检验更为方便，但这些方法只能检验运动是否正确，不能检验被加工零件的加工精度，因此，要进行零件的首件试切。当发现有加工误差时，分析误差产生的原因，找出问题所在，加以修正，直至达到零件图纸的要求。

二、数控编程的方法

程序编制方法可以分为手工编程和自动编程两大类。

（一）手工编程

手工编程是指编制工件加工程序的各个步骤，即从工件图样分析、工艺处理、确定加工路线和工艺参数、计算程序中所需的数据、编写加工程序清单直到程序的检验，均由人工来完成。对于几何形状较为简单的工件，所需程序不多，坐标计算也比较简单，程序又不长，使用手工编程既经济又及时。因此，手工编程在点位直线加工及直线圆弧组成的轮廓加工中仍被广泛应用。

但是，工件轮廓复杂，特别是加工非圆弧曲线、曲面等表面，或工件加工程序较长时，使用手工编程既烦琐又费时，而且容易出错，常会出现手工编程工作跟不上数控机床加工的情况，影响数控机床的开动率。此时，必须解决程序编制的自动化问题。

（二）自动编程

数控自动编程是利用计算机和相应的编程软件编制数控加工程序的过程。

随着现代加工业的发展，实际生产过程中，比较复杂的二维零件、具有曲线轮廓的零件和三维复杂零件越来越多，手工编程已满足不了实际生产的要求。如何在较短的时间内编制出高效、快速、合格的加工程序，在这种需求推动下，数控自动编程得到了很大的发展。

数控自动编程的初期是利用通用微机或专用的编程器，在专用编程软件（例如 APT 系统）的支持下，以人机对话的方式确定加工对象和加工条件，然后编程器自动进行运算和生成加工指令，这种自动编程方式，对于形状简单（轮廓由直线和圆弧组成）的零件，可以快速完成编程工作。目前在有些数控系统上，这种自动编程方式，已经完全集成在系统的内部（例如西门子 810 系统），但是如果零件的轮廓是由曲线样条或是三维曲面组成，这种自动编程是无法生成加工程序的。

随着微电子技术和 CAD 技术的发展，自动编程系统已逐渐过渡到以图形交互为基础，与 CAD 相集成的 CAD/CAM 一体化的编程方法。与以前的 APT 等语言型的自动编程系统相比，CAD/CAM 集成系统可以提供单一准确的产品几何模型。几何模型的产生和处理手段灵活、多样、方便，可以实现设计、制造一体化。采用 CAD/CAM 数控编程系统进行自动编程已经成为数控编程的主要方式。目前，商品化的 CAD/CAM 软件比较多，应用情况也各有不同，表 2-1 列出了国内应用比较广泛的 CAM 软件的基本情况。

表 2-1　国内常用的 CAM 软件

软件名称	说明
UG NX	西门子推出的 CAD/CAM/CAE 一体化的大型软件，功能强大，在大型软件中，加工能力最强，支持三轴到五轴的加工
Pro/Engineer	美国 PTC 公司出品的 CAD/CAM/CAE 一体化的大型软件，功能强大，支持三轴到五轴的加工
Cimatron	以色列的 CIMATRON 公司出品的 CAD/CAM 集成软件，相对于前面的大型软件来说，是一个中端的专业加工软件，支持三轴到五轴的加工，支持高速加工
MasterCAM	美国 CNC Software 开发的 CAD/CAM 系统，是最早在微机上开发应用的 CAD/CAM 软件，用户数量最多，许多学校都广泛使用此软件作为机械制造及 NC 程序编制的范例软件
PowerMILL	英国的 DelcamPie 出品的专业 CAM 软件，是目前唯一一个与 CAD 系统相分离的 CAM 软件，其功能强大，加工策略非常丰富，目前，支持二轴到五轴的铣削加工，支持高速加工
CAXA	北航海尔软件有限公司出品的数控加工软件

目前 CAM 系统在 CAD/CAM 中仍处于相对独立状态，因此表 2-1 中的每一个 CAM 软件都需要在引入零件 CAD 模型中几何信息的基础上，由人工交互方式，添加被加工的具体对象、约束条件、刀具与切削用量、工艺参数等信息，才能生成数控加工程序。因而这些 CAM 软件的编程过程基本相同，其编程步骤可归纳如下。

第一步，理解零件图纸或其他的模型数据，确定加工内容。

第二步，确定加工工艺（装卡、刀具、毛坯情况等），根据工艺确定刀具原点位置（即用户坐标系）。

第三步，利用 CAD 功能建立加工模型或通过数据接口读入已有的 CAD 模型数据文件，并根据编程需要，进行适当删减与增补。

第四步，选择合适的加工策略，CAM 软件根据前面提供的信息，自动生成刀具轨迹。

第五步，进行加工仿真或刀具路径模拟，以确认加工结果和刀具路径与设想的一致。

第六步，通过与加工机床相对应的后置处理文件，CAM 软件将刀具路径转换成加工代码。

第七步，将加工代码（C 代码）传输到加工机床上，完成零件加工。

由于零件加工的难易程度各不相同，上述操作步骤将会依据零件实际情况，有所删减或增补。

掌握并充分利用 CAD/CAM 软件，可以帮助我们将微型计算机与 CNC 机床组成面向加工的系统，大大提高设计效率和质量，减少编程时间，充分发挥数控机床的优越性，提高整体生产制造水平。

第二节　数控加工工艺基础

一、数控加工工艺设计准备

数控加工工艺处理的主要内容如下。

① 选择适合在数控机床上加工的零件，确定工序内容。

② 分析被加工零件图样，明确加工内容和技术要求，在此基础上确定零件的加工方案，制定数控加工工艺路线，如工序的划分、加工顺序的安排、与传统加工工序的衔接等。

③ 设计数控加工工序，如工步的划分、零件的定位与夹具、刀具的选择和切削用量的确定等。

④ 调整数控加工工序的程序，如对刀点和换刀点的选择、加工路线的确定和刀具的补偿。

⑤ 分配数控加工中的容差。

⑥ 处理数控机床上部分工艺指令。

（一）数控加工工艺内容选择

对于一个零件来说，并非全部加工工艺过程都适合在数控机床上完成，而往往只是其中的一部分工艺内容适合数控加工。这就需要对零件图样进行仔细的工艺分析，选择那些最适合、最需要进行数控加工的内容和工序。在考虑选择内容时，应结合本企业设备的实际情况，立足于解决难题、攻克关键问题和提高生产效率，充分发挥数控加工的优势。

在选择时，一般可按下列顺序考虑。

① 通用机床无法加工的内容应作为优先选择内容；

② 通用机床难加工，质量也难以保证的内容应作为重点选择内容；

③ 通用机床加工效率低、工人手工操作劳动强度大的内容，可在数控机床尚存在富余加工能力时选择。

（二）数控加工工艺性分析

被加工零件的数控加工工艺性问题涉及面很广，下面结合编程的可能性和方便性提出一些必须分析和审查的主要内容。

（1）尺寸标注应符合数控加工的特点

在数控编程中，所有点、线、面的尺寸和位置都是以编程原点为基准的。因此零件图样上最好直接给出坐标尺寸，或尽量以同一基准引注尺寸。

（2）几何要素的条件应完整、准确

在程序编制中，编程人员必须充分掌握构成零件轮廓的几何要素参数及各几何要素间的关系。因为在自动编程时要对零件轮廓的所有几何要素进行定义，手工编程时要计算出每个节点的坐标，无论哪一点不明确或不确定，编程都无法进行。但由于零件设计人员在设计过程中考虑不周或部分参数被忽略，常常出现参数不全或不清楚，如圆弧与直线、圆弧与圆弧是相切还是相交或相离。所以在审查与分析图纸时，一定要仔细核算，发现问题及时与设计人员联系。

（3）定位基准可靠

在数控加工中，加工工序往往较集中，以同一基准定位十分重要。因此往往需要设置一些辅助基准，或在毛坯上增加一些工艺凸台。为增加定位的稳定性，可在底面增加一工艺凸台，完成定位加工后再除去。

（4）统一几何类型及尺寸

零件的外形、内腔最好采用统一的几何类型及尺寸，这样可以减少换刀次数，还可能应用控制程序或专用程序以缩短程序长度。零件的形状应尽可能对称，便于利用数控机床的镜像加工功能来编程，以节省编程时间。

二、数控加工工艺设计过程

(一)机床的选择

在数控机床上加工零件时，一般有两种情况：第一种情况是有零件图样和毛坯，要选择适合加工该零件的数控机床；第二种情况是已经有了数控机床，要选择适合在该机床上加工的零件。无论哪种情况，考虑的因素主要有毛坯的材料和类型、零件轮廓形状复杂程度、尺寸大小、加工精度、零件数量、热处理要求等。概括起来有三点：①要保证加工零件的技术要求，加工出合格的产品；②有利于提高生产率；③尽可能降低生产成本（加工费用）。

(二)加工工序划分

1. 工序的划分方法

在数控机床上加工零件，工序可以比较集中，在一次装夹中尽可能完成大部分或全部工序。根据数控加工的特点，数控加工工序的划分一般可按下列方法进行。

① 以一次安装、加工作为一道工序。这种方法适用于加工内容较少的零件，加工完后就能达到待检状态。

② 以同一把刀具加工的内容划分工序。有些零件虽然能在一次安装中加工出很多待加工表面，但考虑到程序太长，会受到某些限制，如控制系统的限制（主要是内存容量）、机床连续工作时间的限制（如一道工序在一个工作班内不能结束）等。此外，程序太长会增加出错且检索困难。因此程序不能太长，一道工序的内容不能太多。

③ 以加工部位划分工序。对于加工内容很多的工件，可按其结构特点将加工部位分成几个部分，如内腔、外形、曲面或平面，并将每一部分的加工作为一道工序。

④ 以粗、精加工划分工序。对于经加工后易发生变形的工件，由于对粗加工后可能发生的变形需要进行校形，故一般来说，凡要进行粗、精加工的过程都要将工序分开。

2. 数控加工工序与普通工序的衔接

数控加工工序前后一般都穿插有其他普通加工工序，若衔接得不好就容易产生矛盾。因此在熟悉整个加工工艺内容的同时，要清楚数控加工工序与普通加工工序各自的技术要求、加工目的、加工特点，如要不要留加工余量、留多少，定位面与孔的精度要求及形位公差，对校形工序的技术要求，对毛坯的热处理状态，等等，这样才能使各工序相互满足加工需要，且质量目标及技术要求明确，交接验收有依据。

(三)工件的定位与安装

1. 定位安装的基本原则

① 力求设计、工艺与编程计算的基准统一。

② 尽量减少装夹次数，尽可能在一次定位装夹后，加工出全部待加工表面。

③ 避免采用占机人工调整式加工方案，以充分发挥数控机床的效能。

2. 选择夹具的基本原则

数控加工的特点对夹具提出了两个基本要求：一是要保证夹具的坐标方向与机床的坐标方向相对固定；二是要协调零件和机床坐标系的尺寸关系。除此之外，还要考虑以下四点：

① 当零件加工批量不大时，应尽量采用组合夹具、可调式夹具及其他通用夹具，以缩短生产准备时间、节省生产费用。

② 在成批生产时才考虑采用专用夹具，并力求结构简单。

③ 零件的装卸要快速、方便、可靠，以缩短机床的停顿时间。

④ 夹具上各零部件应不妨碍机床对零件各表面的加工，即夹具要敞开，其定位、夹紧机构元件不能影响加工中的走刀（如产生碰撞等）。

（四）对刀点与换刀点的选择

在编程时，应正确地选择对刀点和换刀点的位置。对刀点是在数控机床上加工零件时，刀具相对于工件运动的起点。由于程序段从该点开始执行，所以对刀点又称为“程序起点”或“起刀点”。

对刀点的选择原则是：

① 便于用数字处理和简化程序编制。

② 在机床上找正容易，加工中便于检查。

③ 引起的加工误差小。

对刀点可选在工件上，也可选在工件外面（如选在夹具上或机床上），但必须与零件的定位基准有一定的尺寸关系。

为了提高加工精度，对刀点应尽量选在零件的设计基准或工艺基准上，如以孔定位的工件，可选孔的中心作为对刀点。刀具的位置则以此孔来找正，使刀位点与对刀点重合。工厂常用的找正方法是将千分表装在机床主轴上，然后转动机床主轴，以使刀位点与对刀点一致。一致性越好，对刀精度越高。

对刀点既是程序的起点，也是程序的终点。因此在成批生产中要考虑对刀点的重复精度，该精度可用对刀点相对机床原点的坐标值校核。

在加工过程中需要换刀时，应规定换刀点。所谓换刀点是指刀架转位换刀时的位置。该点可以是某一固定点（如加工中心机床，其换刀机械手的位置是固定的），也可以是任意的一点（如车床）。换刀点应设在工件或夹具的外部，以刀架转位时不碰工件及其他部件为准。其设定值可用实际测量方法或计算确定。

（五）加工路线的选择

在数控加工中，刀具刀位点相对于工件运动的轨迹称为加工路线，它是刀具在整个加工工序中的运动轨迹，它不但包括了工步的内容，也反映出工步顺序。加工路线是编写程序的依据之一。编程时，加工路线的确定原则主要有以下几点：

① 加工路线应保证被加工零件的精度和表面粗糙度，且效率较高。

② 使数值计算简单，以减少编程工作量。

③ 应使加工路线最短，这样既可减少程序段，又可减少空刀时间。

（六）数控加工刀具的选择

刀具的选择是数控加工工艺的重要内容之一，它不仅影响机床的加工效率，而且直接影响加工质量。编程时，选择刀具通常要考虑机床的加工能力、工序内容、工件材料等因素。

与传统的加工方法相比，数控加工对刀具的要求更高。其不仅要求精度高、刚性好、耐用性强，而且要求尺寸稳定、安装调整方便。这就要求采用新型优质材料制造数控加工刀具，并优选刀具参数。

（七）切削用量的选择

切削用量包括主轴转速（切削速度）、背吃刀量、进给量。对于不同的加工方法，需要选择不同的切削用量，并应编入程序单内。合理选择切削用量的原则是：粗加工时，一般以提高生产率为主，但也应考虑经济性和加工成本；半精加工和精加工时，应在保证加工质量的前提下，兼顾切削效率、经济性和加工成本。具体数值应根据机床说明书、切削用量手册，并结合经验而定。

三、数控加工技术文件编写

填写数控加工专用技术文件是数控加工工艺设计的内容之一。这些技术文件既是数控加工的依据、产品验收的依据，也是操作者遵守、执行的规程。技术文件是对数控加工的具体说明，目的是让操作者更明确加工程序的内容、装夹方式、各个加工部位所选用的刀具及其他技术问题。数控加工技术文件主要有数控编程任务书、工件安装和原点设定卡片、数控加工工序卡片、数控加工走刀路线图、数控刀具卡片等。

四、数控编程中的数值计算

根据零件图的几何尺寸、确定的工艺路线及设定的坐标系，计算零件粗、精加工各运动轨迹，得到刀位数据。对于点定位控制的数控机床（如数控冲床），一般不需要计算，只是当零件图样坐标系与编程坐标系不一致时，才需要对坐标进行换算。对于形状比较简单的零件（如直线和圆弧组成的零件）的轮廓加工，需要计算出几何要素的起点、终点、圆弧的圆心、两几何要素的交点或切点的坐标值，有的还要计算刀具中心的运动轨迹坐标值。对于形状比较复杂的零件（如非圆曲线、曲面组成的零件），需要用直线段或圆弧段逼近，根据要求的精度计算出其节点坐标值，这种情况一般要用计算机来完成数值计算的工作。

第三节　常用量具及使用方法

在零件加工过程中，经常要对零件的尺寸进行测量，常用的量具有钢直尺、游标卡尺、万能角度尺、车刀量角台等。

一、钢直尺

钢直尺是最简单的长度量具，它的长度有 150mm，300mm，500mm 和 1000mm 四种规格。图 2-1 是常用的 150mm 钢直尺。

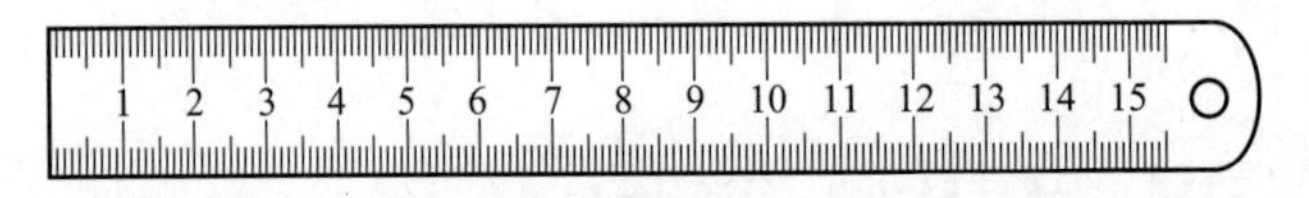

图 2-1　150mm 钢直尺

钢直尺用于测量零件的长度尺寸（见图 2-2），它的测量结果不太准确。这是由于钢直尺的刻线间距为 1mm，而刻线本身的宽度就有 0.1～0.2mm，所以测量时读数误差比较大，它的最小读数值为 1mm，比 1mm 小的数值，只能估计而得。

如果用钢直尺直接去测量零件的直径尺寸（轴径或孔径），则测量精度更差。其原因除了钢直尺本身的读数误差比较大以外，还有钢直尺无法正好放在零件直径的正确位置。所以，零件直径尺寸的测量，也可以利用钢直尺和内外卡钳配合起来进行。

二、塞尺

（一）塞尺的定义

塞尺又称测微片或厚薄规，是用于检验间隙的测量器具之一。其横截面为直角三角形，

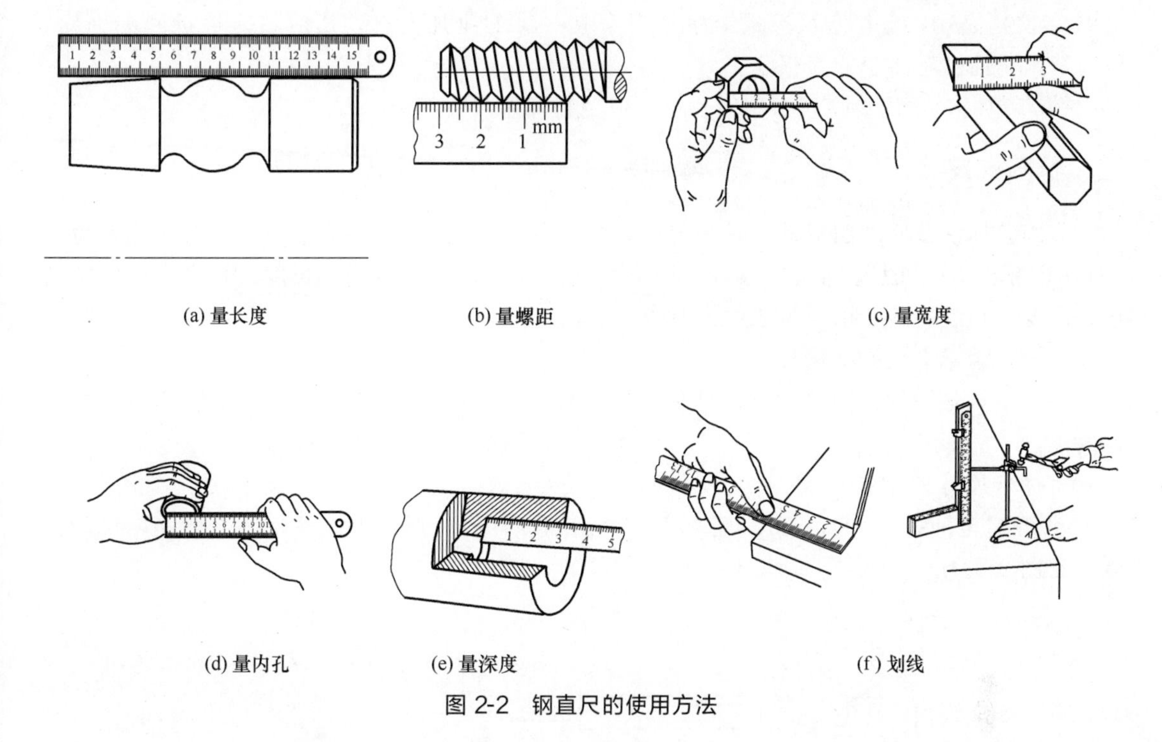

(a) 量长度　(b) 量螺距　(c) 量宽度

(d) 量内孔　(e) 量深度　(f) 划线

图 2-2　钢直尺的使用方法

在斜边上有刻度，利用锐角正弦直接将短边的长度表示在斜边上，这样就可以直接读出间隙的大小了。

（二）塞尺的测量范围

塞尺是由一组具有不同厚度级差的薄钢片组成的量规（见图 2-3）。塞尺在检验被测尺寸是否合格时，可以用通止法判断，也可由检验者根据塞尺与被测表面配合的松紧程度来判断。塞尺一般用不锈钢制造，最薄的为 0.02mm，最厚的为 3mm。0.02～0.1mm 间，各钢片厚度级差为 0.01mm；0.1～1mm 间，各钢片的厚度级差一般为 0.05mm；1mm 以上，钢片的厚度级差为 1mm。除了公制以外，也有英制的塞尺。

图 2-3　塞尺

（三）塞尺的使用方法

① 用干净的布将塞尺测量表面擦拭干净，不能在塞尺沾有油污或金属屑的情况下进行测量，否则将影响测量结果的准确性。

② 将塞尺插入被测间隙中，来回拉动塞尺，感到稍有阻力，说明该间隙值接近塞尺上所标出的数值；如果拉动时阻力过大或过小，则说明该间隙值小于或大于塞尺上所标出的数值。

③ 进行间隙的测量和调整时，先选择符合间隙规定的塞尺插入被测间隙中，然后一边调整，一边拉动塞尺，直到感觉稍有阻力时拧紧锁紧螺母，此时塞尺所标出的数值即为被测间隙值。

（四）塞尺的使用注意事项

① 不允许在测量过程中剧烈弯折塞尺，或用较大的力硬将塞尺插入被检测间隙，否则将损坏塞尺的测量表面或降低零件表面的精度。

② 使用完后，应将塞尺擦拭干净，并涂上一层工业凡士林，然后将塞尺折回夹框内，以防其因锈蚀、弯曲变形而损坏。

③ 存放时，不能将塞尺放在重物下，以免损坏塞尺。

三、游标卡尺

应用游标读数原理制成的量具有游标卡尺、高度游标卡尺、深度游标卡尺、游标量角尺（如万能角度尺）和齿厚游标卡尺等，用以测量零件的外径、内径、长度、宽度、厚度、高度、深度、角度、孔距以及齿轮的齿厚等，应用范围非常广泛。

（一）游标卡尺的结构形式

游标卡尺是一种常用的量具，具有结构简单、使用方便、精度中等和测量的尺寸范围大等特点。

游标卡尺有三种结构形式：

① 测量范围为 0～125mm 的游标卡尺，制成带有刀口形的上下量爪和带有深度尺的形式，见图 2-4。

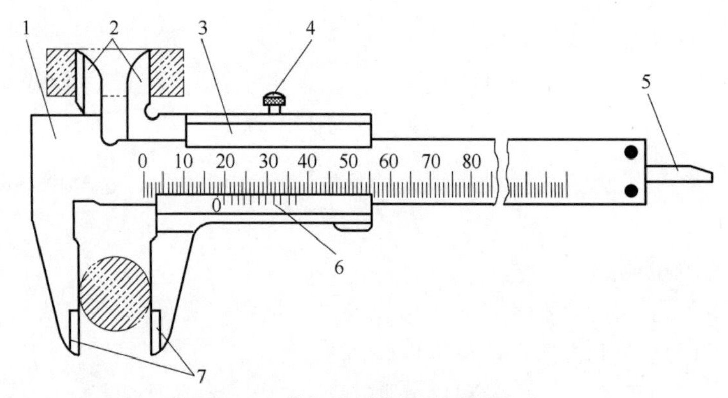

图 2-4 游标卡尺的结构形式之一

1—尺身；2—上量爪；3—尺框；4—紧固螺钉；5—深度尺；6—游标；7—下量爪

② 测量范围为 0～200mm 和 0～300mm 的游标卡尺，可制成带有内外测量面的下量爪和带有刀口形的上量爪的形式，见图 2-5。

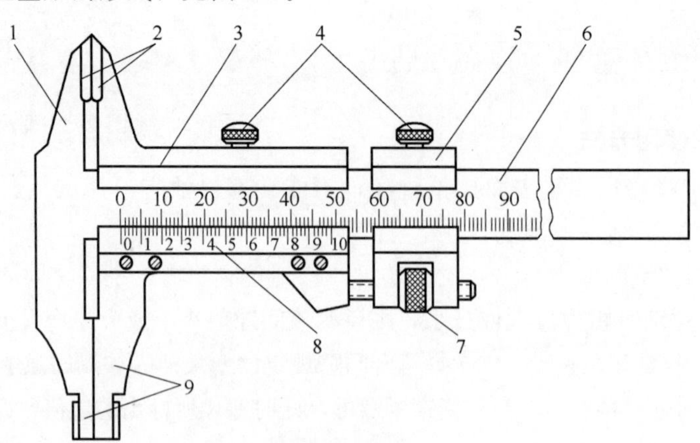

图 2-5 游标卡尺的结构形式之二

1—尺身；2—上量爪；3—尺框；4—紧固螺钉；5—微动装置；6—主尺；7—微动螺母；8—游标；9—下量爪

③ 测量范围为 0～200mm 和 0～300mm 的游标卡尺，也可制成只带有内外测量面的下量爪的形式，见图 2-6。而测量范围大于 300mm 的游标卡尺，只制成这种仅带有下量爪的形式。

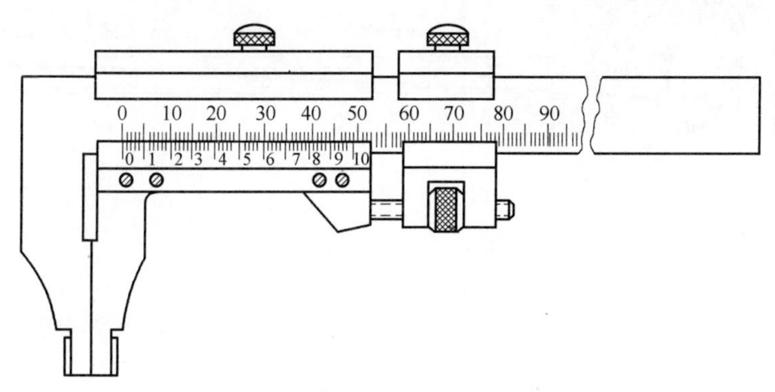

图 2-6 游标卡尺的结构形式之三

（二）游标卡尺的组成

游标卡尺主要由下列几部分组成：

① 具有固定量爪的尺身，如图 2-4 中的 1。尺身上有类似钢尺一样的主尺刻度，主尺上的刻线间距为 1mm。主尺的长度决定了游标卡尺的测量范围。

② 具有活动量爪的尺框，如图 2-4 中的 3。尺框上有游标，如图 2-4 中的 6，游标卡尺的游标读数值可制成为 0.1mm、0.05mm 和 0.02mm 的三种。游标读数值，就是指使用这种游标卡尺测量零件尺寸时，卡尺上能够读出的最小数值。

③ 在 0～125mm 的游标卡尺上，还带有测量深度的深度尺，如图 2-4 中的 5。深度尺固定在尺框的背面，能随着尺框在尺身的导向凹槽中移动。测量深度时，应把尺身尾部的端面靠紧在零件的测量基准平面上。

④ 测量范围等于和大于 200mm 的游标卡尺，带有随尺框做微动调整的微动装置，如图 2-5 中的 5。使用时，先用紧固螺钉 4 把微动装置 5 固定在尺身上，再转动微动螺母 7，活动量爪就能随同尺框 3 做微量的前进或后退。微动装置的作用是使游标卡尺在测量时用力均匀，便于调整测量压力，减少测量误差。

目前我国生产的游标卡尺的测量范围及其游标读数值见表 2-2。

表 2-2 游标卡尺的测量范围和游标卡尺读数值

测量范围/mm	游标读数值/mm	测量范围/mm	游标读数值/mm
0～25	0.02;0.05;0.10	300～800	0.05;0.10
0～200	0.02;0.05;0.10	400～1000	0.05;0.10
0～300	0.02;0.05;0.10	600～1500	0.05;0.10
0～500	0.05;0.10	800～2000	0.10

以上所介绍的各种游标卡尺都存在一个共同的问题，就是读数不是很清晰，容易读错，有时不得不借助放大镜将读数部分放大。有的游标卡尺采用无视差结构，使游标刻线与主尺刻线处在同一平面上，消除了在读数时因视线倾斜而产生的视差；有的游标卡尺装有测微表称为带表卡尺（图 2-7），便于读数准确，提高了测量精度；更有一种带有数字显示装置的游标卡尺（图 2-8），这种游标卡尺在零件表面上量得尺寸时，可直接用数字显示出来，使用极为方便。

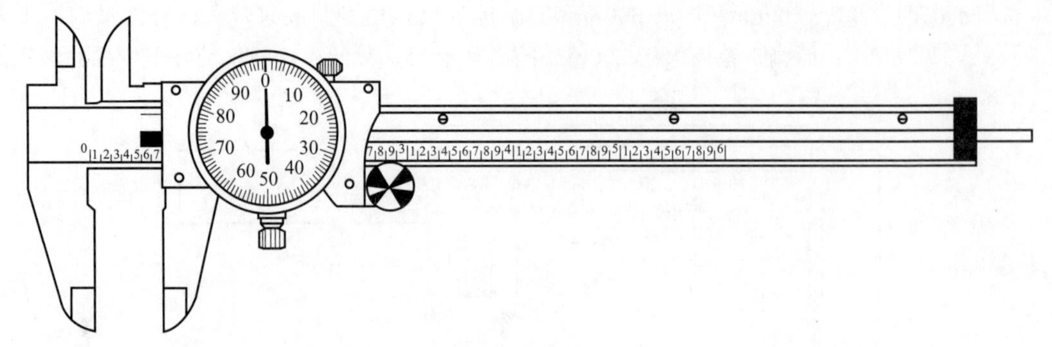

图 2-7 带表卡尺

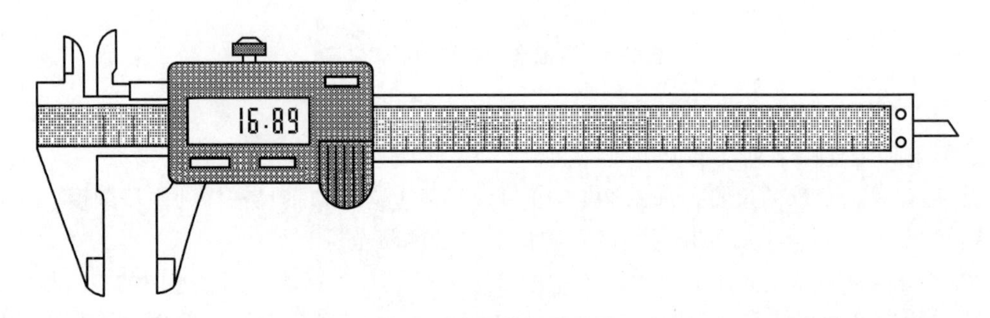

图 2-8 数字显示游标卡尺

带表卡尺的规格见表 2-3。数字显示游标卡尺的规格见表 2-4。

▫ 表 2-3 带表卡尺规格

测量范围 /mm	指示表读数值 /mm	指示表示值误差范围 /mm
0～150	0.01	1
0～200	0.02	1;2
0～300	0.05	5

▫ 表 2-4 数字显示游标卡尺规格

名称	数显游标卡尺	数显高度尺	数显深度尺
测量范围/mm	0～150;0～200 0～300;0～500	0～300; 0～500	0～200
分辨率/mm	0.01		
测量精度/mm	(0～200)0.03; (>200～300)0.04; (>300～500)0.05		
测量移动速度/(m/s)	1.5		
使用温度/℃	0～+40		

四、百分尺和千分尺

除游标卡尺外，还有百分尺和千分尺。它们的测量精度比游标卡尺高，并且测量比较灵活，因此，多被应用于加工精度要求较高时。百分尺的读数值为 0.01mm，千分尺的读数值为 0.001mm。工厂习惯上把百分尺和千分尺统称为百分尺或分厘卡。目前大量使用的是读数值为 0.01mm 的百分尺，现以介绍这种百分尺为主，并适当介绍千分尺的使用知识。

百分尺的种类很多，机械加工车间常用的有外径百分尺、内径百分尺、深度百分尺以及螺纹百分尺和公法线百分尺等，分别用于测量或检验零件的外径、内径、深度、厚度以及螺纹的中径和齿轮的公法线长度等。

（一）外径百分尺的结构

各种百分尺的结构大同小异，常用外径百分尺用于测量或检验零件的外径、凸肩厚度以及板厚或壁厚等（测量孔壁厚度的百分尺，其量面呈球弧形）。百分尺由尺架、测微头、测力装置和制动器等组成。图 2-9 所示是测量范围为 0～25mm 的外径百分尺。

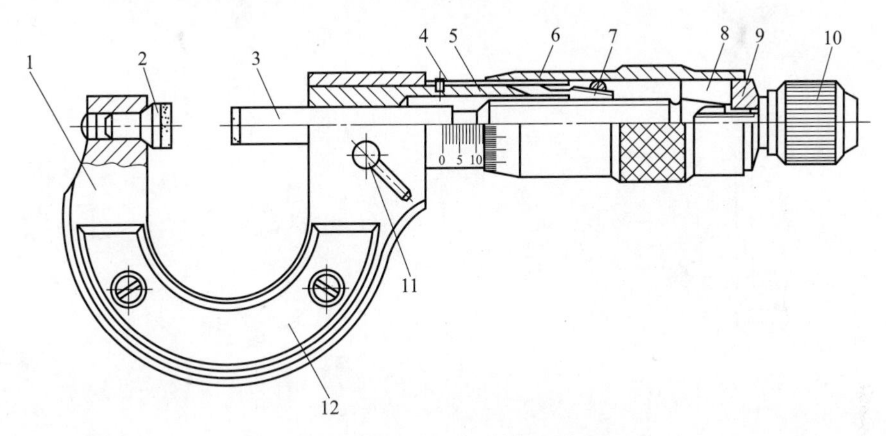

图 2-9　0～25mm 外径百分尺

1—尺架；2—固定测砧；3—测微螺杆；4—螺纹轴套；5—固定刻度套筒；6—微分筒；7—调节螺母；8—接头；9—垫片；10—测力装置；11—锁紧螺钉；12—绝热板

（二）百分尺的测量范围

百分尺测微螺杆的移动量一般为 25mm，所以百分尺的测量范围一般为 25mm。为了使百分尺能测量更大范围的长度尺寸，以满足工业生产的需要，百分尺的尺架被做成各种尺寸，形成不同测量范围的百分尺。目前，国产百分尺测量范围的尺寸分段为：

0～25；25～50；50～75；75～100；100～125；125～150；150～175；175～200；200～225；225～250；250～275；275～300；300～325；325～350；350～375；375～400；400～425；425～450；450～475；475～500；500～600；600～700；700～800；800～900；900～1000（mm）。

测量上限大于 300mm 的百分尺，也可把固定测砧做成可调式测砧或可换测砧，从而使此百分尺的测量范围为 100mm。

测量上限大于 1000mm 的百分尺，也可将测量范围制成 500mm，目前国产最大的百分尺为 2500～3000mm 的百分尺。

五、内径百分表

内径百分表是内量杠杆式测量架和百分表的组合，如图 2-10 所示。用以测量或检验零件的内孔、深孔直径及其形状精度。

组合时，将百分表装入连杆内，使小指针指在 0～1 的位置上，长指针和连杆轴线重合，刻度盘上的字应垂直向下，以便于测量时观察，装好后应予以紧固。

粗加工时，最好先用游标卡尺或内卡钳测量。因内径百分表同其他精密量具一样属于贵重仪器，其好坏与精度直接影响到工件的加工精度和其使用寿命。粗加工时工件加工表面粗糙不平而测量不准确，也易使测头磨损，因此，须加以爱护和保养，精加工时再进行测量。

测量前应根据被测孔径大小用外径千分尺调整好内径百分表尺寸，如图 2-11 所示。在调整尺寸时，应正确选用可换测头的长度及其伸出距离，使被测尺寸在活动测头总移动量的中间位置。

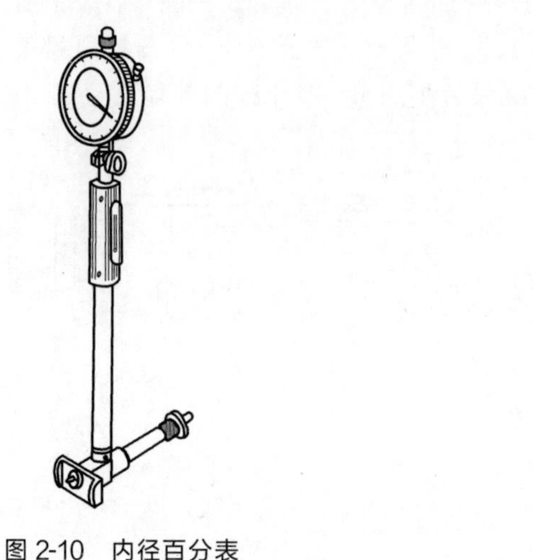

图 2-10　内径百分表

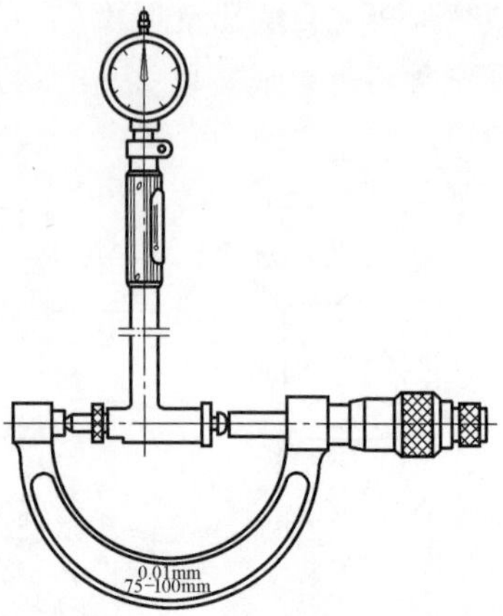

图 2-11　千分尺调整尺寸

测量时，连杆中心线应与工件中心线平行，不得歪斜，同时应在圆周上多测几个点，找出孔径的实际尺寸，看是否在公差范围以内，如图 2-12 所示。

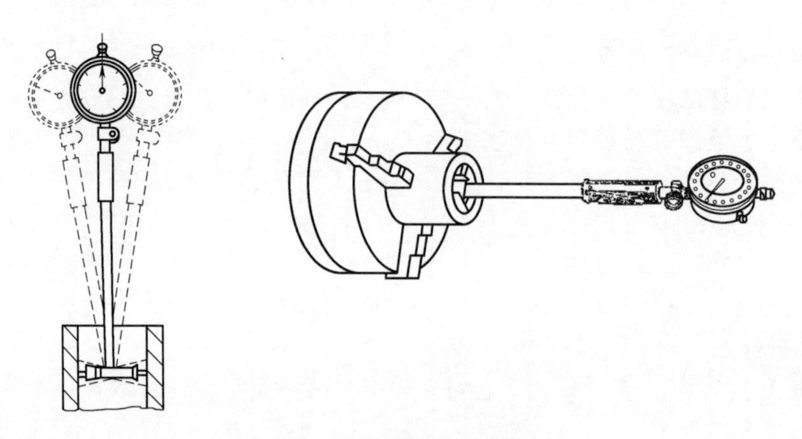

图 2-12　内径百分表的使用方法

六、万能角度尺

万能角度尺是用来测量精密零件内外角度或进行角度划线的角度量具。万能角度尺的读数机构，如图 2-13 所示，是由刻有基本角度刻线的尺座 1 和固定在扇形板 6 上的游标 3 组成。扇形板可在尺座上回转移动（有制动器 5），形成了和游标卡尺相似的游标读数机构。万能角度尺尺座上的刻度线每格 1°。由于游标上刻有 30 格，所占的总角度为 29°，因此，两者每格刻线的角度差是

$$1^\circ-\frac{29^\circ}{30}=\frac{1^\circ}{30}=2'$$

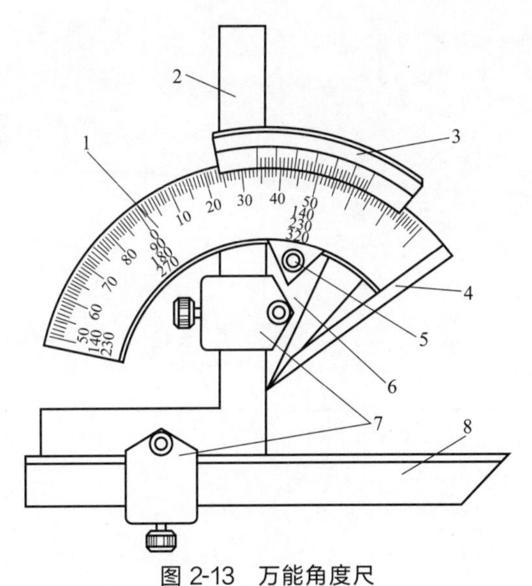

图 2-13　万能角度尺

1—尺座；2—角尺；3—游标；4—基尺；5—制动器；
6—扇形板；7—卡块；8—直尺

即万能角度尺的精度为 2′。

万能角度尺的读数方法和游标卡尺相同，先读出游标零线前的角度是几度，再从游标上读出角度“分”的数值，两者相加就是被测零件的角度数值。

在万能角度尺上，基尺 4 是固定在尺座上的，角尺 2 是用卡块 7 固定在扇形板上的，可移动直尺 8 是用卡块固定在角尺上的。若把角尺 2 拆下，也可把直尺 8 固定在扇形板上。由于角尺 2 和直尺 8 可以移动和拆换，因此万能角度尺可以测量 0°～320°的任何角度。

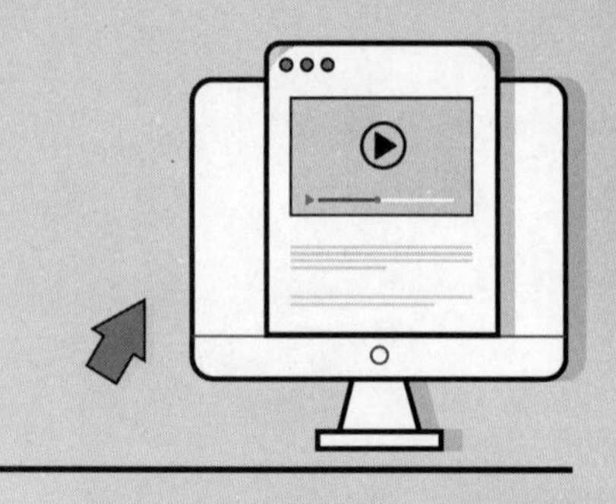

第二篇

数控车床

第三章　数控车削工艺基础

第一节　数控车床介绍

【视频 3-1 数控车床介绍】

数控车床就是装备了数控系统的车床或采用了数控技术的车床。它是将事先编好的加工程序输入到数控系统中，由数控系统通过伺服系统去控制车床各运动部件的动作，加工出符合要求的各种回转体类零件的一类金属切削机床。

数控车床能够通过程序控制自动完成内外圆柱面、圆锥面、球面、螺纹的加工，还能加工一些复杂的回转体面。

一、数控车床的类型

1. 按主轴布局方位分类

数控车床可分为卧式数控车床和立式数控车床两大类。卧式数控车床的主轴水平放置，主要用来车削轴类、套类零件（图 3-1）。立式数控车床的主轴垂直放置，主要用来车削盘类零件（图 3-2）。立式数控车床多数是工作台直径大于 1000mm 的大机床。还有具有两根主轴的数控车床，称为双轴卧式数控车床或双轴立式数控车床。

2. 按数控车床的档次分类

（1）经济数控车床

经济数控车床一般用单板机或单片机进行控制，属于低档次数控车床。其机械部分由卧式车床略做改进而成，主电动机一般不做改动，进给运动多采用步进电动机驱动，开环控制，采用四刀位回转刀架。经济数控车床没有刀尖圆弧半径自动补偿功能，所以编程时计算比较烦琐，加工精度较低。

图 3-1　卧式数控车床

图 3-2　立式数控车床

（2）普及型数控车床

普及型数控车床一般有单色显示器、程序储存和编辑功能，属于中档次数控车床，多采用开环或半闭环控制。它的主电动机多采用变频调速电动机，所以它的明显缺点是没有恒线速度切削功能。

（3）高级数控车床

高级数控车床主轴一般采用能调速的直流或交流主轴控制单元来驱动，进给运动采用伺服电动机驱动，半闭环或闭环控制，属于较高档次的数控车床。高级数控车床具备的功能很多，特别是具备恒线速度切削和刀尖圆弧半径自动补偿功能。

（4）高精度数控车床

高精度数控车床主要用于加工类似磁鼓、磁盘的合金铝基板等需要镜面加工，并且形状、尺寸精度都要求很高的零部件，可以代替后续的磨削加工。这种车床的主轴采用超精密空气轴承，进给采用超精密空气静压导向面，主轴与驱动电机采用磁性联轴器连接；床身采用高刚度厚壁铸铁，中间填砂，支撑方式也采用空气弹簧三点支撑。总之，为了进行高精度加工，该机床上采取了很多措施。

（5）高效率数控车床

高效率数控车床主要有一个主轴两个回转刀架及两个主轴两个回转刀架等形式，两个主轴和两个回转刀架能同时工作，提高了机床的加工效率。

（6）车削中心

数控车床上增加刀塔（架）和 C 轴控制后，除了能车削、镗削外，还能对端面和圆周面上任意部位进行钻、铣、攻螺纹等加工，而且在具有插补的情况下，还能铣削曲面，这样就构成了车削中心，如图 3-3 所示。它是在转盘式刀架的刀座上安装了驱动电机，可进行回转驱动，主轴可以进行回转位置的控制（C 轴控制）。车削加工中心可

图 3-3　多轴车削中心

进行四轴（X、Z、C、Y）控制，而一般的数控车床只能进行两轴（X、Z）控制。

二、数控车床的基本结构

1. 数控车床主体结构的特点

① 采用静刚度、动刚度、热刚度均较优越的机床支撑构件。

② 采用高性能的无级（或有限级）变速主轴伺服传动系统。

③ 采用高效率、高刚度和高精度的传动组件，例如：滚珠丝杠螺母副、静压蜗杆副、塑料滑动导轨、滚动导轨、静压导轨等。

④ 采取减小机床热变形的措施，保证机床的精度稳定，获得可靠的加工质量。

2. 数控车床的主体结构组成

数控车床主要由车床本体和数控系统两大部分组成。车床本体由床身、主轴箱、刀架、进给系统、液压系统、冷却和润滑系统等部分组成。如图 3-4 所示为 CKA 61100 型数控车床结构图。

图 3-4　CKA 61100 型数控车床结构图

1—床身；2—主轴箱；3—电气控制箱；4—刀架；5—数控装置；6—尾座；7—导轨；8—丝杠；9—防护板

（1）床身

数控车床的床身是整个机床的基础支撑件，所有机床部件均安装于床身底座上。

（2）主轴箱

主轴箱用于固定机床主轴。主电动机通过 V 带直接把运动传给主轴。主轴通过同步齿形带与编码器相连，通过编码器测出主轴的实际转速。

（3）刀架

刀架固定在中滑板上，用于安装车削刀具。常用的刀架有四方刀架和转塔刀架，刀架可自动转位实现刀具的交换，如图 3-5 所示。

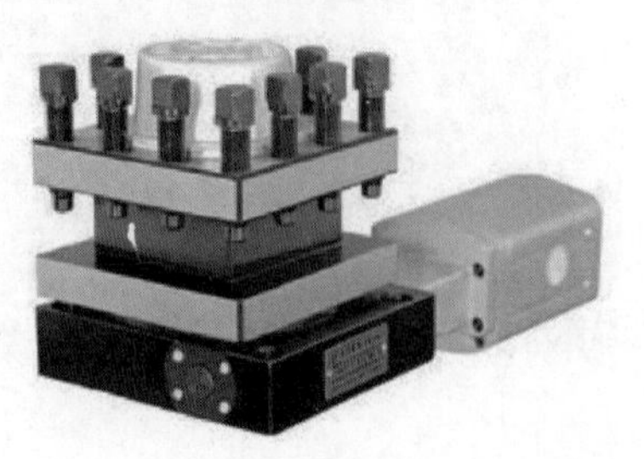

(a) 四方刀架

(b) 转塔刀架

图 3-5　刀架

（4）进给系统

数控车床的纵向、横向进给均由伺服电动机通过联轴器与滚珠丝杠连接来实现。

（5）电气控制箱

电气控制箱内部用于安装各种机床电气控制元件、数控伺服控制单元、控制芯板和其他辅助装置。

（6）液压系统

数控车床上的液压系统主要用于动力卡盘的夹紧与松开、尾座套筒的伸出与缩回、刀架的夹紧与转位等。液压系统在数控机床中的控制作用仅次于电气控制系统。

（7）数控装置

数控装置是数控机床的核心。现代数控装置均采用 CNC（computer numerical control）形式。数控系统是数字控制系统的简称，是根据计算机存储器中存储的控制程序执行部分或全部数值控制功能，并配有接口电路和伺服驱动装置的专用计算机系统。数控装置通过数字、文字和符号组成的数字指令来实现一台或多台机械设备的动作控制，它所控制的通常是位置、角度、速度等机械量和开关量。

目前，数控车床上常用数控系统分为国外系统和国产系统两类。国外系统主要有日本 FANUC 系统、德国西门子系统，国产数控系统主要有广州数控系统和华中数控系统。

三、数控车床的主要加工对象

① 表面形状复杂的回转体类零件。由于数控车床具有直线和圆弧插补功能，只要不发生干涉，可以车削由任意直线和曲线组成的形状复杂的零件。

②“口小肚大”的封闭内腔零件。图 3-6 所示的零件在普通车床上是无法加工的，而在数控车床上则可以加工出来。

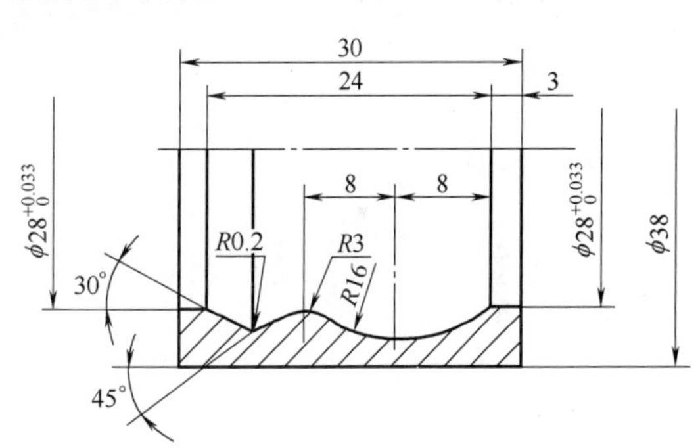

图 3-6　封闭内腔零件

③ 带特殊螺纹的零件。数控车床由于主轴旋转和刀具进给具有同步功能，所以能加工等导程和变导程的圆柱螺纹、锥面螺纹和端面螺纹，还能加工多头螺纹，但无同步功能的数控车床只能加工单头螺纹。螺纹加工是数控车床的一大优点，它车制的螺纹表面光滑、精度高。

④ 精度要求高的零件。数控车床由于刚性好，制造和对刀精度高，以及能方便和精确地进行人工补偿和自动补偿，所以能加工尺寸精度要求较高的零件，在有些场合可以以车代磨；数控车削的刀具运动是通过高精度插补运算和伺服驱动来实现的，所以能加工对母线直线度、圆度、圆柱度等形状精度要求高的零件；工件一次装夹可完成多道工序的加工，提高了加工工件的位置精度；数控车床具有恒线速度切削功能，能加工出表面粗糙度值小而均匀的零件。

⑤ 超精密、超低表面粗糙度值的磁盘零件、录像机磁头、激光打印机的多面反射体、复印机的回转鼓、照相机等光学设备的透镜等零件，要求具有超高轮廓精度和超低的表面粗糙度值，它们适合在高精度、高性能的数控车床上加工。数控车床超精加工的轮廓精度可达到 0.1μm，表面粗糙度达 0.02μm，超精加工所用数控系统的最小分辨率应达到 0.01μm，这类机床使用环境的温度、湿度有严格限制。

当然数控车床能轻松地加工普通车床所能加工的内容，如图 3-7 所示。

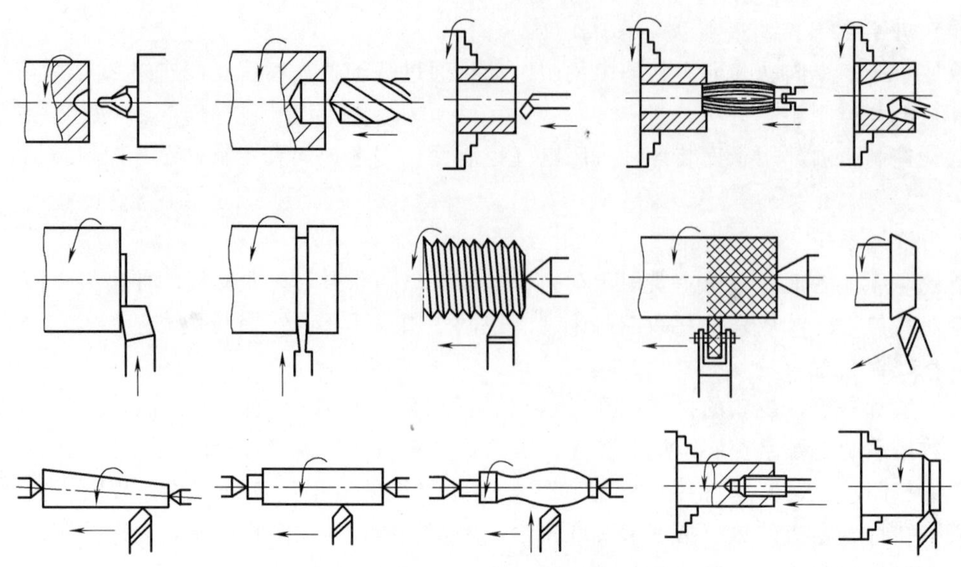

图 3-7 卧式车床所能加工的典型表面

▶ 第二节 数控刀具及安装

【视频 3-2 数控车刀的结构、类型及选择技巧】

数控车床加工时，能根据程序指令实现全自动换刀。为了缩短数控车床的准备时间，适应柔性加工要求，数控车床对刀具提出了更高要求，不仅要求刀具精度高、刚性好、耐用度高，而且要求安装、调整、刃磨方便，断屑及排屑性能好。

一、车刀分类

由于工件材料、生产批量、加工精度以及机床类型、工艺方案的不同，车刀的种类也异常繁多。

1. 根据切削刃形状分

一般分为三类：尖形车刀、圆弧形车刀和成形车刀（图 3-8）。

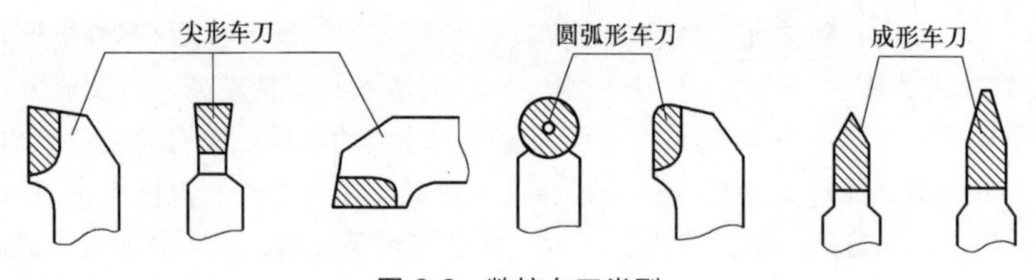

图 3-8 数控车刀类型

（1）尖形车刀

以直线形切削刃为特征的车刀。如 90°内、外圆车刀，左、右端面车刀，切槽（断）车刀及刀尖倒棱很小的各种外圆和内孔车刀。这类车刀加工时，零件的轮廓形状主要由直线形主切削刃位移后得到。

（2）圆弧形车刀

该车刀的特征是，构成主切削刃的刀刃形状为一圆度误差或线轮廓度误差很小的圆弧。

该圆弧刃上每一点都是圆弧形车刀的刀尖，因此，刀位点不在圆弧上，而在该圆弧的圆心上，编程时要进行刀具半径补偿。

（3）成形车刀

俗称样板车刀，其加工零件的轮廓形状完全由车刀刀刃的形状和尺寸决定。数控车削加工中，常见的成形车刀有小半径圆弧车刀、非矩形切槽刀和螺纹车刀等。在数控加工中，应尽量少用或不用成形车刀，当确有必要选用时，应在工艺准备的文件或加工程序单上进行详细说明。

刀尖圆弧半径不仅影响切削效率，而且关系到被加工表面的粗糙度及加工精度。从刀尖圆弧半径与最大进给量关系来看，最大进给量不应超过刀尖圆弧半径尺寸的 80%，否则将恶化切削条件。因此，从断屑可靠出发，通常对于小余量、小进给车削加工应采用小的刀尖圆弧半径，反之宜采用较大的刀尖圆弧半径。不同刀尖的进给量选择如表 3-1 所示。

表 3-1　不同刀尖的进给量选择

刀尖半径/mm	0.4	0.8	1.2	1.6	2.4
最大推荐进给量/(mm/r)	0.25～0.35	0.4～0.7	0.5～1.0	0.7～1.3	1.0～1.8

粗加工时，注意以下几点：

① 为提高刀刃强度，应尽可能选取大刀尖半径的刀片，大刀尖半径可允许大进给量；

② 在有振动倾向时，选择较小的刀尖半径；

③ 常用刀尖半径为 1.2～1.6mm。

精加工时，注意以下几点：

① 精加工的表面质量不仅受刀尖圆弧半径和进给量的影响，而且受工件装夹稳定性、夹具和机床的整体条件等因素的影响；

② 在有振动倾向时，选择较小的刀尖半径；

③ 非涂层刀片比涂层刀片加工的表面质量高。

2. 根据刀片与刀体的连接固定方式不同分

主要可分为焊接式车刀与机械夹固式可转位车刀两大类。

（1）焊接式车刀

将硬质合金刀片用焊接的方法固定在刀体上称为焊接式车刀。这种车刀的优点是结构简单，制造方便，刚性较好。缺点是由于存在焊接应力，刀具材料的使用性能受到影响，甚至出现裂纹。另外，刀杆不能重复使用，硬质合金刀片不能充分回收利用，造成刀具材料的浪费。根据工件加工表面以及用途不同，焊接式车刀又可分为切断刀、外圆车刀、端面车刀、内孔车刀、螺纹车刀以及成形车刀等（图 3-9）。

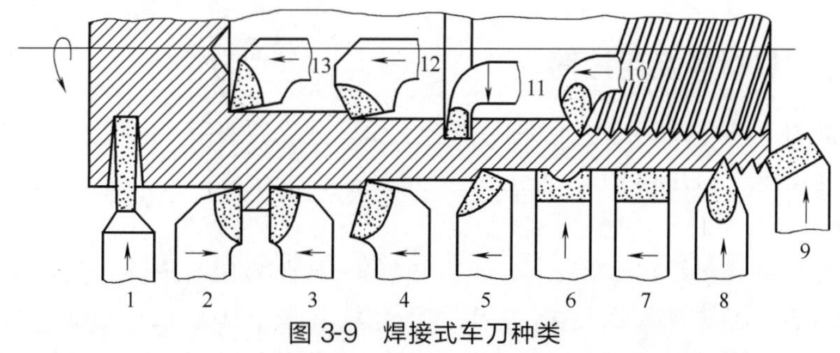

图 3-9　焊接式车刀种类

1—切断刀；2—90°左偏刀；3—90°右偏刀；4—弯头车刀；5—直头车刀；6—成形车刀；7—宽刃精车刀；8—外螺纹车刀；9—端面车刀；10—内螺纹车刀；11—内槽车刀；12—通孔车刀；13—盲孔车刀

(2) 机械夹固式可转位车刀

如图 3-10 所示，机械夹固式可转位车刀由刀杆、刀片、刀垫以及夹紧元件组成。刀片每边都有切削刃，当某切削刃磨损钝化后，只需松开夹紧元件，将刀片转一个位置便可继续使用。

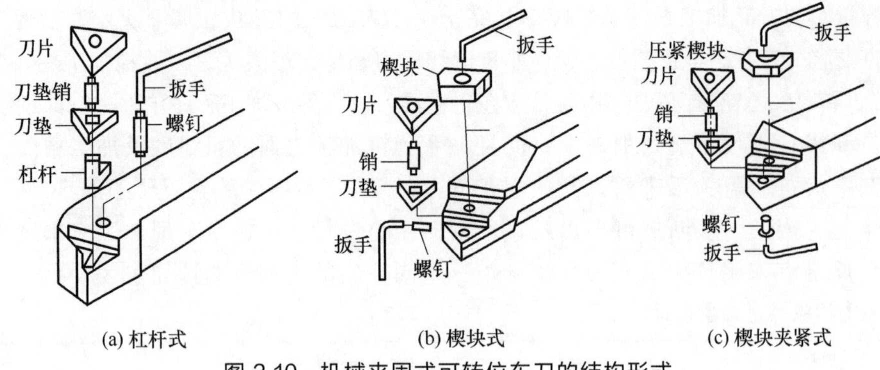

(a) 杠杆式　　(b) 楔块式　　(c) 楔块夹紧式

图 3-10　机械夹固式可转位车刀的结构形式

刀片是机夹可转位车刀的一个最重要组成元件。按照国标 GB/T 2076—2021，刀片大致可分为带圆孔、带沉孔以及无孔三大类，形状有三角形、正方形、五边形、六边形、圆形以及菱形等共 16 种（图 3-11）。

为了减少换刀时间和方便对刀，便于实现机械加工的标准化，数控车削加工时，应尽量采用机夹刀和机夹刀片。

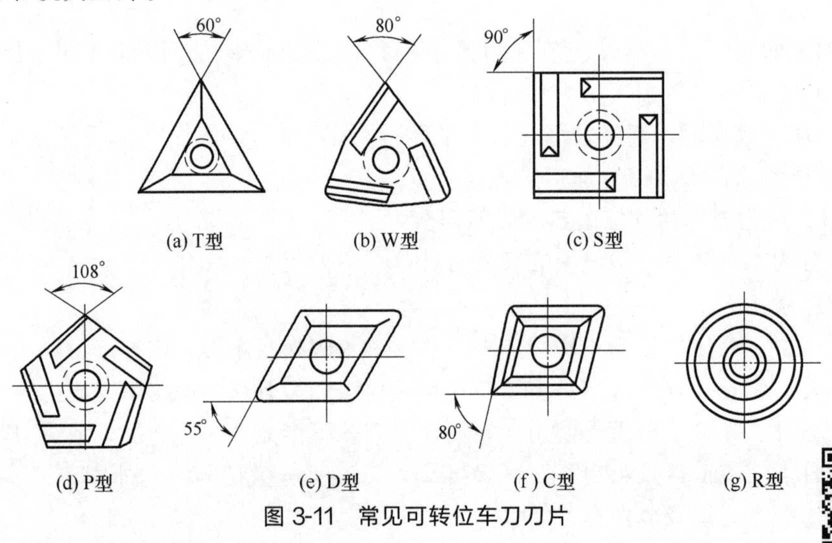

(a) T型　　(b) W型　　(c) S型

(d) P型　　(e) D型　　(f) C型　　(g) R型

图 3-11　常见可转位车刀刀片

【视频 3-3 常用车刀材料及用途简介】

二、常用车刀刀具材料及用途简介

材料良好的刀具能有效、迅速地完成切削工作，并保持良好的刀具寿命。一般常用车刀材质有下列几种。

1. 高碳钢

高碳钢车刀是由碳含量在 0.8%～1.5%之间的一种碳素钢制成，经过淬火硬化后使用；因切削中的摩擦热很容易导致回火软化，其红硬性较低（一般为 127～150℃），因而被高速钢车刀等其他刀具所取代，一般仅适用于切削软金属材料或低速、手动切削，常用的有 SK1，SK2，…，SK7。

2. 高速钢

高速钢为一种钢基合金，由碳含量0.7%～1.5%的碳素钢中加入大量的钨（W）、铬（Cr）、钒（V）、钼（Mo）等强碳化物合金元素而成，是一种具有高红硬性、高耐磨性的合金工具钢。钨和钼是提高钢的红硬性的主要元素；铬主要提高钢的淬透性；钒能显著提高钢的硬度、耐磨性和红硬性并能细化晶粒。高速钢的红硬性可达500～600℃，切削时能长期保持刃口锋利，又称为锋钢。

用途：高速钢的加工工艺性较好，常用于制造切削速度较高（1000r/min以下）的刀具（车刀、铣刀、钻头等）和形状复杂、载荷较大的成形刀具（齿轮铣刀、拉刀等）。

常用的高速钢有：W18Cr4V（简称18-4-1）、W6Mo5Cr4V2、W6Mo5Cr4V2Co8（用于难加工切削材料，如高温合金、不锈钢等）。

3. 硬质合金

硬质合金的性能特点：硬度高、红硬性高、耐磨性好。其在室温下硬度可达86～93HRA，在900～1000℃温度下仍然有较高的硬度，切削速度、耐磨性及使用寿命均比高速钢显著提高。其抗压强度比高速钢高，但抗弯强度只有高速钢的1/3～1/2，韧性差，约为淬火钢的30%～50%。

常用的硬质合金分为K类硬质合金（钨钴类）、P类硬质合金（钨钴钛类）和M类硬质合金（钨钛钽类）三大类。

（1）K类硬质合金（或称YG类硬质合金）

主要合金元素成分为碳化钨（WC）和钴（Co）。

牌号：用“硬”“钴”二字的汉语拼音首字母“YG”加数字表示，数字表示钴含量的百分数。数字为1～30，数字越大，刀具材料硬度越低，塑性、韧性越高。有K01（YG3X）、K10（YG6A）、K15（YG6X）、K20（YG6）、K30（YG8）、K40（YG15）六类，K01（YG3X）为高速精车刀，K40（YG15）为低速粗车刀，此类刀柄涂红色以识别。

适用范围：K（YG）类适合切削石材、铸铁、青铜等脆硬材料。

例如，YG8（K30）表示钨钴类硬质合金，其平均钴含量为8%，适用于铸铁、有色金属及合金、非金属材料的低速粗加工；YG6X（K15）适用于冷硬铸铁、球墨铸铁、灰铸铁、耐热合金钢的中小切削断面高速精加工、半精加工；YG3X（K01）适用于铸铁、有色金属及合金、淬火钢、合金钢的小切削断面高速精加工。

（2）P类硬质合金（或称YT类硬质合金）

主要合金元素成分为碳化钨（WC）、碳化钛（TiC）和钴（Co）。

牌号：用“硬”“钛”二字的汉语拼音首字母“YT”加数字表示，数字表示碳化钛含量的百分数。数字为1～30，数字越大，刀具材料硬度越高，塑性、韧性越低。有P01、P10（YT15）、P20（YT14）、P30（YT5）、P40（YC45）、P50六类，P01为高速精车刀，号码小，耐磨性较高；P50为低速粗车刀，号码大，韧性高，刀柄涂蓝色以识别。

适用范围：适合加工塑性材料（如钢材等）。

例如，YT5（P30）表示钨钴钛类硬质合金，其平均TiC含量为5%，适用于碳素钢与合金钢（包括钢锻件、冲压件及铸件的表皮）的粗车及钻孔；YT15（P10）适用于碳素钢与合金钢加工中，连续切削时的粗车、半精车及精车，间断切削时的小断面精车，孔的粗扩与精扩。

（3）M类硬质合金（或称YW类硬质合金）

主要合金元素成分为碳化钨（WC）、碳化钛（TiC）、碳化钽（TaC）[或碳化铌

(NbC)] 和钴 (Co)。

牌号：用“硬”“万”二字的汉语拼音首字母“YW”加顺序号表示，此类刀柄涂黄色以识别。

适用范围：适于所有金属，特别是不锈钢、耐热钢、高锰钢等难加工的材料，俗称“通用硬质合金”或“万能硬质合金”。

例如，YW1（M10）表示1号钨钛钽（铌）类硬质合金，适用于钢、耐热钢、高锰钢、不锈钢等难加工钢材和铸铁的中速、半精加工；YW2（M20）适用于耐热钢、高锰钢、不锈钢及高级合金钢等难加工钢材的中、低速粗加工、半精加工以及铸铁的加工。

一般市场上只有YW1、YW2、YW3、YW4、YW5。

4. 非金属刀具

（1）陶瓷车刀

Al_2O_3 陶瓷刀具应用较广，具有硬度高、耐热性好（硬度、抗热性、切削速度比碳化钨高）、与金属没有亲和性的特点，但因为其质脆，故不适用于非连续或重车削，只适用于高速精削。

（2）立方氮化硼（CBN）车刀

其硬度与耐磨性仅次于钻石，硬度达到8000～9000HV，耐热度达到1400℃，耐磨性好，与金属没有亲和性。适用于加工坚硬、耐磨的铁族合金、镍基合金和钴基合金，能对淬硬钢（45～65HRC）、轴承钢（60～64HRC）、高速钢（63～66HRC）、冷硬铸铁进行粗车和精车，还能对高温合金、硬质合金等难加工材料进行高速切削加工。

（3）金刚石（聚晶金刚石PCD）车刀

其硬度达到10000HV，具有高硬度、高耐磨性和高导热性等性能。其在有色金属加工中应用广泛，但在加工钢铁时要注意其亲和性，主要用来对铜及铜合金、铝及铝合金或轻合金进行精密车削，在车削时必须使用高速度，最低为60～100m/min，通常为200～300m/min。加工铝及铝合金时切削速度可达1000～4000m/min。

三、车刀安装

【视频3-4 车刀安装】

车刀安装注意事项：

① 车刀安装在刀架上，在保证安全和满足加工要求的条件下，伸出的部分不宜太长，伸出量一般为刀杆高度的1～1.5倍。

② 刀杆的垫铁要平整，数量应尽量少（一般不要超过4片）。

③ 车刀至少要由两个固定螺钉压紧在刀架上，并逐个轮流拧紧。

④ 车刀刀尖应与被切削的工件轴线等高，否则会因为基面和切削平面的位置发生变化而改变车刀工作时前角和后角的角度。

车刀刀尖与工件轴线不等高时的不良后果如图3-12所示。

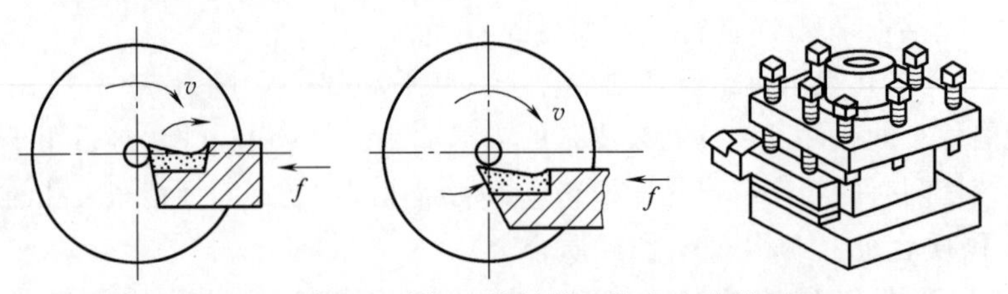

图3-12 车刀刀尖与工件轴线不等高产生的后果

车刀的刀尖低于主轴中心高时加工表面容易出现的表面误差，如图 3-13 所示。

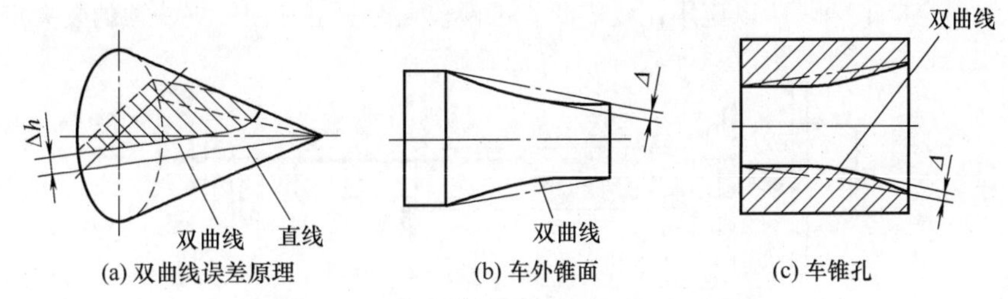

(a) 双曲线误差原理　(b) 车外锥面　(c) 车锥孔

图 3-13　车刀安装不正确产生的表面误差

⑤ 车刀刀杆切削中心线应与进给方向垂直，否则会使主偏角和副偏角的数值发生变化，甚至导致无法切削。

⑥ 外螺纹车刀的安装，要在精车外圆后用对刀板对正螺纹刀尖的对称角度，如图 3-14 所示。

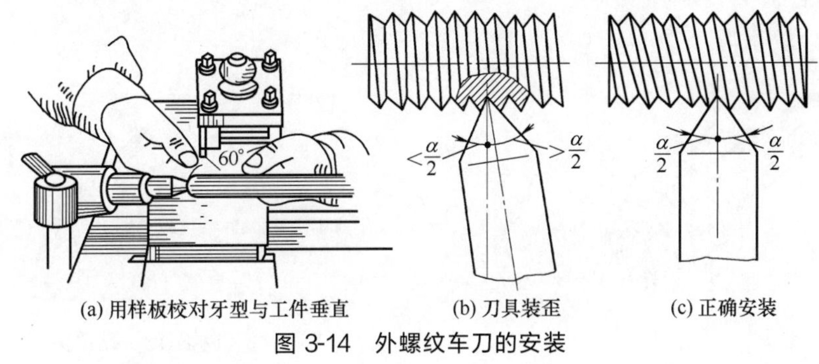

(a) 用样板校对牙型与工件垂直　(b) 刀具装歪　(c) 正确安装

图 3-14　外螺纹车刀的安装

【视频 3-5 数控车床常用的夹具和装夹方法】

第三节　车削工件的定位与装夹

一、在三爪自定心卡盘上装夹

如图 3-15 所示，这种方法装夹工件方便、省时、自动定心好，但夹紧力较小。

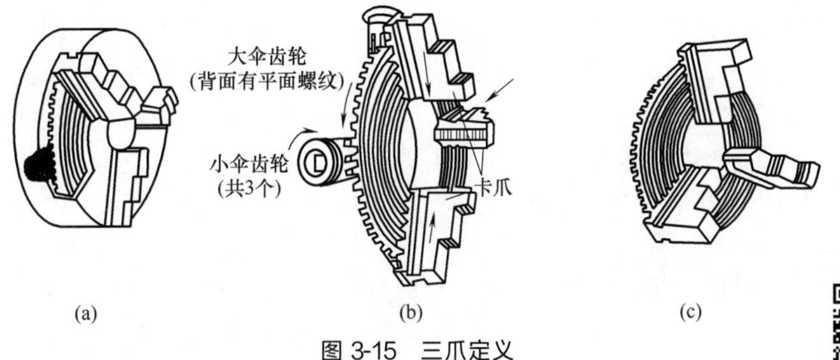

(a)　(b)　(c)

图 3-15　三爪定义

【视频 3-6 车床一夹一顶装夹方法】

二、用卡盘和顶尖一夹一顶装夹工件

车削较长的工件时要一端用卡盘夹住，另一端用后顶尖支撑。为了防止工件由于切削力的作用而产生轴向位移，必须在卡盘内装一限位支撑，或利用工件的

台阶面限位（见图 3-16），限制 5 个自由度。这种方法比较安全，能承受较大的轴向切削力，安装刚性好，轴向定位准确，所以应用比较广泛。工件较大时，也常用一夹一顶的装夹定位方式。

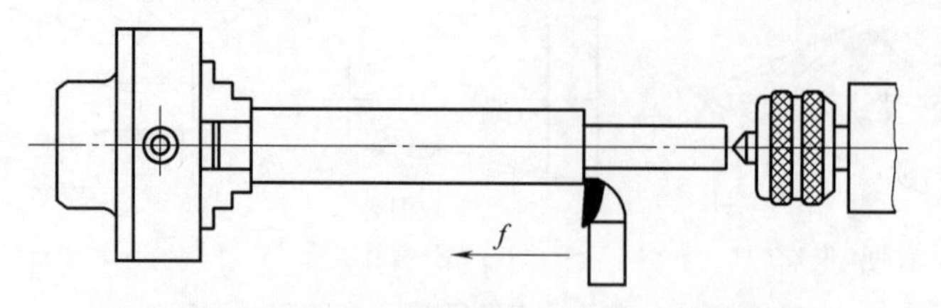

图 3-16　用工件台阶面定位，一夹一顶装夹工件

图 3-17 所示是活动顶尖，顶尖头部可以随工件转动，莫氏锥柄插在车床尾座锥孔内不动。图 3-18 所示是死顶尖，整体结构不能转动，使用时在中心孔内经常加注润滑脂，以减小摩擦。这两种顶尖属于后顶尖。

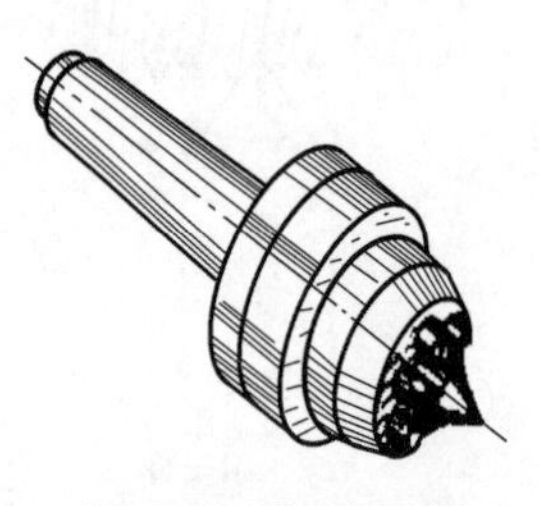

图 3-17　活动顶尖

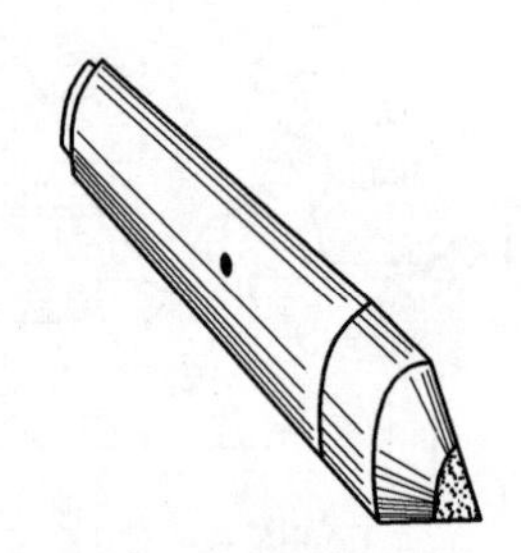

图 3-18　死顶尖

三、在两顶尖之间装夹工件

对于长度尺寸较大或加工工序较多的工件，为保证加工精度，可用两顶尖装夹。两顶尖装夹工件方便，不需找正，装夹精度高，但必须先在工件的两端面钻出中心孔。该装夹方式常遵循基准统一、基准重合原则，适用于多工序加工或精加工。

（1）用两顶尖装夹工件注意事项

① 前后顶尖的连线应与车床主轴轴线同轴，否则车出的工件会产生锥度误差；

② 尾座套筒在不影响车刀切削的前提下，应尽量伸出得短些，以增加刚度，减少振动；

③ 中心孔应形状正确，表面粗糙度值小，轴向精确定位时，中心孔倒角可加工成准确的圆弧形倒角，并以该圆弧形倒角与顶尖锥面的切线为轴向定位基准进行定位；

④ 两顶尖与中心孔的配合应松紧合适。

（2）装夹方法

用前顶尖顶工件的一端，用后顶尖顶工件的另一端。前顶尖有两种：一种前顶尖是插入主轴锥孔内的，如图 3-19（a）所示；另一种是夹在卡盘上的，如图 3-19（b）所示。前顶尖与主轴一起旋转，不与主轴中心孔产生摩擦。

工件安装时用对分夹头或鸡心夹头夹紧工件一端，拨杆伸向端面，如图 3-20 所示。两顶尖只对工件有定心和支撑作用，必须通过对分夹头或鸡心夹头的拨杆带动工件旋转。这样装夹也限制 5 个自由度。如果不用对分夹头或鸡心夹头带动工件旋转，可以采用内、外拨动顶尖，如图 3-21 所示。这样装夹还是限制 5 个自由度。

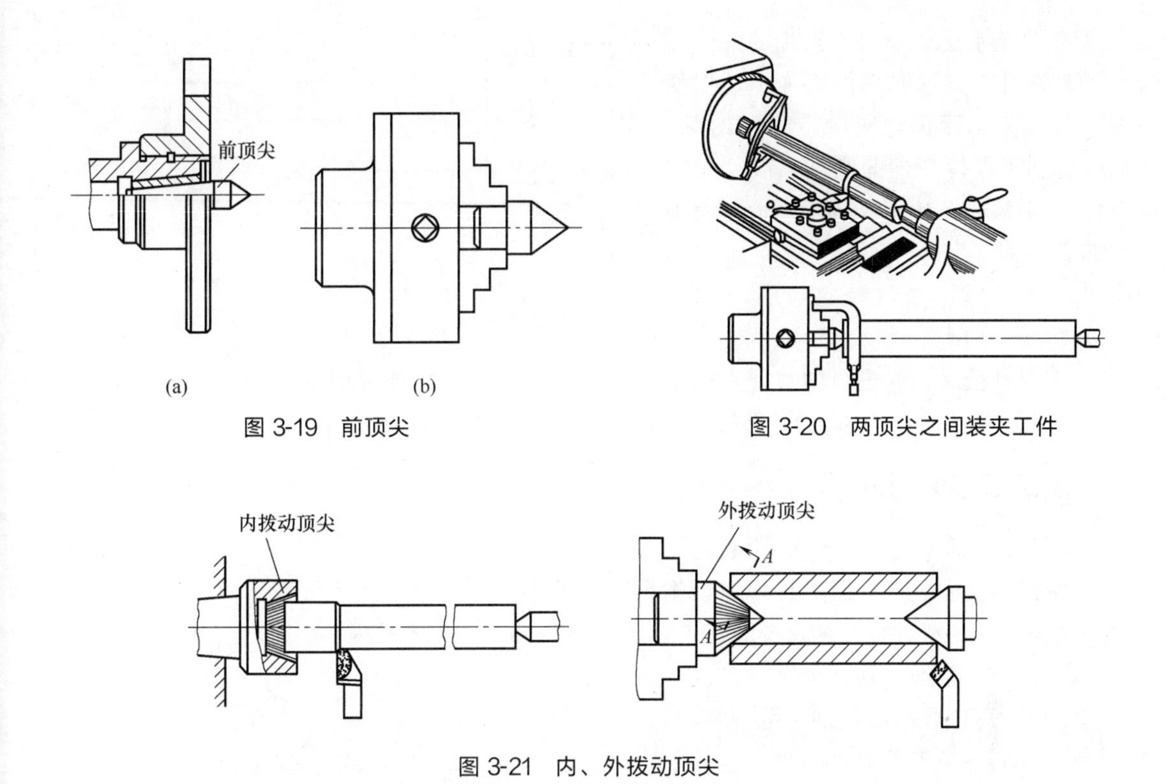

图 3-19 前顶尖

图 3-20 两顶尖之间装夹工件

图 3-21 内、外拨动顶尖

第四节 数控车削的工艺分析方法

采用数控车床加工零件，必须根据数控车床的性能、特点、应用范围对零件加工工艺进行分析：

① 分析被加工零件材料的力学性能和热处理状态，判断其加工的难易程度，为选择刀具和确定切削用量提供依据；

② 分析零件毛坯的外形和内腔是否有影响刀具定位、运动和切削的结构，为刀具运动路线的确定和程序的编制提供依据；

③ 分析零件毛坯是否有足够的加工余量，为选择刀具和分配加工余量提供依据；

④ 分析零件图中的尺寸标注方法是否适应数控加工的特点，为了编程方便和尺寸间的协调，尺寸最好从同一基准引注或直接给出相应的坐标尺寸；

⑤ 分析构成零件轮廓的几何要素条件是否充分，条件不足或几何要素之间关系模糊不清，都会使数学处理和编程难以进行；

⑥ 分析零件结构工艺性是否有利于数控加工，零件的外形、内腔应尽可能采取统一的几何类型或尺寸，尽量减少刀具数量和换刀次数。

一、工艺制订原则

① 基面先行。先加工定位基准面，减少后面工序的装夹误差。如轴类零件，应先加工中心孔，再以中心孔为精基准加工外圆表面和端面。

② 先粗后精。先对各表面进行粗加工，再进行半精加工和精加工，逐步提高加工精度。

③ 先近后远。离对刀点近的部位先加工，离对刀点远的部位后加工，以便缩短刀具移动距离，减少空行程时间，同时有利于保持零件的刚度，改善切削条件。如图 3-22 所示，对于直径相差不大的阶梯轴，当第一刀的背吃刀量未超限时，应按 $\phi26 \rightarrow \phi28 \rightarrow \phi30$ 的顺序由近及远地进行车削。

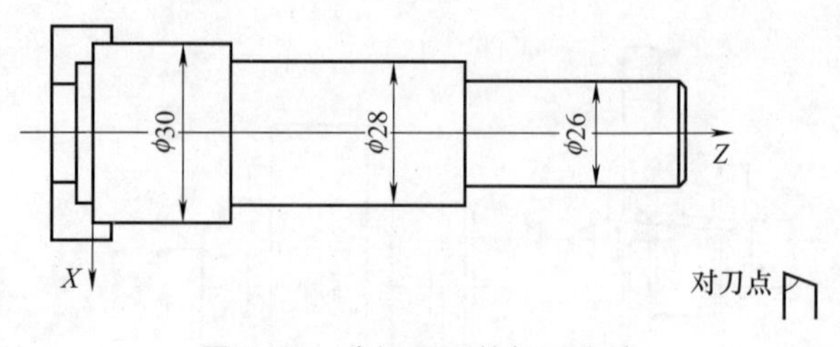

图 3-22 先近后远的加工方法

④ 内外交叉。先进行内、外表面的粗加工，后进行内、外表面的精加工。不能加工完内（或外）表面后，再加工外（或内）表面。

二、加工工序的划分

数控车削加工工序的划分，可以按下列方式进行。

① 以一次安装零件所进行的加工作为一道工序。将位置精度要求较高的表面加工安排在一次安装下完成，以免多次安装所产生的安装误差影响位置精度。

② 以粗、精加工划分工序。粗、精加工分开可以提高加工效率，对于容易发生加工变形的零件，更应将粗、精加工分开。

③ 以同一把刀具加工的内容划分工序。根据零件的结构特点，将加工内容分成若干部分，每一部分用一把典型刀具加工，这样可以减少换刀次数和空行程时间。

④ 以加工部位划分工序。根据零件的结构特点，将加工的部位分成几个部分，每一部分的加工内容作为一个工序。

三、进给路线的确定方法

进给路线是刀具在加工过程中相对于零件的运动轨迹，也称走刀路线。它既包括切削加工的路线，又包括刀具切入、切出的空行程。它不但包括了工步的内容，也反映出工步的顺序，是编写程序的依据之一。因此，以图形的方式表示进给路线，可为编程带来很大方便。

1. 粗加工进给路线的确定

① 矩形循环进给路线。利用数控系统的矩形循环功能，确定矩形循环进给路线，如图 3-23（a）所示。这种进给路线刀具切削时间最短，刀具损耗最小，为常用的粗加工进给路线。

② 三角形循环进给路线。利用数控系统的三角形循环功能，确定三角形循环进给路线，如图 3-23（b）所示。

③ 沿零件轮廓循环进给路线。利用数控系统的复合循环功能，确定沿零件轮廓循环进给路线，如图 3-23（c）所示。这种进给路线刀具切削总行程最长，一般只适用于单件小批量生产。

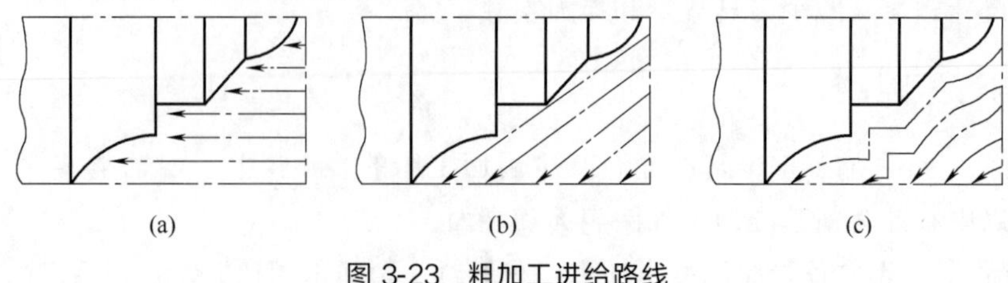

图 3-23 粗加工进给路线

④ 阶梯切削进给路线。当零件毛坯的切削余量较大时，可采用阶梯切削进给路线，如图 3-24 所示。在同样的背吃刀量条件下，按图 3-24（a）所示序号 1～6 的顺序切削，加工后剩余量过多，不宜采用，应采用图 3-24（b）所示序号 1～6 的顺序切削。

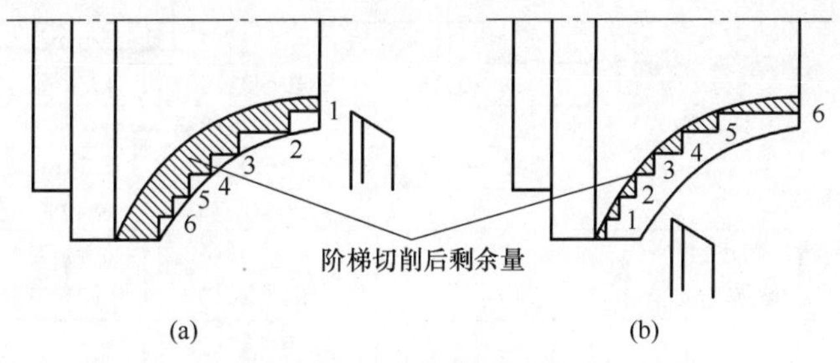

图 3-24 阶梯切削进给路线

2. 精加工进给路线的确定

① 各部位精度要求一致的进给路线。在多刀进行精加工时，最后一刀要连续加工，并且要合理确定进、退刀位置，尽量不要在光滑连接的轮廓上安排切入、切出、换刀及停顿，以免因切削力变化造成弹性变形，产生表面划伤、形状突变或滞留刀痕等缺陷。

② 各部位精度要求不一致的进给路线。当各部位精度要求相差不大时，要以精度高的部位为准，连续加工所有部位；当各部位精度要求相差很大时，可将精度相近的部位安排在同一进给路线，并且先加工精度低的部位，再加工精度高的部位。

③ 切入、切出及接刀点位置的选择。应选在零件上有空刀槽或表面有拐点、转角的位置，不应选在曲线相切或光滑连接的部位。

四、切削用量的选择

数控车削加工中的切削用量包括背吃刀量、主轴转速或切削速度、进给速度或进给量。在编制加工程序的过程中，应正确选择切削用量，使背吃刀量、主轴转速和进给速度三者间能相互适应，以形成最佳的切削参数。

1. 背吃刀量的确定

在车床系统刚度允许的条件下，尽可能选取较大的背吃刀量，以减少走刀次数，提高生产效率。当零件的精度要求较高时，应考虑留出精车余量，常取 0.1～0.5mm。

2. 主轴转速的确定

主轴转速应根据零件上被加工部位的直径、零件和刀具的材料及加工性质等条件所允许的切削速度来确定。在实际生产中，主轴转速可用下式计算：

$$n=\frac{1000v_c}{\pi d_w}$$

式中 n——主轴转速，r/min；

v_c——切削速度，m/min；

d_w——零件待加工表面的直径，mm。

在确定主轴转速时，首先要确定切削速度，而切削速度又与背吃刀量和进给量有关。

进给量是指零件每转一周，车刀沿进给方向移动的距离（mm/r），它与背吃刀量有着较密切的关系。粗车时一般取 0.3～0.8mm/r，精车时取 0.1～0.3mm/r，切断时宜取 0.05～0.2mm/r，具体选择时，要考虑实际情况进行调整。

切削速度又称为线速度，是指车刀切削刃上某一点相对于待加工表面在主运动方向上的瞬时速度。对于切削速度的确定，除了参考表 3-2 列出的数值外，主要根据实践经验进行。

⊡ 表 3-2　切削速度参考表

零件材料	刀具材料	背吃刀量 a_p/mm			
		0.38～0.13	2.40～0.38	4.70～2.40	9.50～4.70
		进给量 f/(mm/r)			
		0.13～0.05	0.38～0.13	0.76～0.38	1.30～0.76
		切削速度 v_c/(m/min)			
低碳钢	高速钢	—	70～90	45～60	20～40
	硬质合金	215～365	165～215	120～165	90～120
中碳钢	高速钢	—	45～60	30～40	15～20
	硬质合金	130～165	100～130	75～100	55～75
灰铸铁	高速钢	—	35～45	25～35	20～25
	硬质合金	135～185	105～135	75～105	60～75
黄铜	高速钢	—	85～105	70～85	45～70
青铜	硬质合金	215～245	185～215	150～185	120～150
铝合金	高速钢	105～150	70～105	45～70	30～45
	硬质合金	215～300	135～215	90～135	60～90

3. 进给速度的确定

进给速度是指在单位时间里，刀具沿进给方向移动的距离（mm/min）。有些数控车床规定可以选用以进给量（mm/r）表示进给速度。

进给速度的大小直接影响表面粗糙度和车削效率，因此，进给速度的确定应在保证表面质量的前提下，选择较高的进给速度。一般应根据零件的表面粗糙度、刀具及零件材料等因素，查阅切削用量手册选取。切削用量手册给出的是每转进给量，要根据下式计算进给速度：

$$v_f = fn$$

式中　v_f——进给速度，mm/min；

f——进给量，mm/r；

n——主轴转速，r/min。

表 3-3 和表 3-4 列出了硬质合金车刀粗车外圆、端面的进给量和半精车、精车的进给量，供参考选用。

⊡ 表 3-3　硬质合金车刀粗车外圆及端面的进给量

零件材料	车刀杆尺寸 $B \times H$/(mm×mm)	零件直径 D/mm	背吃刀量 a_p/mm				
			≤3	>3～5	>5～8	>8～12	>12
			进给量 f/(mm/r)				
碳素结构钢、合金结构钢及耐热钢	16×25	20	0.3～0.4	—	—	—	—
		40	0.4～0.5	0.3～0.4	—	—	—
		60	0.5～0.7	0.4～0.6	0.3～0.5	—	—
		100	0.6～0.9	0.5～0.7	0.5～0.6	0.4～0.5	—
		400	0.8～1.2	0.7～1.0	0.6～0.8	0.5～0.6	—
	20×30 25×25	20	0.3～0.4	—	—	—	—
		40	0.4～0.5	0.3～0.4	—	—	—
		60	0.5～0.7	0.5～0.7	0.4～0.6	—	—
		100	0.8～1.0	0.7～0.9	0.5～0.7	0.4～0.7	—
		400	1.2～1.4	1.0～1.2	0.8～1.0	0.6～0.9	0.4～0.6

续表

零件材料	车刀杆尺寸 $B\times H$/(mm×mm)	零件直径 D/mm	背吃刀量 a_p/mm				
			≤3	>3～5	>5～8	>8～12	>12
			进给量 f/(mm/r)				
铸铁及铜合金	16×25	40	0.4～0.5	—	—	—	—
		60	0.5～0.8	0.5～0.8	0.4～0.6	—	—
		100	0.8～1.2	0.7～1.0	0.6～0.8	0.5～0.7	—
		400	1.0～1.4	1.0～1.2	0.8～1.0	0.6～0.8	—
	20×30 25×25	40	0.4～0.5	—	—	—	—
		60	0.5～0.9	0.5～0.8	0.4～0.7	—	—
		100	0.9～1.3	0.8～1.2	0.7～1.0	0.5～0.8	—
		400	1.2～1.8	1.2～1.6	1.0～1.3	0.9～1.1	0.7～0.9

注：加工断续表面及有冲击的零件时，表内进给量应乘系数 $k=0.75$～0.85；加工无外皮零件时，表内进给量应乘系数 $k=1.1$；加工耐热钢及其合金时，进给量不大于 1mm/r；加工淬硬钢时，进给量应减少。当钢的硬度为 44～56HRC 时，应乘系数 $k=0.8$；当钢的硬度为 57～62HRC 时，应乘系数 $k=0.5$。

表 3-4 按表面粗糙度选择的进给量

零件材料	表面粗糙度 Ra/μm	切削速度 v_c/(m/min)	背吃刀量 a_p/mm		
			0.5	1.0	2.0
			进给量 f/(mm/r)		
铸铁、青铜、铝合金	5～10	不限	0.25～0.40	0.40～0.50	0.50～0.60
	2.5～5		0.15～0.25	0.25～0.40	0.40～0.60
	1.25～2.5		0.10～0.15	0.15～0.20	0.20～0.35
碳钢及其合金钢	5～10	<50	0.30～0.50	0.45～0.60	0.55～0.70
		≥50	0.40～0.55	0.55～0.65	0.65～0.70
	2.5～5	<50	0.18～0.25	0.25～0.30	0.30～0.40
		≥50	0.25～0.30	0.30～0.35	0.30～0.50
	1.25～2.5	<50	0.10	0.11～0.15	0.15～0.22
		50～100	0.11～0.16	0.16～0.25	0.25～0.35
		≥100	0.16～0.20	0.20～0.25	0.25～0.35

注：$a_p=0.5$mm，用于 12mm×12mm 以下的刀杆；$a_p=1.0$mm，用于 30mm×30mm 以下的刀杆；$a_p=2.0$mm，用于 30mm×45mm 及以上的刀杆。

第四章　数控车床编程指令

第一节　坐标系及程序编制的有关标准及规范

【视频 4-1 坐标系和相关术语】

一、数控机床坐标系

数控机床的动作是由数控装置来控制的。为了确定数控机床的成形运动和辅助运动，必须确定运动的位移和方向，这要通过坐标系来实现，这个坐标系称为机床坐标系。

机床坐标系中 X、Y、Z 坐标轴的相互关系，用右手笛卡儿直角坐标系确定，如图 4-1 所示。

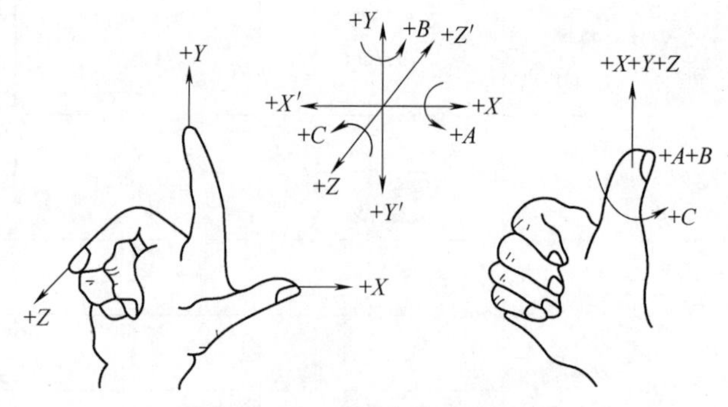

图 4-1　右手笛卡儿直角坐标系

① 使右手的拇指、食指和中指互为 90°，则大拇指代表 X 坐标轴，食指代表 Y 坐标轴，中指代表 Z 坐标轴，三个手指的指向为相应坐标轴的正方向。

② 围绕 X、Y、Z 坐标轴旋转的坐标，分别用 A、B、C 表示，根据右手螺旋定则，拇指指向坐标轴的正方向，则其余四指的旋转方向为旋转坐标的正方向。

③ 有的数控机床是刀具运动，零件固定；有的是零件运动，刀具固定。为便于编程，在不知道是刀具运动还是零件运动的情况下，一律假定零件固定不动，刀具相对于静止零件而运动。这一规定可理解为刀具离开零件的方向便是机床某一运动的正方向。

（一）机床坐标系及机床原点

坐标轴确定方法及步骤：确定机床坐标轴时，一般是先确定 Z 轴，然后确定 X 轴，最后确定 Y 轴，一般假定零件静止，刀具运动。刀具与零件距离增大的方向为坐标轴的正方向。

Z 坐标的运动方向是由传递切削动力的主轴所决定的，即平行于主轴轴线的坐标轴为 Z 坐标轴，Z 坐标的正方向为刀具离开零件的方向。

如果机床多根主轴，则可选垂直于工件装夹面的主轴为主要主轴，Z 坐标则平行于该主轴轴线。如果主轴能够摆动，则选择当主轴垂直于零件装夹平面时的轴线为 Z 坐标轴；如果没有主轴，则规定垂直于工件装夹表面的坐标轴为 Z 轴。Z 轴正方向是使刀具远离工件的方向。

X 坐标轴平行于零件的装夹平面。如果零件做旋转运动，则刀具离开零件的方向为 X 坐标的正方向。在确定 X、Z 坐标的正方向后，可根据 X 和 Z 坐标的方向，按照右手笛卡儿直角坐标系确定 Y 坐标的方向。

机床原点是指在机床上设置的一个固定点，即机床坐标系的原点。它在机床装配、调试时就已确定下来，是数控机床进行加工运动的基准参考点。在数控车床上，机床原点一般取在卡盘端面与主轴轴线的交点处，如图 4-2 所示。同时，通过设置参数的方法，也可将机床原点设定在 X、Z 坐标正方向的极限位置上。数控铣床的原点一般取在 X、Y、Z 坐标正方向的极限位置上，如图 4-3 所示。

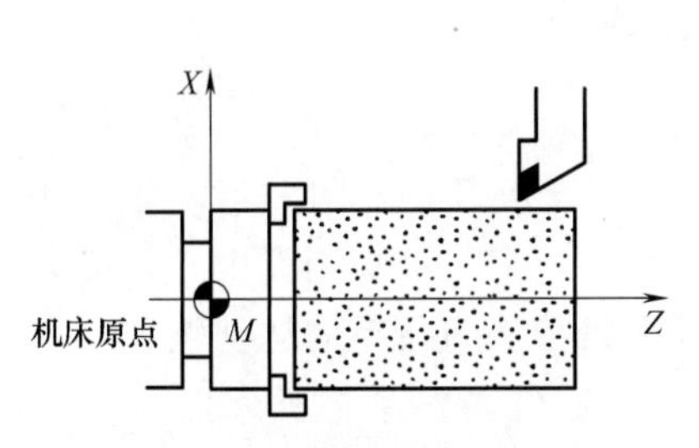

图 4-2　数控车床的机床原点

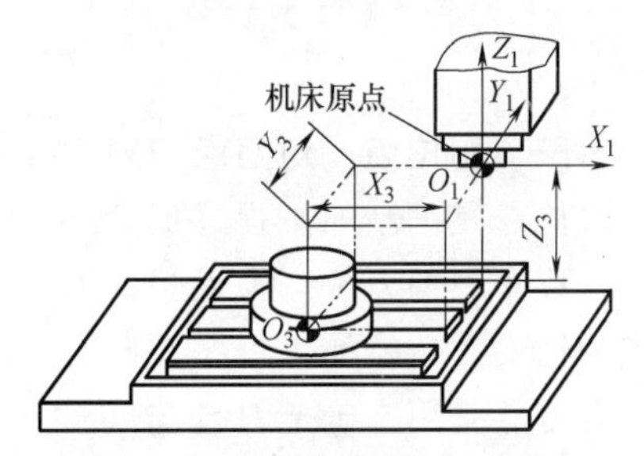

图 4-3　数控铣床的机床原点

机床参考点是用于对机床运动进行检测和控制的固定位置点。机床参考点的位置是由机床制造厂家在每个进给轴上用限位开关精确调整好的，坐标值已输入数控系统，并且记录在机床的说明书中，用户不得更改，因此参考点对机床原点的坐标是一个已知数。也就是说，可以根据机床参考点在机床坐标系中的坐标值间接确定机床原点的位置。通常在数控铣床上机床原点和机床参考点是重合的，而在数控车床上机床参考点是离机床原点最远的极限点。图 4-4 所示为数控车床的参考点和机床原点。

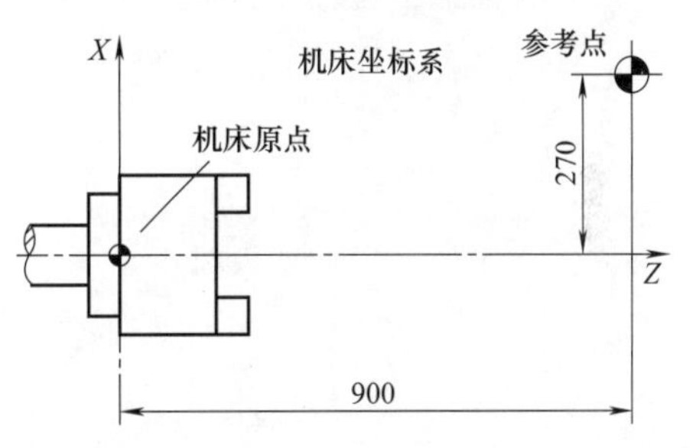

图 4-4　数控车床的参考点和机床原点

数控机床开机时，必须先确定机床原点，而确定机床原点的运动就是刀架返回参考点的操作，这样通过确认参考点，就确定了机床原点。只有机床参考点被确认后，刀具（或工作台）移动才有基准。

（二）零件坐标系

零件坐标系是编程人员在编程时设定的坐标系，也称为编程坐标系。在进行数控编程时，首先要根据被加工零件的形状特点和尺寸，在零件图样上建立零件坐标系，使零件上所有几何要素都有确定的位置，同时也确定了在数控加工时，零件在机床上的安装方向。零件坐标系的建立，包括坐标原点的选择和坐标轴的确定。

零件坐标系原点也称为零件原点（零件零点）或编程原点（编程零点）。与机床坐标系不同，零件原点是根据加工零件图样及加工工艺要求选定的编程坐标系的原点。选择零件坐标系原点应遵循下列原则：

① 尽量选在零件的设计基准或工艺基准上，便于计算，便于测量和检验，同样利于编程；

② 尽量选在尺寸精度高、表面粗糙度值小的零件表面，以提高被加工零件的加工精度；

③ 对于对称的零件，最好选在零件的对称中心线上。

零件坐标系中各轴的方向应该与所使用的数控机床相应的坐标轴方向一致。图 4-5 所示为车削零件的编程原点。

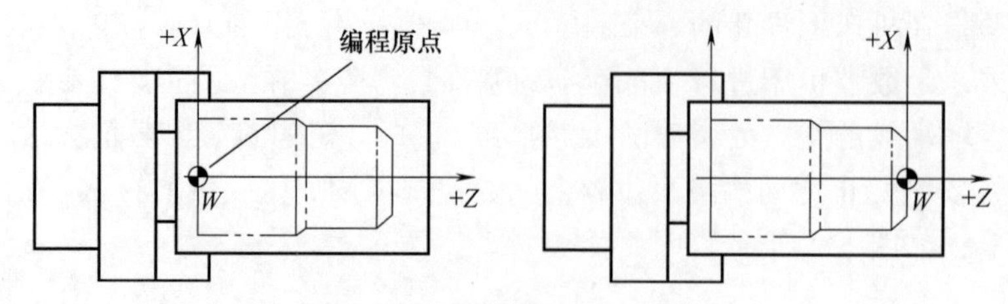

图 4-5　车削零件的编程原点

（三）刀位点、对刀点和对刀参考点

刀位点是编制加工程序时表示刀具位置的坐标点，一般是刀具上的一点。如图 4-6 所示，尖形车刀的刀位点为理想的刀尖点；刀尖带圆弧的车刀，刀位点在圆弧中心；钻头的刀位点为钻尖。数控加工程序控制刀具的运动轨迹，实际上是控制刀位点的运动轨迹。

对刀点是用来确定刀具与零件相对位置的点，是确定零件坐标系与机床坐标系关系的点，如图 4-7 所示的 A 点。在数控机床上加工零件时，对刀点是刀具相对于零件运动的起点，因为数控加工程序是从这一点开始执行的，所以对刀点也称为起刀点。对刀就是将刀位点置于对刀点上，以便建立零件坐标系。

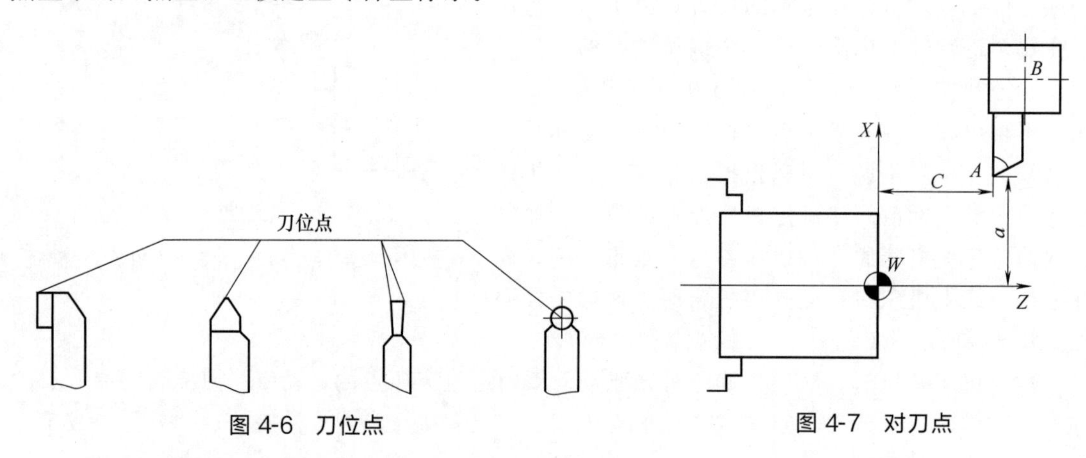

图 4-6　刀位点

图 4-7　对刀点

对刀参考点用来表示刀架或刀盘在机床坐标系内的位置，即显示器上显示的坐标值表示的点，也称刀架中心或刀具参考点，如图 4-7 所示的 B 点。可利用此坐标值进行对刀操作。数控车床回参考点时，应使刀架中心与对刀参考点重合。

在数控车床上加工零件时，需要经常换刀，在编制程序时，就要设置换刀点。换刀点就是数控程序指定用于换刀的位置。该点可以是一个固定点，也可以是任意一点。换刀点应设在零件或夹具的外部，避免刀架转位时刀具与零件、夹具及机床产生干涉。

二、 程序结构和编程规则

【视频 4-2 程序格式和编程习惯】

（一）数控加工程序的一般格式

1. 程序开始符、结束符

程序开始符、结束符是同一个字符，ISO 代码中是%，EIA 代码中是 EP，书写时要单列一段。

2. 程序名

程序名有两种形式：一种是由英文字母 O 和 1～4 位正整数组成；另一种是由英文字母

开头，字母和数字混合组成的。程序名一般要求单列一段。

3. 程序主体

程序主体是由若干个程序段组成的。每个程序段一般占一行。

4. 程序结束指令

程序结束指令可以用 M02 或 M30，一般要求单列一段。

加工程序的一般格式如下：

```
程序开始符        %
程序名            O0031 ；              注释
程序开始      ┌   N10 T0101 ；          选择刀具和刀补
              │   N20 M03 S900 ；       主轴正转，转速 900r/min
程序主体      ┤   N30 G00 X60 Z0；      刀具快移至加工点附近
              │     ……
              │     ……
              └     ……
程序结束          N100 X100 ；          刀具返回起始点
程序结束指令      M02 或 M30 ；
程序结束符        %
```

5. 程序段

数控程序是若干个程序段的集合。每个程序段独占一行。每个程序段由若干个数据字组成，每个数据字由地址和跟随其后的数字组成。地址是一个英文字母。一个程序段中各个数据字的位置没有限制，但是长期以来，以下排列方式已经成为大家都认可的方式：

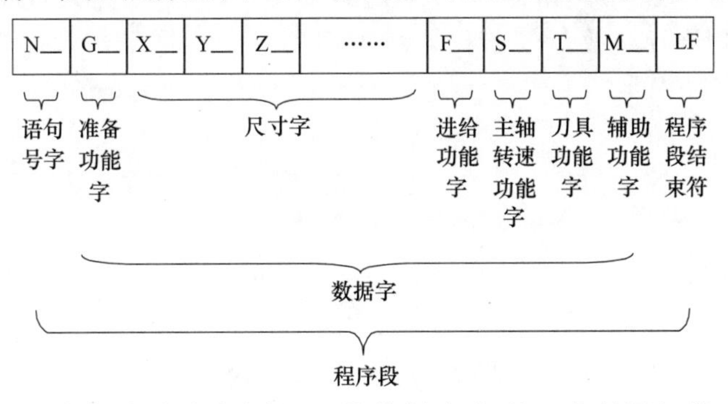

在一个程序段中间如果有多个相同地址的数据字出现，或者同组的 G 功能，取最后一个有效。

（1）行号（语句号字）

N××××表示程序的行号，可以不要，但是有行号，在编辑时会方便些。行号可以不连续。行号最大为 9999，超过后再从 1 开始。

选择跳过符号为“/”，只能置于一程序的起始位置，如果有这个符号，并且机床操作面板上“选择跳过”打开，则本条程序不执行。这个符号多用在调试程序，如在开冷却液的程序前加上这个符号，在调试程序时可以使这条程序无效，而正式加工时使其有效。

（2）准备功能字

地址“G”和数字组成的数据字表示准备功能，也称为 G 功能。G 功能根据其功能分为若干个组，在同一条程序段中，如果出现多个同组的 G 功能，那么取最后一个有效。

G 功能分为模态与非模态两类。一个模态 G 功能被指令后，直到同组的另一个 G 功能被指令才无效，而非模态的 G 功能仅在其被指令的程序段中有效。

例：

```
……
N10 G01 X250.0 Y320.0;
N11 G04 X100;
N12 G01 Z-120.0;
N13 X380.0 Y400.0;
……
```

在这个例子的 N12 这条程序中出现了 G01 功能，由于这个功能是模态的，所以尽管在 N13 这条程序中没有 G01，但是其作用还是存在的。

程序由程序段构成。每个程序段中包含的代码的含义如下：

N：程序段地址码，用于指定程序段号；

G：准备功能字代码，有 G00～G99 共 100 种，分为模态指令和非模态指令。模态指令（也称为续效指令）表示该指令在一个程序段中一经指定，在接下来的程序段中一直有效，直到出现同组的另一个指令时，该指令才被取代。非模态指令表示该指令只在同一个程序段中有效，离开本程序段则无效。

G 指令根据功能分为同组指令和不同组指令。同组指令具有相互取代的作用，在一个程序段中同组指令只能有一个生效，当一个程序段中有两个或两个以上的同组指令时，一般以最后一个指令为准或数控机床系统报警。

机床开机时，数控系统对每一组的指令，都选取其中的一个作为开机默认指令，该指令在开机或系统复位时自动生效，在程序中允许不再编写（不同系统、不同时期出厂的数控机床的默认指令可能不一样）。

（3）尺寸字

尺寸字用于确定机床上刀具运动终点的坐标位置。尺寸字在小数点前可以有四位阿拉伯数字，小数点后可以有三位阿拉伯数字。

多数数控系统可以用准备功能字来选择坐标尺寸的制式，如 FANUC 诸系统可用 G21/G22 来选择米制单位或英制单位，也有些系统用系统参数来设定尺寸制式。采用米制时，一般单位为 mm，如 X100 指令的坐标距离为 100mm。当然，一些数控系统可通过参数来选择不同的尺寸单位。

（4）辅助功能字

M 为辅助功能代码，又称为 M 功能或 M 指令，用于指定数控机床辅助装置的开关动作，可以选择的范围为 M00～M99。

（5）主轴转速功能字

主轴轴速指令用字母“S”表示。

（6）结束符

结束符为“%”，其他系统还有用“LF”“*”等的。

（二）直径编程和半径编程

当用直径值编程时，称为直径编程法。车床出厂时设定为直径编程，所以，在编制与 *X* 轴有关的各项尺寸时，一定要用直径值编程。用半径值编程时，称为半径编程法。如需用半径编程，则要改变系统中相关的参数。

在直径编程的数控程序中，*X* 轴的坐标值取为零件图样上的直径值，如图 4-8 所示。图中 *A* 点的坐标值为（30，80），*B* 点的坐标值为（40，60）。采用直径尺寸编程与零件图样中的尺寸标注一致，这样可避免尺寸换算过程中可能造成的错误，给编程带来很大方便。

（三）小数点编程

数控车床的数控装置输出的是脉冲信号，一个脉冲信号驱动执行组件位移一个单位，一般情况下的位移单位是 0.001mm（1μm），即一个脉冲当量为 0.001mm。

公制标准下的数字单位分为两种，一种是以毫米（mm）为单位，一种是以脉冲当量微米（μm）为单位。当使用小数点进行编程时，数字确认输入单位为毫米，当不使用小数点编程时，则以脉冲当量（机床的最小输入单位）为输入单位。小数点编程时，小数点后保留 3 位，第 4 位四舍五入。

例如，X30.0 表示直径为 30mm，X30 表示直径为 30μm，两者相差 1000 倍。

（四）绝对坐标系和增量坐标系

数控加工程序中，几何点的坐标位置有绝对值和增量值两种表示方式。绝对值是以零件原点为基准来表示坐标位置的。增量值是以相对于前一个位置坐标尺寸的增量来表示坐标位置的。在数控程序中，绝对坐标与增量坐标可单独使用，也可在不同程序段上交叉设置使用，数控车床上还可以在同一程序段中混合使用，使用原则主要是看何种方式编程更方便。如图 4-9 所示，从 *A* 点到 *B* 点，*B* 点的绝对坐标是（10，10），而 *B* 点的增量坐标是（−10，−10）。

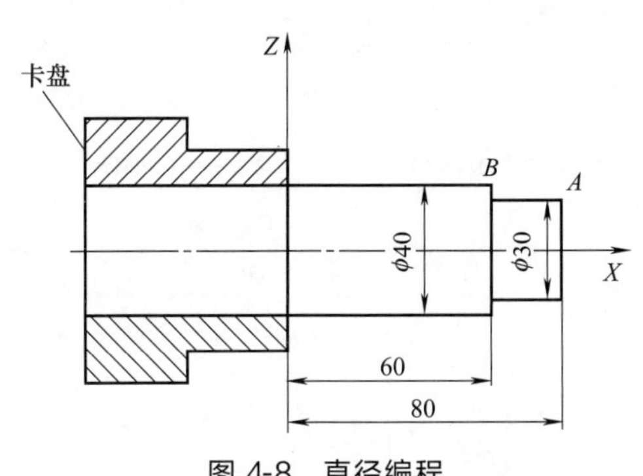

图 4-8　直径编程

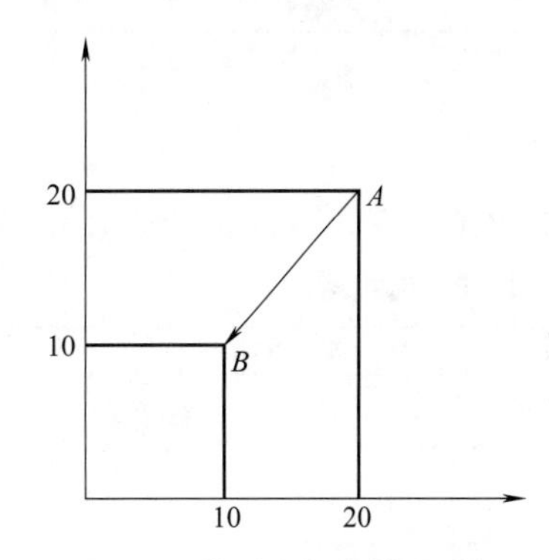

图 4-9　绝对坐标和增量坐标

1. 绝对值编程

绝对值编程是根据预先设定的编程原点计算出绝对值坐标尺寸进行编程的一种方法。采用绝对值编程时，首先要指出编程原点的位置，并用地址 X，Z 进行编程。

2. 增量值编程

增量值编程是根据与前一个位置的坐标值增量来表示位置的一种编程方法。程序中的终点坐标是相对于起点坐标而言的。

采用增量值编程时，用地址 U、W 代替 X、Z 进行编程。U、W 的正负方向由行程方向确定，行程方向与机床坐标方向相同时为正，反之为负。

3. 混合编程

绝对值编程与增量值编程混合起来进行编程的方法叫混合编程。编程时也必须先设定编程原点。

例如，图 4-9，直线 $A \to B$，可用以下编程方法：

绝对：G01 X10.0 Z10.0;

相对：G01 U-10.0 W-10.0;

混用：G01 X10.0 W-10.0;

或 G01 U-10.0 Z10.0;

第二节　辅助功能指令和 F、S、T 指令

【视频 4-3 M 指令和 F、S、T 指令】

一、常用辅助 M 功能指令

辅助功能字由 M 地址符及随后的两位数字组成，所以也称为 M 功能或 M 指令。它用来指定数控机床的辅助动作及其状态，常用的 M 功能指令如表 4-1 所示。

表 4-1　常用 M 功能指令表

代码	功能	说明	代码	功能	说明
M00	停止程序运行	单程序段方式有效，非模态	M03	主轴正向转动	模态
M01	选择性停止		M04	主轴反向转动	
M02	结束程序运行		M05	主轴停止转动	
M30	结束程序复位		M08	冷却液开启	
M98	子程序调用	非模态	M09	冷却液关闭	
M99	子程序结束		M06	换刀指令	非模态

二、F 功能

指定进给速度，有每转进给（mm/r）和每分钟进给（mm/min），如表 4-2 所示。

表 4-2　F 功能进给速度

每转进给量(mm/r)	每分钟进给量(mm/min)
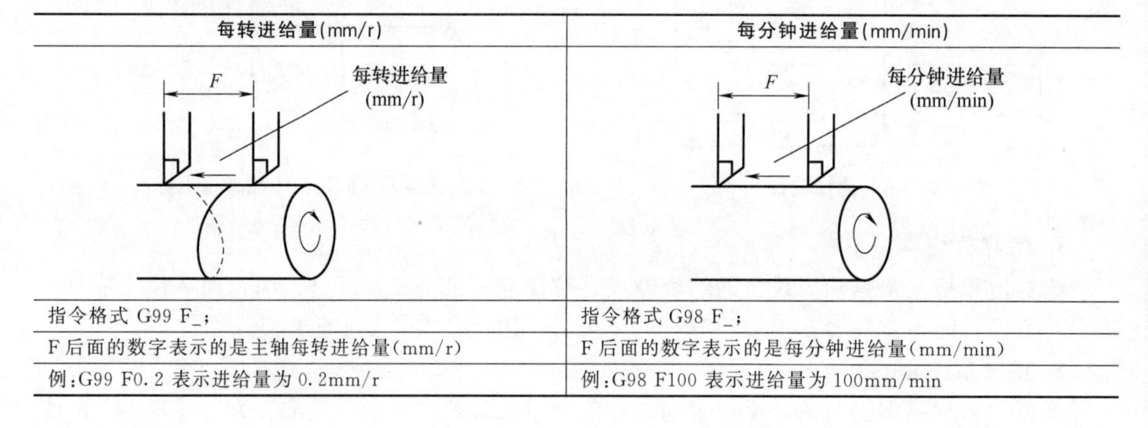 	
指令格式 G99 F_;	指令格式 G98 F_;
F 后面的数字表示的是主轴每转进给量(mm/r)	F 后面的数字表示的是每分钟进给量(mm/min)
例:G99 F0.2 表示进给量为 0.2mm/r	例:G98 F100 表示进给量为 100mm/min

三、S 功能

S 功能用于控制主轴转速，它有恒线速和恒转速两种指令。

1. 最高转速限制

指令格式：G50 S_;

S 后面的数字表示的是最高转速（r/min）。

例如，G50 S3000 表示最高转速限制为 3000r/min。

2. 恒线速控制

指令格式：G96 S_;

S 后面的数字表示的是恒定的线速度（m/min）。

例如，G96 S150 表示切削线速度控制在 150m/min。

3. 恒转速控制

指令格式：G97 S_;

S 后面的数字表示主轴转速（r/min）。

四、T 功能

T 功能用来指定程序中使用的刀具。

指令格式：T_;

T 后面数字，前两位代表刀具号，后两位代表刀具补偿号。

例如，T0101 指选择 1 号刀具，用 1 号刀具补偿。刀具补偿包括长度补偿和半径补偿两部分。

第三节　刀具简单运动指令（G00～G04）

一、快速定位指令（G00）

快速点定位指令控制刀具以点位控制的方式快速移动到目标位置，其移动速度由参数来设定。

指令格式：G00 X(U)_ Z(W)_;

格式说明：

G00 指令使刀具以点位控制方式从刀具所在点快速移动到目标点；

G00 指令是模态代码，其中 X(U)，Z(W) 后是目标点的坐标。

车削时快速定位目标点不能直接选在零件上，一般要离开零件表面 1～2mm。

如图 4-10 所示，从起点 A(20，20) 快速运动到目标点 B(60，100)。

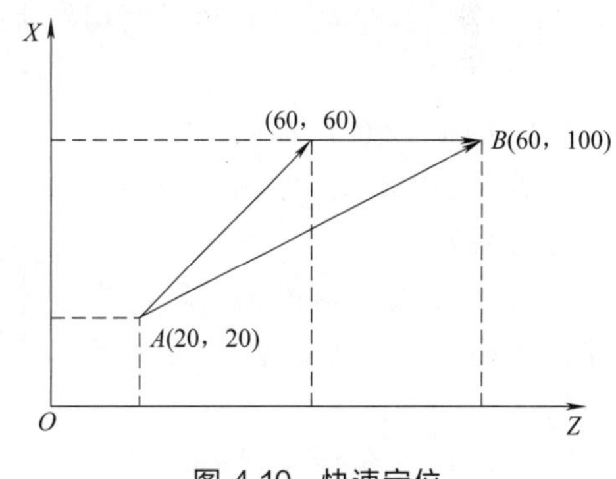

图 4-10　快速定位

其绝对坐标编程为：G00 X60 Z100;

其增量坐标编程为：G00 U40 W80;

执行上述程序段时，刀具实际的运动路线不是直线，而是折线。首先刀具以快速进给速度运动到点（60，60），然后再运动到点（60，100），所以使用 G00 指令时要注意刀具是否和零件及夹具发生干涉。忽略这一点，就容易发生碰撞，而在快速状态下的碰撞就更加危险了。

二、直线插补指令（G01）

指令格式：G01 X(U)_ Z(W)_ F_;

格式说明：

① G01 指令使刀具从当前点出发，在两坐标间以插补联动方式按指定的进给速度直线移动到目标点，G01 指令是模态指令。

② 进给速度由 F 指定，F 指令也是模态指令，它可以用 G00 指令取消。G01 程序段中或之前必须含有 F 指令。

例如，图 4-11 所示，选右端面 O 为编程原点，绝对坐标编程为：

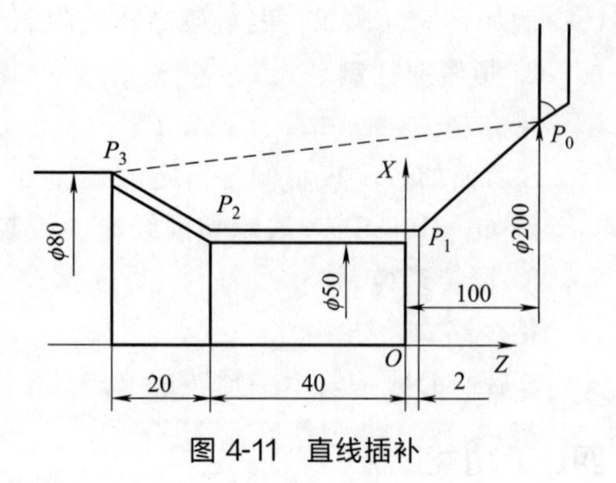

图 4-11　直线插补

```
……
G00 X50 Z2;        P0 到 P1
G01 Z-40 F80;      刀具从 P1 点按 F 指定值运动到 P2 点
    X80 Z-60;      P2 到 P3
G00 X200 Z100;     P3 到 P0
……
```

增量坐标编程为：

```
……
G00 U-150 W-98;
G01 W-42 F80;
    U30 W-20;
G00 U120 W160;
……
```

三、倒角、倒圆功能指令（G01）

G01 倒角控制功能，可以在两相邻轨迹的程序段之间插入直线倒角或圆弧倒角，如图 4-12 所示。

倒角：G01 X(U)_Z(w)_C_;

倒圆：G01 X(U)_Z(W)_R_;

格式说明：

X、Z 表示在绝对值编程时，两相邻直线的交点，即假想拐角交点 G 的坐标值；

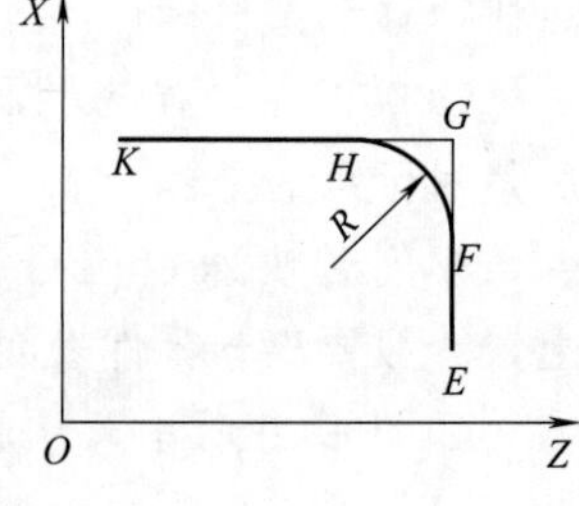

图 4-12　倒角和倒圆

U、W 值为在增量值编程时，假想拐角交点 G 相对于直线轨迹起始点 E 的距离；

C 值是假想拐角交点 G 相对于倒角始点 F 的距离；

R 值是倒圆的半径。

四、圆弧插补指令（G02、G03）

1. 顺时针圆弧和逆时针圆弧方向的判断

G02、G03 指令用于指定圆弧插补。其中，G02 表示顺时针圆弧（简称顺圆弧）插补；

G03 表示逆时针圆弧（简称逆圆弧）插补。圆弧插补的顺逆方向的判断方法是，向着垂直于圆弧所在平面（如 ZX 平面）的另一坐标轴（如 Y 轴）的负方向看，其顺时针方向圆弧为 G02，逆时针方向圆弧为 G03。在判断车削加工中各圆弧的顺逆方向时，一定要注意刀架的位置及 Y 轴的方向，如图 4-13 所示。

2. 指定圆心方式的圆弧插补编程

```
G02 X(U)_Z(W)_I_K_F_;
G03 X(U)_Z(W)_I_K_F_;
```

如图 4-14 所示，格式说明如下：

X、Z 表示绝对值编程时，圆弧终点的坐标值；

U、W 表示增量值编程时，圆弧终点相对于起始点的位移量；

I、K 表示圆心在 X、Z 轴方向上相对圆弧起点的坐标增量（用半径值表示），即圆心坐标值减去圆弧起点的坐标值，I、K 为零时可以省略；

K 表示圆弧起点到圆弧圆心矢量值在 X、Z 方向的投影值；

F 表示进给速度。

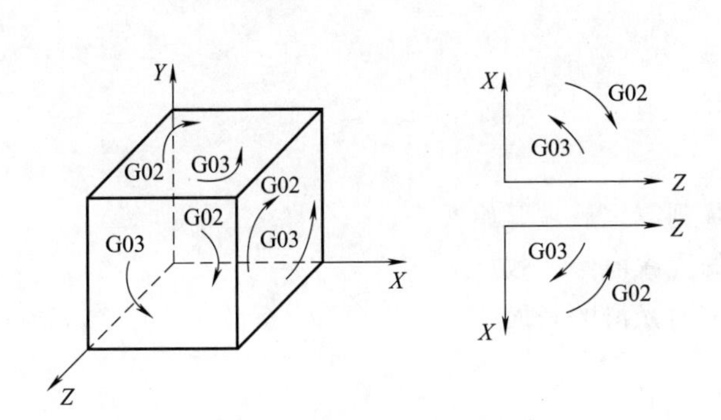

图 4-13　圆弧插补的顺逆方向

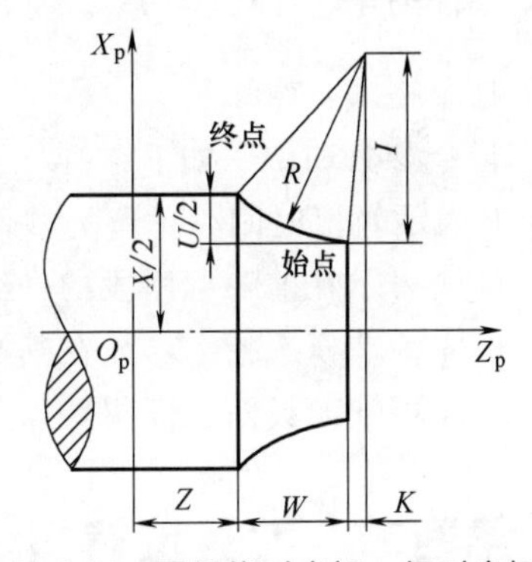

图 4-14　圆弧绝对坐标，相对坐标

3. 指定半径的圆弧插补编程

```
G02 X(U)_Z(W)_R_F_;
G03 X(U)_Z(W)_R_F_;
```

格式和参数说明如下：

X、Z 表示绝对值编程时，圆弧终点的坐标值；

U、W 表示增量值编程时，圆弧终点相对于起始点的位移量；

R 表示圆弧半径，当圆弧所对圆心角为 0°～180°时，R 取正值；当圆心角为 180°～360°时，R 取负值；F 表示进给速度。

注意：用 R 方式编程只适用于非整圆的圆弧插补，不适用于整圆加工；若在程序中同时出现 I、K 和 R 时，以 R 优先，I、K 无效。

（1）顺时针圆弧插补，如图 4-15（a）所示。

绝对坐标，直径编程：G02 X50.0 Z30.0 I25.0 F0.3;
　　　　　　　　　　G02 X50.0 Z30.0 R25.0 F0.3;

相对坐标，直径编程：G02 U20.0 W-20.0 I25.0 F0.3;
　　　　　　　　　　G02 U20.0 W-20.0 R25.0 F0.3;

（2）逆时针圆弧插补，如图 4-15（b）所示。

绝对坐标，直径编程：G03 X87.98 Z50.0 I-30.0 K-40.0 F0.3；

相对坐标，直径编程：G03 U37.98 W-30.0 I-30.0 K-40.0 F0.3；

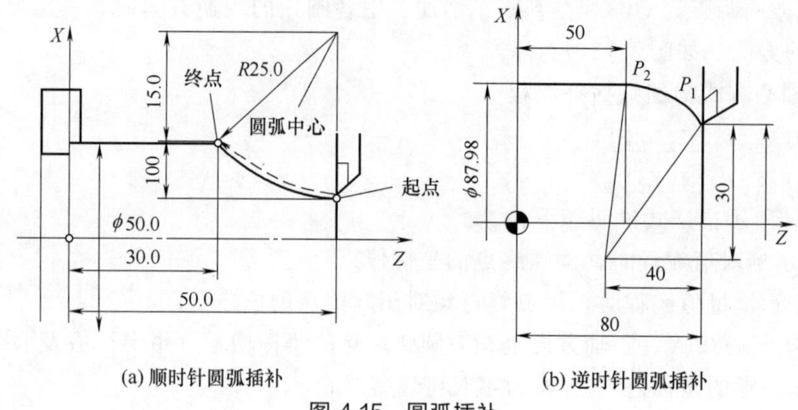

(a) 顺时针圆弧插补　　(b) 逆时针圆弧插补

图 4-15　圆弧插补

五、暂停指令（G04）

指令格式：G04 P_；

指令参数和说明如下：

P 表示暂停时间，单位为秒；

G04 表示在前一程序段的进给速度降到零之后才开始暂停；

G04 为非模态指令，仅在其被规定的程序段中有效；

G04 可使刀具短暂停留，以获得圆整而光滑的表面。

第四节　刀具位置指令

一、刀具位置补偿

刀具位置补偿主要包括刀具的几何补偿和磨损补偿，如图 4-16 所示。刀具几何补偿是补偿刀具形状和刀具安装位置与编程时理想刀具或基准刀具的偏移量；刀具磨损补偿则是用于补偿当刀具使用磨损后刀具头部尺寸与原始尺寸的误差。这些补偿数据通常是在对刀时采集到的，然后将这些数据准确地储存到存储器中，通过程序中的刀补指令来调用并执行。

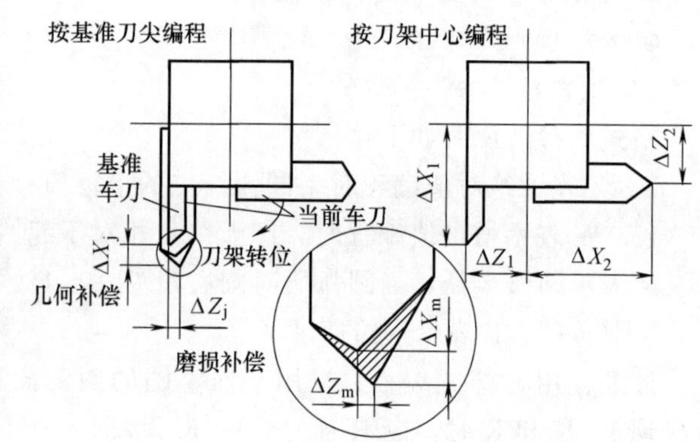

图 4-16　刀具的几何补偿和磨损补偿

刀补指令用 T 代码表示。常用 T 代码格式为 T××××，即 T 后可跟 4 位数，其中前两位表示刀具号，后两位表示刀具补偿号。当补偿号为 0 或 00 时，表示不进行补偿或取消刀具补偿。

若设定刀具几何补偿和磨损补偿同时有效，则刀补量是两者的矢量和。若使用基准刀具，则其几何补偿为零，刀补量只有磨损补偿。如图4-16所示，按基准刀尖编程的情况下，当还没有磨损补偿时，则只有几何位置补偿，$\Delta X=\Delta X_j$，$\Delta Z=\Delta Z_j$；批量加工过程中出现刀具磨损后，则$\Delta X=\Delta X_j+\Delta X_m$，$\Delta Z=\Delta Z_j+\Delta Z_m$。而当以刀架中心作参照点编程时，每把刀具的几何补偿便是其刀尖相对于刀架中心的偏置量，因而，第一把车刀为$\Delta X=\Delta X_1$，$\Delta Z=\Delta Z_1$；第二把车刀为$\Delta X=\Delta X_2$，$\Delta Z=\Delta Z_2$。

二、刀尖半径补偿（G41、G42、G40）

【视频4-4 刀尖半径补偿】

数控车床提供刀尖圆弧半径自动补偿功能（以下简称刀尖R补偿），该功能让操作者只要按零件轮廓尺寸编程，再通过系统补偿一个刀尖半径值即可。下面我们分析一下数控车床刀尖R补偿的概念和方法。

（一）为什么要进行刀尖半径补偿

1. 刀尖半径和假想刀尖的概念

（1）刀尖半径

车刀刀尖部分为一圆弧，其构成的假想圆的半径值，称为刀尖半径，一般车刀均有刀尖半径。用于车外圆或端面时，刀尖圆弧大小并不起作用，但用于车倒角、锥面或圆弧时，则会影响精度，因此在编制数控车削程序时，必须予以考虑，如图4-17所示。

（2）假想刀尖

假想刀尖实际上是一个不存在的点，如图4-17所示的A点。之所以提出假想刀尖，是因为把实际刀尖的中心对准加工起点或某个基准位置是很困难的，而用假想刀尖的方法就变得容易了。

编程时按假想刀尖轨迹编程，而实际刀尖圆弧在切削零件时就会造成图4-18所示的欠切或过切现象。

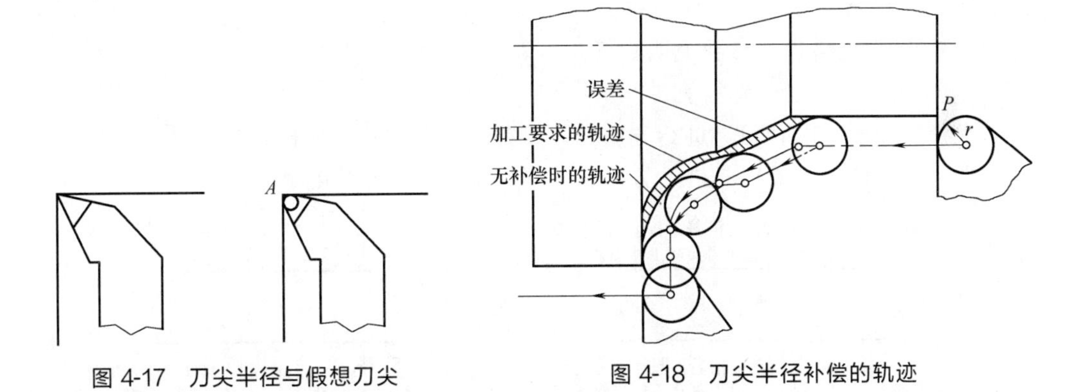

图4-17　刀尖半径与假想刀尖

图4-18　刀尖半径补偿的轨迹

若零件要求不高或留有精加工余量，图4-18所示误差可以忽略，否则必须考虑刀尖圆弧对零件形状的影响。采用刀尖半径补偿功能后，按假想刀尖轨迹（零件轮廓形状）编程，数控系统会自动计算刀尖圆心的轨迹，并按刀尖圆心轨迹运动，从而消除刀尖圆弧对零件形状的影响。

车削端面和内外圆柱面时不需要补偿。车削锥面和圆弧面时，实际切削点与理想刀尖点之间在X、Z轴方向都存在位置偏差，所以要采用刀尖圆弧半径补偿。

2. 刀尖半径补偿的应用

① 具有刀尖圆弧半径补偿功能的车床，编程时可以不用计算刀尖圆弧中心轨迹，只按

零件轮廓编程即可。

② 执行补偿指令后，数控系统自动计算刀尖圆弧中心轨迹并按此轨迹运动。

③ 当刀具磨损或重磨后，只需更改半径补偿值，不必修改程序。

④ 用同一把车刀进行粗、精加工，可用刀尖半径补偿功能实现。

⑤ 半径补偿值可通过手工输入，从控制面板上输入到补偿表中。

（二）如何实现补偿

1. 刀尖方位的设置

在进行刀尖半径补偿时，假想刀尖相对于圆弧中心的方位与刀具移动的方向有关，将车刀形状和假想刀尖方位归为八种，如图 4-19 所示。注意前置刀架和后置刀架的区别。

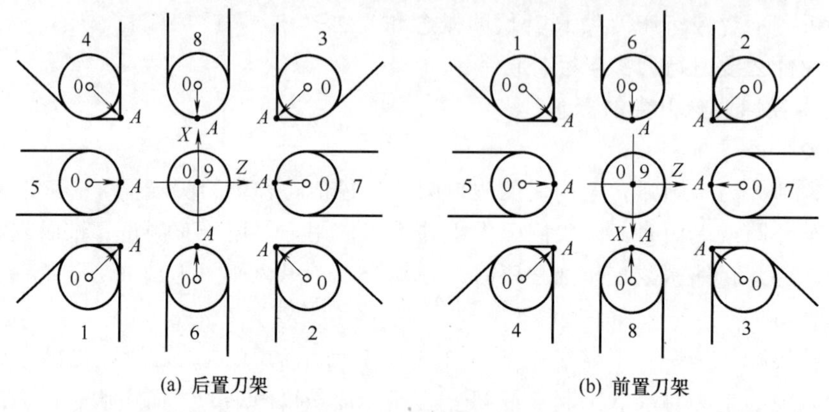

图 4-19 刀尖方位号图

2. 建立刀尖半径补偿指令 G41、G42

指令格式：$\begin{Bmatrix}\text{G41}\\\text{G42}\end{Bmatrix}\begin{Bmatrix}\text{G00}\\\text{G01}\end{Bmatrix}$X_Z_;

如图 4-20 所示，格式和参数说明如下：

X、Z：建立刀补的终点坐标值；

G41 半径左补偿：沿着刀具进给方向看，刀具位于零件轮廓左侧；

G42 半径右补偿：沿着刀具进给方向看，刀具位于零件轮廓右侧。

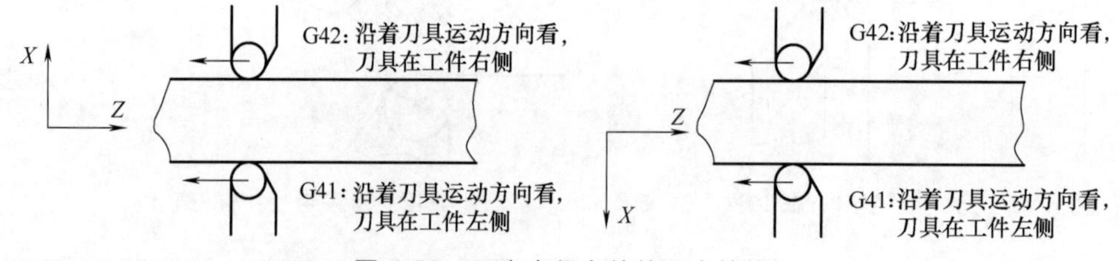

图 4-20 刀尖半径左补偿和右补偿

3. 取消刀尖半径补偿指令 G40

指令格式：G40 G00(G01)X_Z_;

格式说明：X、Z 表示取消刀尖半径补偿点的坐标值。

4. 刀尖半径补偿的编程实现

刀尖半径补偿的编程实现分为三个步骤：刀具半径的引入、进行和取消。建立过程如图 4-21 所示。

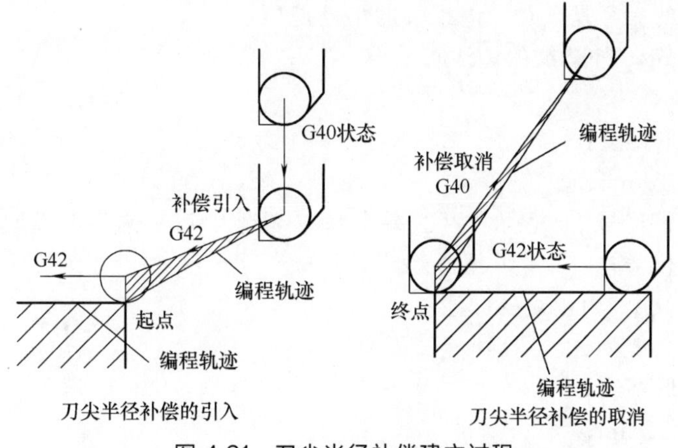

图 4-21　刀尖半径补偿建立过程

第五节　螺纹加工指令（G32）及螺纹加工方法

【视频 4-5 常见螺纹和加工方法】

一、常见螺纹类型

（1）按照用途分类

螺纹按用途不同可分为连接螺纹和传动螺纹两种。

连接螺纹主要起连接和调整的作用，主要包括三角形螺纹，也就是普通螺纹，以及常用于水、气、电等防泄漏场合的管螺纹。

传动螺纹主要用于传递运动和动力，包括梯形螺纹、矩形螺纹、锯齿形螺纹等，它们根据各自不同的特点应用于不同场合，比如梯形螺纹常用于机床丝杠，锯齿形螺纹常用于螺旋压力机及水压机等单向受力机构。

（2）按照牙型分类

螺纹按牙型不同分为三角形螺纹、管螺纹、圆形螺纹、矩形螺纹、梯形螺纹、锯齿形螺纹六种。

（3）按照螺旋线旋向分类

螺纹按螺旋线方向不同分为右旋螺纹和左旋螺纹两种。

（4）按照螺旋线数分类

螺纹按螺旋线数多少分为单线螺纹和多线螺纹两种。

（5）按照母体形状分类

螺纹按母体形状不同分为圆柱螺纹和圆锥螺纹两种。

二、外螺纹及配合螺纹的标记方式

① 螺纹标记。普通螺纹的完整标记由螺纹代号、螺纹公差带代号和螺纹旋合长度代号组成。螺纹公差代号是由表示其大小的公差等级数字和表示其基本偏差位置的字母组成。例如，6H、6g 等。

公差代号标注在螺纹代号之后，其间用“-”分开。如果螺纹的中径公差带与顶径公差带代号不同，则应分别注出。前者表示中径公差带，后者表示顶径公差带。如果两者公差带代号相同，则只标注一个代号。

注意：外螺纹的大径是顶径，内螺纹的小径是顶径。

例如，M10-5g6g（外螺纹的标注）。

符号说明：

M：公制三角形螺纹；

10：公称直径 10mm；

5g：中径公差带代号，g 表示中径公差带基本偏差为 g，5 表示 5 级尺寸精度；

6g：顶径公差代号，g 表示顶径公差带基本偏差为 g，6 表示 6 级尺寸精度。

又例如，M12-6H（内螺纹的标注）。

符号说明：

M：公制三角形螺纹；

12：公称直径 12mm；

6H：中径和顶径公差带代号（相同），H 表示中径、顶径公差带基本偏差为 H，6 表示 6 级尺寸精度。

② 当内外螺纹旋合在一起时，其公差代号用斜线分开，左边表示内螺纹公差代号，右边表示外螺纹公差代号。

例如，M20×2-6H/5g6g-LH（内外螺纹配合的标注）。

符号说明：

M：公制三角形螺纹；

20：公称直径 20mm；

2：细牙螺距（粗牙不标）；

6H：内螺纹中径和顶径公差代号，H 表示基本偏差为 H，6 表示 6 级尺寸精度；

5g：外螺纹中径公差带代号，g 表示中径公差带基本偏差为 g，5 表示 5 级尺寸精度；

6g：外螺纹顶径公差代号，g 表示顶径公差带基本偏差为 g，6 表示 6 级尺寸精度；

LH：左旋（右旋不标）。

③ 一般情况下，不标注螺纹旋合长度，必要时在螺纹公差代号之后加注旋合长度代号 S 或 L，中间用“-”分开（中等旋合长度用“N”表示，可以不标注，短旋合长度用“S”表示，长旋合长度用“L”表示）。

例如，M10-5g6g-S。

④ 常用螺纹螺距见表 4-3 所示。

表 4-3 常用螺纹螺距 单位：mm

公称直径	粗牙	细牙	公称直径	粗牙	细牙	公称直径	粗牙	细牙
6	1	0.75、0.5	16	2	1.5、1	36	4	3、2、1.5
8	1.25	1、0.75、0.5、	20	2.5	2、1.5、1	42	4.5	4、3、2、1.5
10	1.5	1.25、1、0.75、	24	3	2、1.5、1	48	5	4、3、2、1.5
12	1.75	1.5、1.25、1	30	3.5	3、2、1.5、1	56	5.5	4、3、2、1.5

⑤ 内外螺纹精度和公差带的选用如表 4-4 和表 4-5 所示。

表 4-4 内螺纹精度和公差带

精度	内螺纹选用公差带					
	公差带位置 G			公差带位置 H		
	S	N	L	S	N	L
精密				4H	5H	6H
中等	(5G)	(6G)	(7G)	5H	6H	7H
粗糙		(7G)	(8G)		7H	8H

□ 表 4-5　外螺纹精度和公差带

精度	外螺纹选用公差带											
	公差带位置 e			公差带位置 f			公差带位置 g			公差带位置 h		
	S	N	L	S	N	L	S	N	L	S	N	L
精密								(4g)	(5g4g)	(3h4h)	4h	(5h4h)
中等		6e	(7e6e)		6f		(5g6g)	6g	(7g6g)	(5h6h)	6h	(7h6h)
粗糙		(8e)	(9e8e)					8g	(9g8g)			

说明：

a. 括号内的公差带尽可能不用。

b. 精密：用于精密螺纹，当要求配合变动较小时采用。

c. 中等精度：一般用途。

d. 粗糙精度：对精度要求不高时采用。

三、数控车床加工螺纹的进刀方式

数控车床上加工螺纹的进刀方式通常有直进法和斜进法。

（1）直进法螺纹加工

用直进法车削三角形螺纹是低速车削螺纹的一种常用方法，如图 4-22 所示。用高速钢车刀进行粗、精车削，车削过程是在每次往复行程后车刀沿横向进给，通过多次行程完成螺纹车削。这种加工方法由于刀具两侧刃同时工作，切削力较大，牙型准确，但排屑困难，容易产生“扎刀”现象，一般用于车削螺距小于 3mm 的螺纹。

（2）斜进法螺纹加工

如图 4-23 所示，刀具沿着螺纹一侧顺次进给。由于是单侧刃加工，切削刃容易损伤和磨损，使加工的螺纹面不直，刀尖角发生变化，从而造成牙型精度较差。同时由于是单侧刃切削，刀具负载较小，排屑容易，并且切削深度为自动递减式，因此这种加工方法一般适用于螺距或导程大于 3mm 的螺纹加工，在螺纹精度要求不是很高的情况下加工更为方便，可以做到一次成形。在加工有较高精度要求的螺纹时，可以先采用斜进法进行粗加工，然后用直进法进行精加工，但要注意刀具起始点定位要准确，否则会产生“乱牙”现象，造成零件报废。

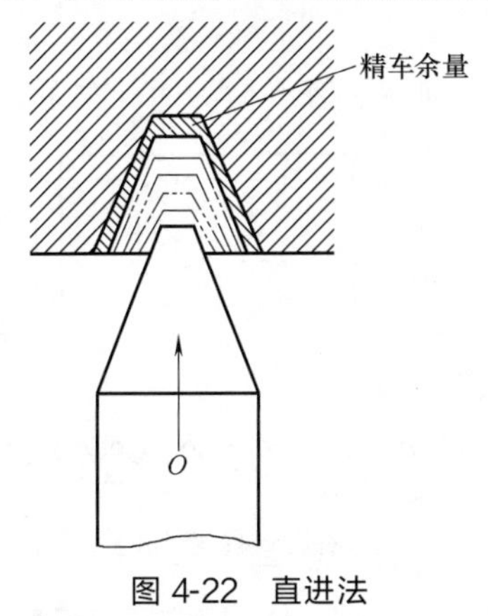

图 4-22　直进法

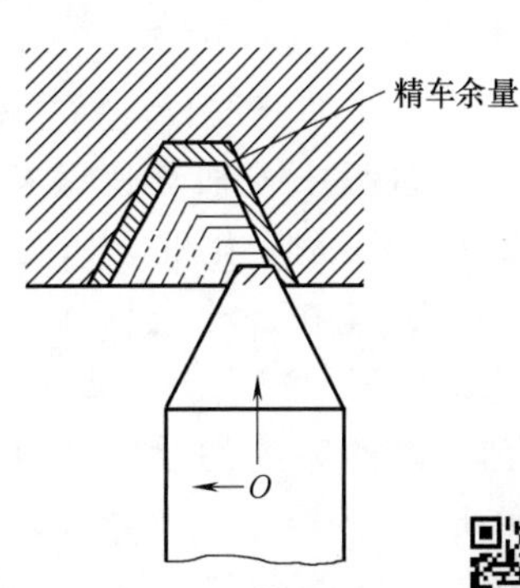

图 4-23　斜进法

【视频 4-6 螺纹加工的尺寸和切削用量计算】

四、螺纹尺寸计算

在用车削螺纹指令编程前，需要对螺纹的相关尺寸进行计算，以确定车削螺纹程序段中的有关参数。

（1）螺纹牙型高度

车削螺纹时，车刀总的切削深度是牙型高度，即螺纹牙顶到牙底之间垂直于螺纹轴线的距离。根据《普通螺纹 基本尺寸》（GB/T 196—2003）国家标准规定，普通螺纹的牙型理论高度 $H=0.866P$。实际加工时，由于螺纹车刀刀尖圆弧半径的影响，螺纹牙型实际高度为

$$h=H-2\left(\frac{H}{8}\right)=0.6495P$$

式中 H——牙型理论高度，mm；

h——牙型实际高度，mm；

P——螺距，mm。

（2）螺纹顶径控制

在切削螺纹时，由于刀具的挤压使得最后加工出来的顶径塑性膨胀，从而影响螺纹的装配和正常使用，考虑到这个问题，在螺纹切削前的圆柱加工中，先多切除一部分材料，将外圆柱车小，内圆柱车大。这个值一般是 0.2～0.3mm。

根据公式计算得到：

$$\text{外螺纹大径(顶径)}d\text{ 的最大尺寸 } d_{大}=D$$

$$\text{外螺纹大径(顶径)}d\text{ 的最小尺寸 } d_{小}=D-0.2165P$$

$$\text{外螺纹小径的最大尺寸 } d_{1大}=D-1.2268P$$

$$\text{外螺纹小径的最小尺寸 } d_{1小}=D-1.299P$$

$$\text{外螺纹中径 } d_2=D-0.6495P$$

实际加工中，根据经验通常采用如下简化计算方法：

$$\text{外螺纹大径 } d_{计}=D-(0.1\sim0.2)P$$

$$\text{外螺纹小径 } d_{1计}=D-1.3P$$

式中 D——螺纹的公称直径，mm；

P——螺纹的螺距，mm。

（3）螺纹加工的轴向尺寸确定

加工螺纹时，沿螺距方向（Z 向）刀具进给速度与主轴转速有严格的匹配关系。由于螺纹加工开始有一个加速过程，结束有一个减速过程，在加（减）速过程中主轴转速保持不变，因此，在这两段距离内螺距是变化的，如图 4-24 所示。车削螺纹时，为了避免在进给机构加（减）速过程中切削，应留有一定的升速进刀距离 δ_1 和减速退刀距离 δ_2，其数值与进给系统的动态特性、螺纹精度和螺距有关，一般 δ_1 不小于 2 倍导程，δ_2 不小于 1～1.5 倍导程。刀具实际 Z 向行程（δ）包括螺纹有效长度 L，以及升、降速段距离 δ_1 和 δ_2。

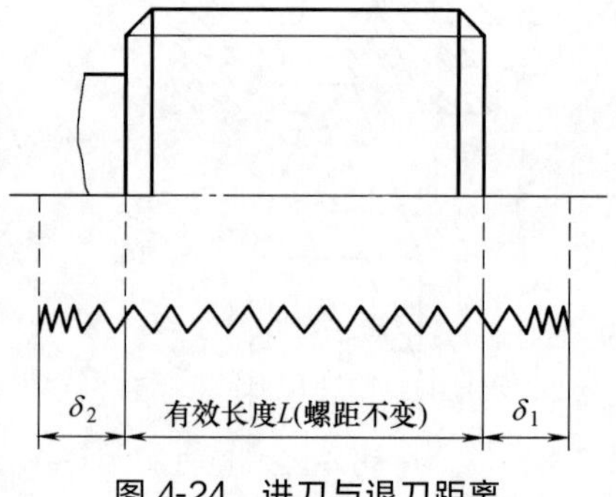

图 4-24 进刀与退刀距离

$$\delta=\delta_1+L+\delta_2$$

式中 δ_1——引入（加速段）长度（2～5mm），一般大于 $2P$；

L——螺纹的有效长度；

δ_2——引出（减速段）长度（1～3mm），若有退刀槽，则为退刀槽的一半。

五、螺纹加工切削用量的选用

（1）主轴转速

螺纹加工时主轴转速可用下面的经验公式进行验算：

$$n \leqslant \frac{1200}{P} - K$$

式中　P——螺纹的螺距，mm；

K——保险系数，一般取 80。

一般 $P=2$，$n=400\text{r/min}$；$P=1.5$，$n=500\text{r/min}$。

如果数控系统能够支持高速螺纹加工，则可采用相应螺纹加工刀具，主轴转速按照线速度 200mm/min 选取。而经济型数控车床如果采用高主轴转速加工螺纹则会出现“乱牙”现象。

（2）进给速度

螺纹加工时数控车床主轴转速和工作台纵向进给量存在严格数量关系，即主轴旋转一转，工作台移动一个待加工螺纹导程距离。因此在加工程序中只要给出主轴转速和螺纹导程，数控系统会自动运算并控制工作台纵向进给速度。

（3）背吃刀量

如果螺纹牙型较深、螺距较大，则可采用分次进给方式进行加工。每次进给的背吃刀量是螺纹深度减去精加工背吃刀量所得的差按递减规律分配。常用螺纹切削进给次数与背吃刀量数值关系如表 4-6 所示。

表 4-6　常用螺纹切削的进给次数与背吃刀量数值关系

公制螺纹								
螺距/mm		1.0	1.5	2.0	2.5	3.0	3.5	4.0
牙深/mm		0.649	0.974	1.299	1.624	1.949	2.273	2.598
切削进给次数及对应背吃刀量/mm	1 次	0.7	0.8	0.9	1.0	1.2	1.5	1.5
	2 次	0.4	0.6	0.6	0.7	0.7	0.7	0.8
	3 次	0.2	0.4	0.6	0.6	0.6	0.6	0.6
	4 次		0.16	0.4	0.4	0.4	0.6	0.6
	5 次			0.1	0.4	0.4	0.4	0.4
	6 次				0.15	0.4	0.4	0.4
	7 次					0.2	0.2	0.4
	8 次						0.15	0.3
	9 次							0.2

六、螺纹加工（G32）指令

单行程螺纹切削指令 G32 可以执行切削单头或多头圆柱螺纹、单头或多头圆锥螺纹、单头或多头端面螺纹（涡形螺纹）。

指令格式：G32　X(U)_　Z(W)_F(I)_；

格式说明：

X 、Z 表示螺纹每切削一刀终点的直径方向和轴向方向的绝对坐标；

U、W 表示螺纹每切削一刀终点的直径方向和轴向方向的增量坐标；

F 表示公制螺纹的导程，导程＝螺纹头数×螺距；

I 表示英制螺纹螺距。

说明：

① 螺纹加工时主轴的转速必须保持恒定，不能使用恒定线速度控制功能。

② 螺纹切削时进给保持功能无效，如果按下进给保持功能按键，刀具在加工完螺纹后停止运动。

③ 螺纹切削指令 G32 加工螺纹时，必须有螺纹退刀槽。走刀路线如图 4-25 所示，A 点是切削螺纹的定位点，沿 $A\rightarrow B\rightarrow C\rightarrow D$ 的路径走刀，其中 AB 是进刀，BC 是切削螺纹，CD 和 DA 是退刀。

④ 为避免乱牙，螺纹刀位点走过的总长度（有效长度$+\delta_1+\delta_2$）最好能被螺距整除，即图 4-25 中 BC 的长度应当是螺距的整数倍。

如图 4-26 所示，已知：螺纹的毛坯已经加工完毕，螺纹有效长度 80mm，退刀槽宽 5mm，螺纹右端倒角 1×45°，试用 G32 车削圆柱螺纹指令编程（前刀架）。

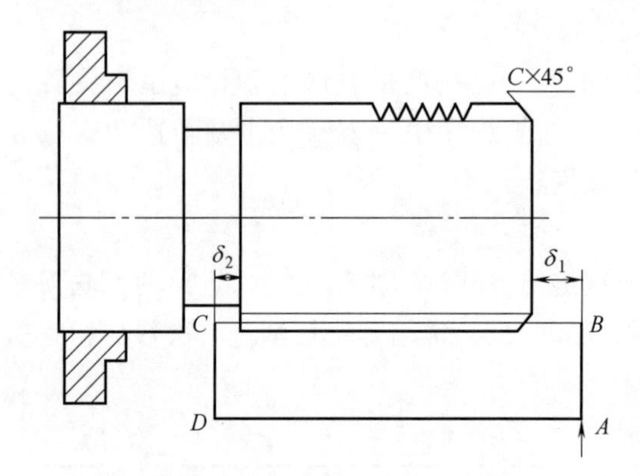

图 4-25 螺纹切削指令 G32 图示

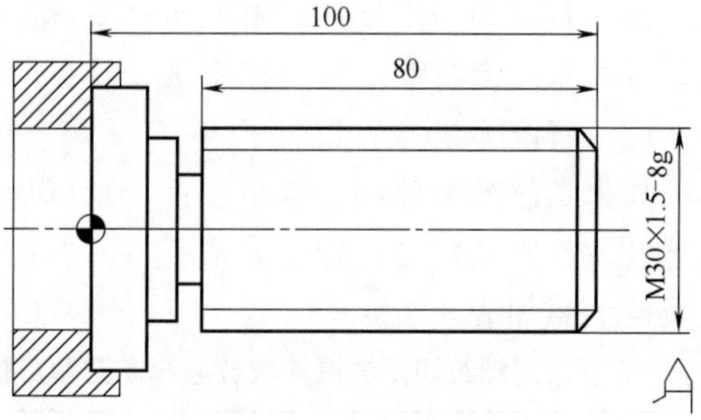

图 4-26 圆柱螺纹

（前面工艺步骤省略）

螺纹计算，确认参数：

主轴转速：$n\leqslant\frac{1200}{P}-K=1200\div1.5-80=720\text{r/min}$，取 $n=500\text{r/min}$。

螺纹切削循环起点坐标（X32.0，Z4.5），螺纹切削终点坐标（X32.0，Z－82.5），螺纹总行程＝Z4.5－(Z－82.5)＝87（整数），不会乱牙。

外螺纹大径（顶径）d 的最小尺寸 $d_{小}$＝公称尺寸－0.2165P＝30－0.2165×1.5＝29.675，其最大尺寸为 30，一般加工时取中间值偏下，则编程时取大径（顶径）尺寸为 ϕ29.750。

查表可知，M30×1.5 牙型高为 0.974mm，每次吃刀量分别为 0.8、0.6、0.4、0.16（mm），则相应的 X 坐标分别表示为 X29.2、X28.6、X28.2、X28.04。

这里的大径小径都是经验数值，一般要修正一下。

参考程序（FANUC 0i 系统）如下：

```
O1000;                        设定程序号
N1010  G99;                   确认进给速度单位为 mm/r
N1020  M03 S500;              主轴以 500r/min 正转
N1030  T0303;                 选用 3 号公制外螺纹刀,3 号刀补
N1040  G00 X32.0 Z4.5;        快速进刀到螺纹切削循环起始点
```

```
N1050 G00 X29.2 Z4.5;              进第一刀,准备切削螺纹
N1060 G32 X29.2 Z-82.5 F1.5;       车削螺纹第一刀
N1070 G00 X32.0 Z-82.5;            沿+X 方向快速退刀到 X 方向循环起点坐标
N1080 G00 X32.0 Z4.5;              沿+Z 方向快速退刀到 Z 方向循环起点坐标
N1090 G00 X28.6 Z4.5;              进第二刀
N1100 G32 X28.6 Z-82.5 F1.5;       车削螺纹第二刀
N1110 G00 X32.0 Z-82.5;            沿+X 方向快速退刀到 X 方向循环起点坐标
N1120 G00 X32.0 Z4.5;              沿+Z 方向快速退刀到 Z 方向循环起点坐标
N1130 G00 X28.2 Z4.5;              进第三刀
N1140 G32 X28.2 Z-82.5 F1.5;       车削螺纹第三刀
N1150 G00 X32.0 Z-82.5;            沿+X 方向快速退刀到 X 方向循环起点坐标
N1160 G00 X32.0 Z4.5;              沿+Z 方向快速退刀到 Z 方向循环起点坐标
N1170 G00 X28.04 Z4.5;             进第四刀
N1180 G32 X28.04 Z-82.5 F1.5;      车削螺纹第四刀
N1190 G00 X32.0 Z-82.5;            沿+X 方向快速退刀到 X 方向循环起点坐标
N1200 G00 X100.0 Z100.0;           快速退刀,回到换刀点
N1210 M05 T0300;                   主轴停转,取消刀补
N1220 M30;                         程序结束,系统复位
```

第六节　单一固定循环指令（G90、G92、G94）

对于加工几何形状简单、刀具走刀路线单一的零件，可采用固定循环指令编程，即只需用一条指令、一个程序段完成刀具的多步动作。固定循环指令中刀具的运动分四步：进刀、切削、退刀与返回。本节的柱体外轮廓形状简单，很适合用单一固定循环指令。

一、外圆切削循环指令（G90）

指令格式：G90 X(U)_ Z(W)_ R_ F_;

格式说明：

X、Z 表示切削终点坐标值；

U、W 表示切削终点相对循环起点的坐标增量；

R 表示切削始点与切削终点在 X 轴方向的坐标增量（半径值），外圆切削循环时 R 后面为零，可省略；

F 表示进给速度。

指令功能：实现外圆切削循环和锥面切削循环。

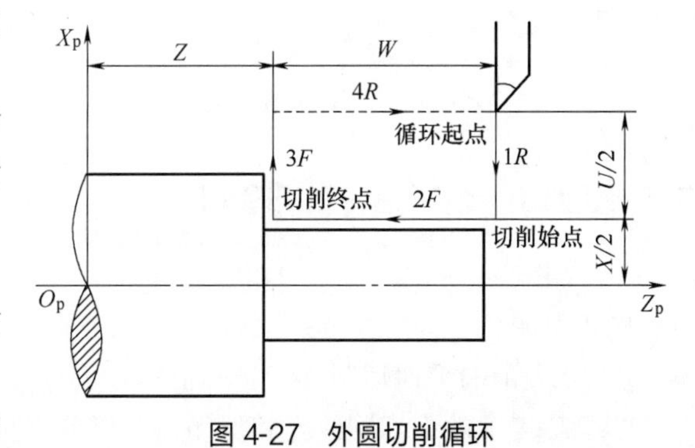

图 4-27　外圆切削循环

例如，刀具从循环起点按图 4-27 与图 4-28 所示路线走刀，最后返回到循环起点，图中虚线表示按 R 快速移动，实线表示按 F 指定的零件进给速度移动。

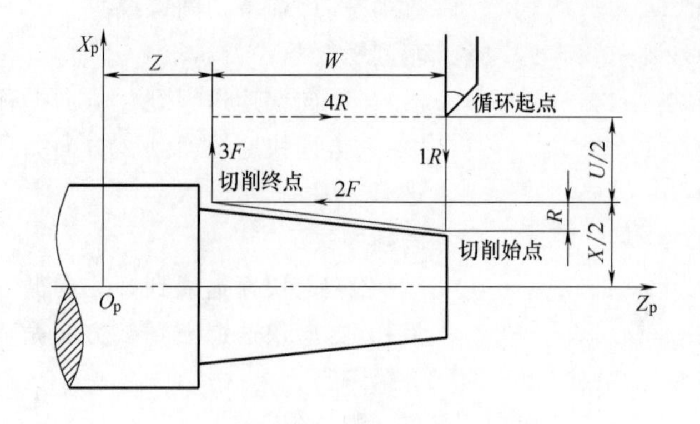

图 4-28 锥面切削循环

例如，图 4-29 所示，运用外圆切削循环指令编程如下：

```
G90 X40 Z20 F30;          A→B→C→D→A
    X30;                  A→E→F→D→A
    X20;                  A→G→H→D→A
```

例如，图 4-30 所示，运用锥面切削循环指令编程如下：

```
G90 X40 Z20 R-5 F30;      A→B→C→D→A
    X30;                  A→E→F→D→A
    X20;                  A→G→H→D→A
```

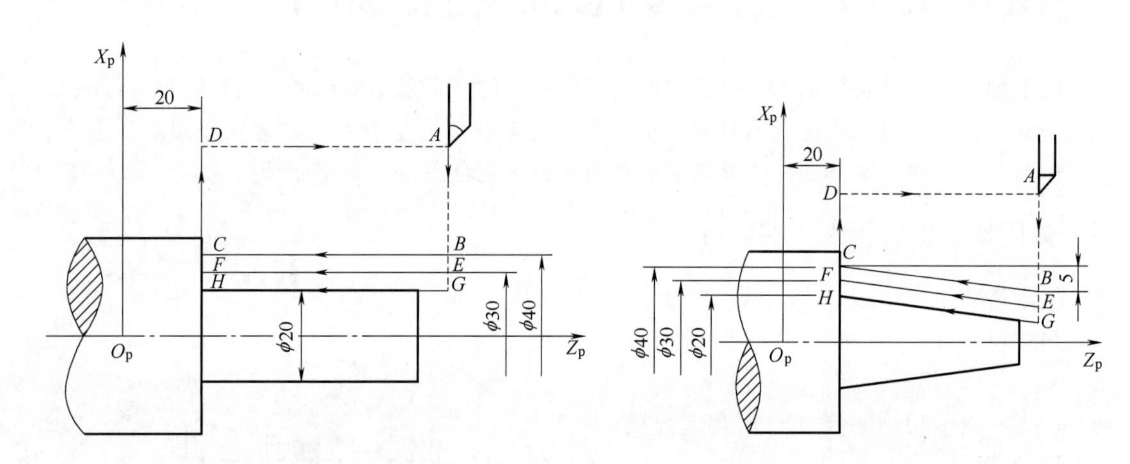

图 4-29 外圆切削循环例题　　　　图 4-30 锥面切削循环例题

二、端面切削循环指令（G94）

指令格式：G94 X(U)_ Z(W)_ R_ F_;

格式说明：

X、Z 表示端平面切削终点坐标值；

U、W 表示端面切削终点相对循环起点的坐标增量；

R 表示端面切削始点至切削终点位移在 Z 轴方向的坐标增量，端面切削循环时 R 后面为零，可省略；

F 表示进给速度。

指令功能：实现端面切削循环和带锥度的端面切削循环。

例如，刀具从循环起点，按图 4-31 与图 4-32 所示路线走刀，最后返回到循环起点，图中虚线表示按 R 快速移动，实线表示按 F 指定的进给速度移动。

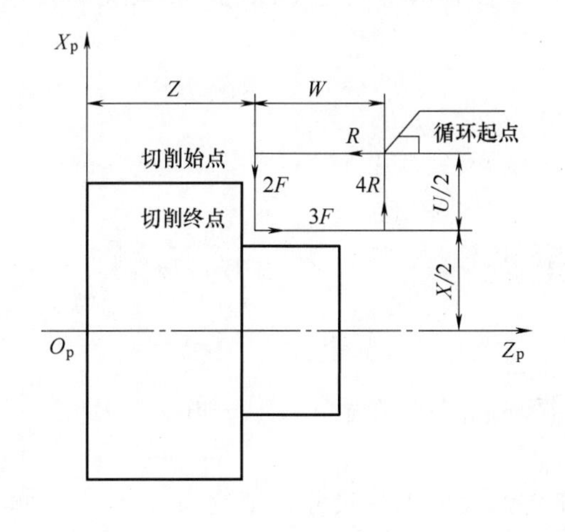

图 4-31　端面切削循环

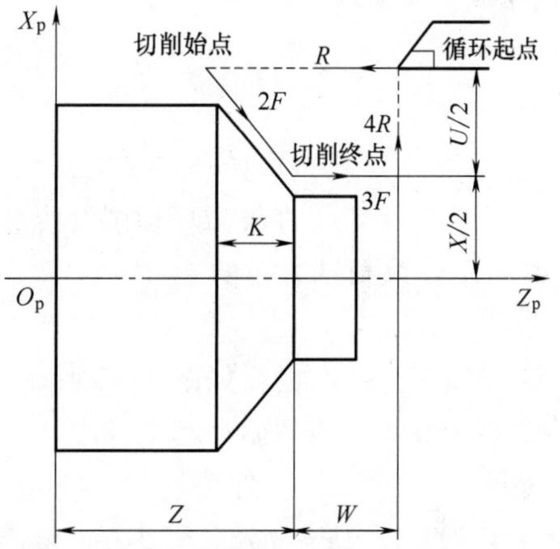

图 4-32　带锥度的端面切削循环

例如，图 4-33 所示，运用端面切削循环指令编程如下：

```
G94 X20 Z16 F30;          A→B→C→D→A
        Z13;              A→E→F→D→A
        Z10;              A→G→H→D→A
```

例如，图 4-34 所示，运用带锥度端面切削循环指令编程如下：

```
G94 X20 Z34 R-4 F30;      A→B→C→D→A
        Z32;              A→E→F→D→A
        Z29;              A→G→H→D→A
```

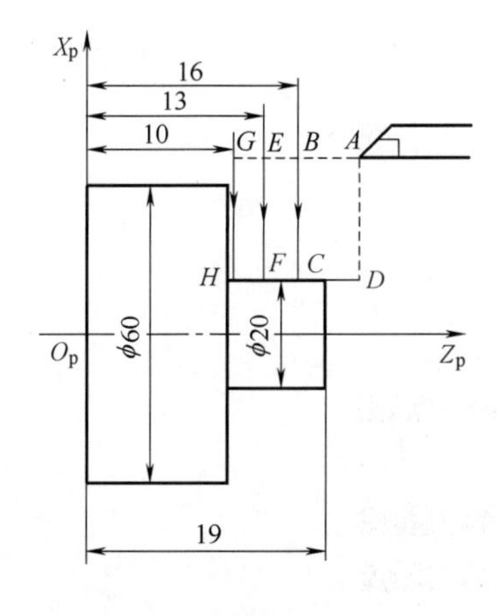

图 4-33　端面切削循环例题

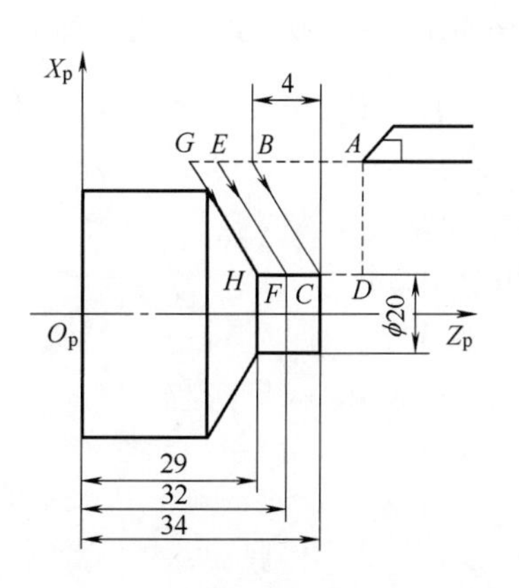

图 4-34　带锥度的端面切削循环例题

三、螺纹加工（G92）

G32 编制公制外螺纹的车削加工程序过程中有些重复，程序显得有点冗长，特别是加工多头螺纹。有没有办法让螺纹车削的程序编制简便一些呢？

单一螺纹切削循环指令 G92 将提供一种螺纹的编程方法解决这一问题，以简化缩短螺纹程序的编制。G92 指令可以切削圆柱螺纹和圆锥螺纹。

1. 加工直螺纹

指令格式：`G92 X(U)_ Z(W)_ F_;`

格式说明：

X、Z 表示螺纹每次循环切削终点的坐标值；

U、W 表示螺纹每次循环切削终点相对循环起点的坐标分量（X、Z 增量坐标）；

F 表示螺纹长轴方向的导程。

说明：

G92 加工直螺纹循环如图 4-35 所示。刀具从循环起点 A 开始，按 $A \rightarrow B \rightarrow C \rightarrow D$ 进行自动循环，最后又回到循环起点 A。

如图 4-36 所示，工件毛坯为 ϕ40mm，已加工完螺纹的毛坯尺寸，螺纹为 M30×2，螺纹小径 D_1=27.4mm，分 5 刀车削，试用 G92 指令编写加工程序。

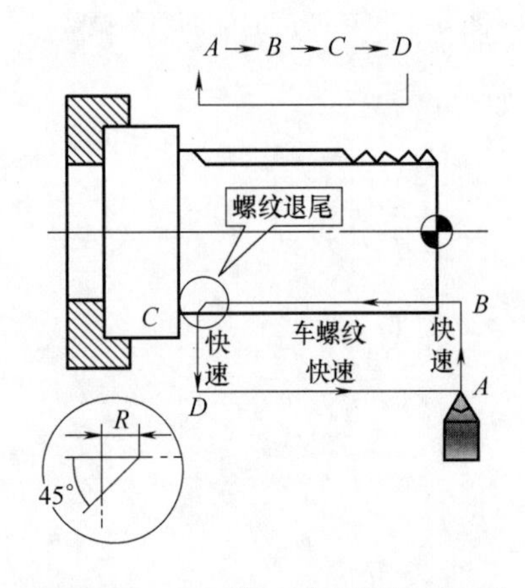

图 4-35　G92 加工直螺纹循环图示

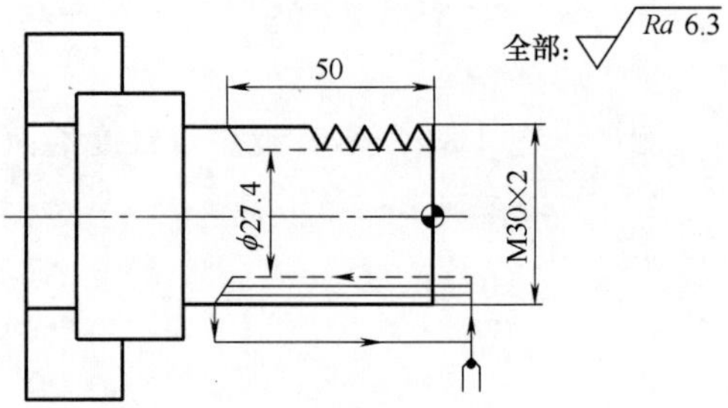

图 4-36　单头螺纹编程举例

参考程序（FANUC 0i 系统）如下：

O0005;	设定程序号
N10 G99;	确定进给速度参数
N20 M03 S400;	主轴以 400r/min 正转
N30 T0303;	选用 3 号公制外螺纹刀，3 号刀补
N40 G00 X32.0 Z5.0;	G92 指令循环定位
N50 G92 X29.0 Z-50.0 F2.0;	车削第一刀
N60 X28.4;	车削第二刀
N70 X27.7;	车削第三刀
N80 X27.5;	车削第四刀
N90 X27.4;	车削第五刀

```
N90 X27.4;                       最后一刀重复加工
N100 G00 X100.0 Z100.0;          退回换刀点
N110 T0300 M05;                  取消刀补,主轴停转
N120 M30;                        加工结束,系统复位
```

2. 加工圆锥螺纹

指令格式：G92　X(U)_　Z(W)_　R_　F_;

格式说明：

X、Z 表示螺纹每次循环切削终点的坐标值；

U、W 表示螺纹每次循环切削终点相对循环起点的坐标分量（X、Z 增量坐标）；

R 表示圆锥螺纹切削起点和切削终点的半径差，有正负号（即圆锥螺纹切削起点的半径减去圆锥螺纹切削终点的半径的差值），非模态值；

F 表示螺纹长轴方向的导程。

说明：G92 加工圆锥螺纹循环如图 4-37 所示。X(U)、Z(W)、F 的含义同圆柱螺纹切削循环，R 为圆锥螺纹终点半径与起点半径的差值，R 值的正负判断方法与 G90 相同。

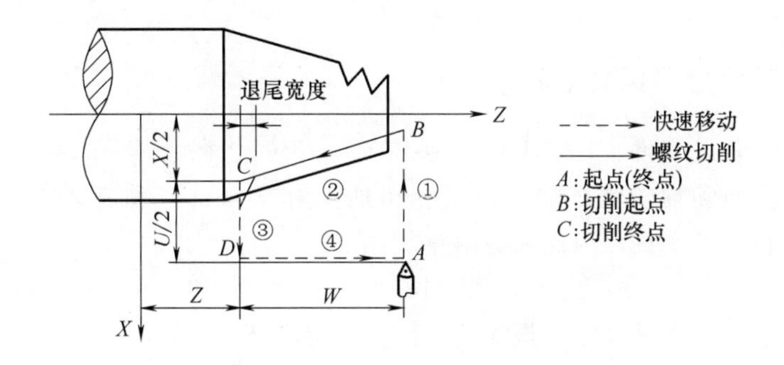

图 4-37　G92 加工圆锥螺纹循环图示

举例：如图 4-38 所示，工件毛坯 ϕ40mm，已加工完圆锥螺纹的毛坯尺寸，已知公制锥螺纹 ZM30×2，大径 D=30mm，小径 D_1=29.023mm，基准距离 L_1=11mm，有效螺纹长度 L_2=16mm，螺纹总长度 L=30mm，试编写锥螺纹加工程序。

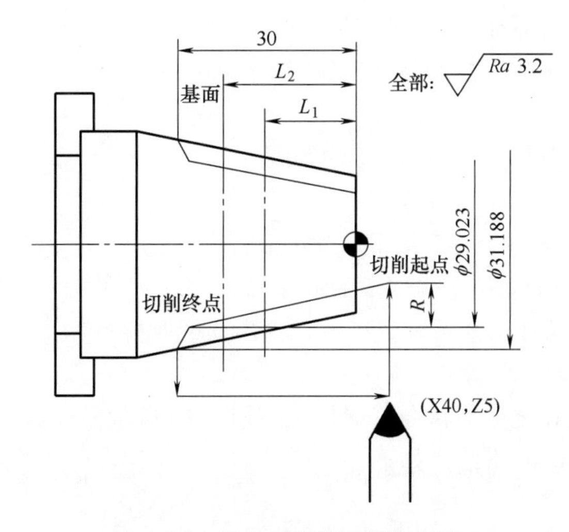

图 4-38　单头圆锥螺纹编程举例

参考程序（FANUC 0i 系统）如下：

```
O0005;                                    设定程序号
N10 G99;                                  确定进给速度参数
N20 M03 S400;                             主轴以 400r/min 正转
N30 T0303;                                选用 3 号公制外螺纹刀,3 号刀补
N40 G00 X45.0 Z5.0;                       G92 指令循环定位
N50 G92 X30.188 Z-30.0 R-1.094 F2.0;      车削第一刀
N60 X29.788 R-1.094;                      车削第二刀
N70 X29.023 R-1.094;                      车削第三刀
N80 G00 X100.0 Z150.0;                    退回换刀点
N90 T0300 M05;                            取消刀补,主轴停转
N100 M30;                                 加工结束,系统复位
```

第七节　复合循环指令（G70～G76）

一、外圆粗加工复合循环（G71）

【视频 4-7 G71 指令加工方法】

针对形状较复杂的零件，FANUC 0i 系统有一组 G 代码，编程时只需指定精加工路线、径向和轴向精车加工余量和粗加工背吃刀量，系统会自动计算出粗加工路线和加工次数，因此编程效率较高。

在这组指令中，G71、G72、G73 是粗车加工指令，G70 是 G71、G72、G73 粗加工后的精加工指令，G74 是深孔钻削固定循环指令，G75 是切槽固定循环指令，G76 是螺纹加工固定循环指令。

G71 指令只需指定粗加工背吃刀量、退刀量、精加工余量、精加工路线，系统便能自动给出粗加工路线和加工次数，完成粗加工。

指令格式：G71 UΔd Re ;

G71 Pns Qnf UΔu WΔw Ff Ss Tt;

指令功能：切除棒料毛坯大部分加工余量，切削沿平行于 Z 轴方向进行，如图 4-39 所示。A 为循环起点，$A \to A' \to B$ 为精加工路线。

参数说明：

Δd 表示每次切削深度（半径值），无正负号；

e 表示退刀量（半径值），无正负号；

ns 表示精加工路线第一个程序段的顺序号；

nf 表示精加工路线最后一个程序段的顺序号；

Δu 表示 X 方向的精加工余量，直径值，镗内孔的时候为负；

Δw 表示 Z 方向的精加工余量。

例如，运用外圆粗加工循环指令编程加工如图 4-40 所示零件。

参考程序（FANUC 0i 系统）如下：

```
……
G00 X40.0 Z5.0 M03;
```

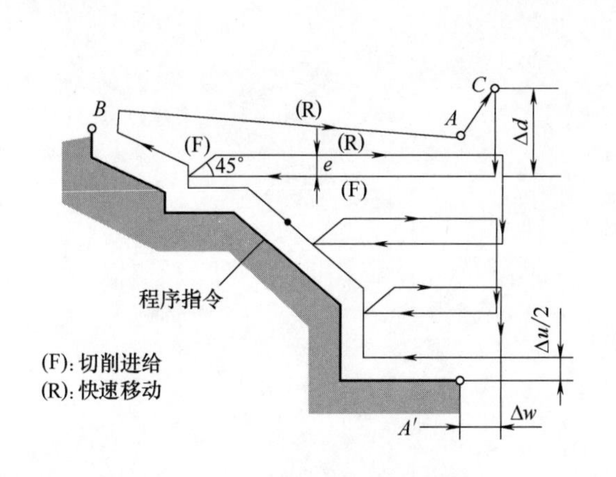

图 4-39　外圆粗加工复合循环

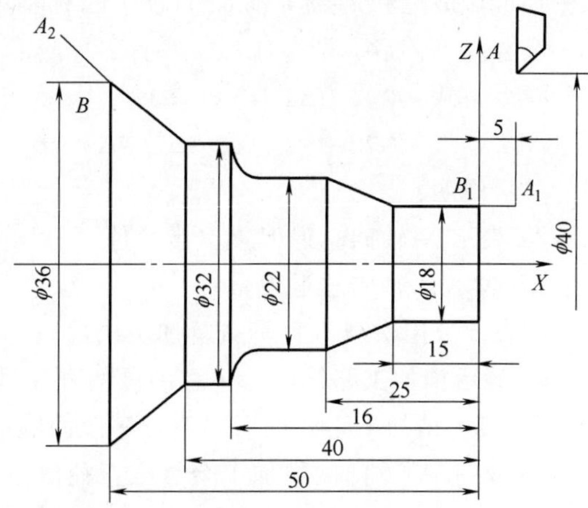

图 4-40　G71 粗车循环

```
G71 U1 R0.5;
G71 P100 Q200 X0.5 Z0.1 F0.3;
N100 G00 X18.0 Z5.0;
G01 X18.0 Z-15.0 F0.15;
    X22.0 Z-25.0;
    X22.0 Z-31.0;
G02 X32.0 Z-36.0 R5.0;
G01 X32.0 Z-40.0;
N200 G01 X36.0 Z-50.0;
……
```

二、精车复合循环指令（G70）

【视频 4-8 G70 指令加工方法】

指令格式：G70 Pns Qnf;

指令功能：用 G71、G72、G73 指令粗加工完毕后，可用精加工循环指令进行精加工。

参数说明：

ns 表示指定精加工路线第一个程序段的顺序号；

nf 表示指定精加工路线最后一个程序段的顺序号；

G70～G73 循环指令调用 *ns* 至 *nf* 之间程序段，被调用的程序段中不能调用子程序。

执行 G70 循环时，刀具沿零件的实际轨迹进行切削，循环结束后刀具返回循环起点。G70 指令用在 G71、G72、G73 指令的程序内容之后，不能单独使用。在含 G71、G72 或 G73 的程序段中，指令的地址 F、S 对 G70 的程序段无效。而在顺序号 *ns* 到 *nf* 之间，指令的地址 F、S 对 G70 的程序段有效。加工余量具有方向性，外圆的加工余量为正，内孔的加工余量为负。

【视频 4-9 G73 指令加工方法】

三、封闭轮廓粗车复合循环指令（G73）

所谓封闭切削循环就是按照一定的轨迹切削，形状逐渐地接近最终形状。利用该循环，可以按同一轨迹重复切削，每次切削刀具向前移动一次，用这种循环可对锻造和铸造等前加工做成的有基本形状的毛坯或已粗车成形的零件进行切削。G73 适合加工铸造、锻造成形类零件。

指令格式：G73 UΔi WΔk Rd;

G73 Pns Qnf UΔu WΔw Ff Ss Tt;

参数说明：

Δi 表示 X 轴向总退刀量（半径值）；

Δk 表示 Z 轴向总退刀量；

d 表示分层次数（粗车重复加工次数）；

ns 表示精加工路线第一个程序段的顺序号；

nf 表示精加工路线最后一个程序段的顺序号；

Δu 表示 X 方向的精加工余量（直径值）；

Δw 表示 Z 方向的精加工余量。

① 固定形状切削复合循环指令的特点如下。

刀具轨迹平行于零件的轮廓，故适合加工铸造和锻造成形的坯料；

背吃刀量分别通过 X 轴方向总退刀量 Δi 和 Z 轴方向总退刀量 Δk 除以循环次数 d 求得。

② 总退刀量 Δi 与 Δk 值的设定与零件的切削深度有关。

使用固定形状切削复合循环指令，首先要确定换刀点、循环点 A、切削始点 A_1 和切削终点 B 的坐标位置。如图 4-41 所示，A 点为循环点，$A_1 \rightarrow B$ 是零件的轮廓线，$A \rightarrow A_1 \rightarrow B$ 为刀具的精加工路线，粗加工时刀具从 A 点后退至 C 点，后退距离分别为 $\Delta i + \Delta u/2$，$\Delta k + \Delta w$，这样粗加工循环之后自动留出精加工余量 $\Delta u/2$、Δw。

③ ns 至 nf 之间的程序段描述刀具切削加工的路线。

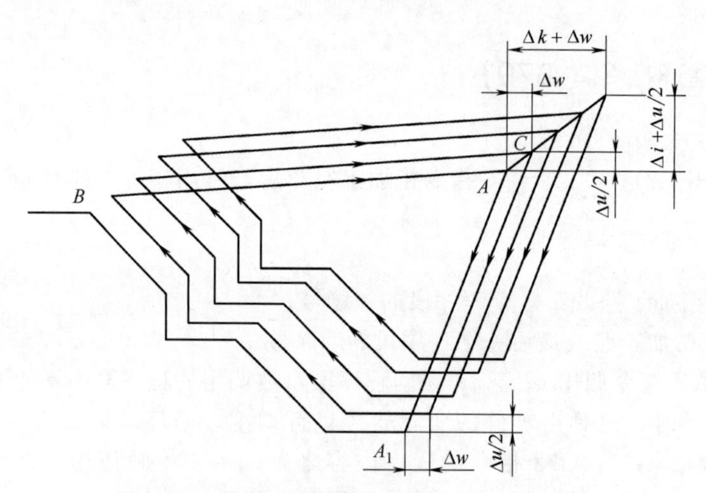

图 4-41　固定形状切削（仿形粗车）复合循环

例如，运用固定形状切削复合循环指令编程加工图 4-42 所示的零件。

参考程序（FANUC 0i 系统）如下：

```
……
N10 T0101;
N20 M04 S800;
```

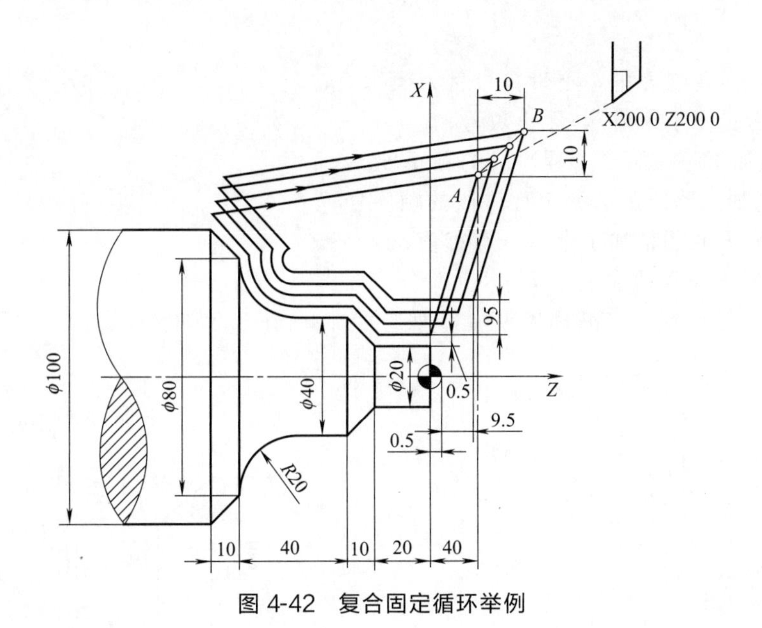

图 4-42　复合固定循环举例

```
N40 G42 G00 X140.0 Z40.0 M08;
N50 G73 U10 W10 R3;
N60 G73 P70 Q130 U1 W0.5 F0.3;
N70 G00 X20.0 Z0.0;
N80 G01 Z-20.0 F0.15;
N90 X40.0 Z-30.0;
N100 Z-50.0;
N110 G02 X80.0 Z-70.0 R20.0;
N120 G01 X100.0 Z-80.0;
N130 X105.0;
N140 G40 G00 X200.0 Z200.0;
……
```

G73 循环主要用于车削固定轨迹的轮廓。这种复合循环，可以高效地切削铸造成形、锻造成形或已粗车成形的零件。对不具备类似成形条件的零件，可先采用 G71 循环粗车，若直接采用 G73 进行编程与加工，反而会增加刀具在切削过程中的空行程，而且计算粗车余量也不方便。

四、端面粗加工复合循环（G72）

【视频 4-10 G72 指令加工方法】

端面粗车复合循环 G72 与外（内）径粗车复合循环 G71 均为粗加工循环指令，其区别仅在于 G72 切削方向平行于 *X* 轴，而 G71 是沿着平行于 *Z* 轴的方向进行切削循环加工的。

指令格式：G72 WΔd Re;

G72 Pns Qnf UΔu WΔw Ff Ss Tt;

指令功能：除切削是沿平行于 *X* 轴方向进行外，该指令功能与 G71 相同，如图 4-43 所示。

参数说明：

Δd 表示 Z 向背吃刀量，不带符号且为模态值；

e 表示退刀量（半径值），无正负号；

ns 表示精加工路线第一个程序段的顺序号；

nf 表示精加工路线最后一个程序段的顺序号；

Δu 表示 X 方向的精加工余量，直径值；

Δw 表示 Z 方向的精加工余量。

例如，运用端面粗加工循环指令编程加工如图 4-44 所示零件。

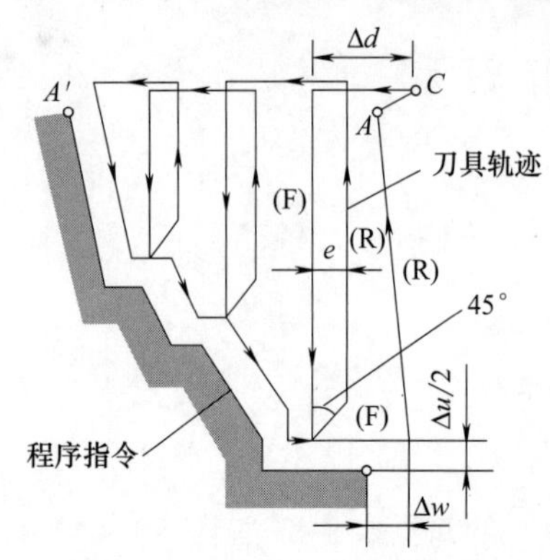

图 4-43　端面粗加工复合循环

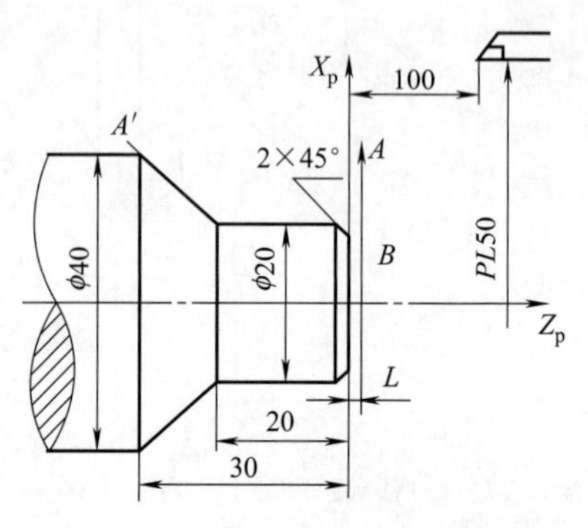

图 4-44　端面粗加工复合循环实例

参考程序（FANUC 0i 系统）如下：

```
……
N010 G50 X150 Z100;
N020 G00 X41 Z1;
N030 G72 W1 R1;
N040 G72 P50 Q80 U0.1 W0.2 F100;
N050 G00 X41 Z-31;
N060 G01 X20 Z-20;
N070 Z-2;
N080 X14 Z1;
……
```

在 FANUC 0i 系统的 G72 循环指令中，ns 所在程序段必须沿 Z 向进刀，且 X 轴方向不能运动，否则会出现程序报警。

五、径向切槽复合循环指令（G75）

【视频 4-11 G75 指令加工方法】

指令格式：G75 Re;

　　　　　G75 X(U)_ Z(W)_ PΔi QΔk RΔd Ff;

参数说明：

e 表示每次切削 Δi 后的退刀量，该值是模态值；

X(U)、Z(W) 表示切槽终点处坐标值；

Δi 表示 X 方向每次循环切削移动量（半径值，μm）；

Δk 表示 Z 方向的每次切削移动量（μm）；

Δd 表示刀具切削到终点时 Z 方向的退刀量，通常不指定；

f 表示进给速度。

如图 4-45 所示，刀具径向切槽时，以 Δi 的切深量进行径向切削，然后回退 e 的距离，方便断屑，再以 Δi 的切深量进行径向切削，再回退 e 距离，如此往复，直至到达指定的槽深度。

例如，用 G75 指令加工图 4-46 所示零件的宽槽，刀宽为 4mm，参考程序（FANUC 0i 系统）如下：

```
……
T0202 M04 S500;
G00 X42 Z-29;
G75 R0.3;
G75 X32 Z-45 P1500 Q2 F0.08;
G00 X100 Z100;
……
```

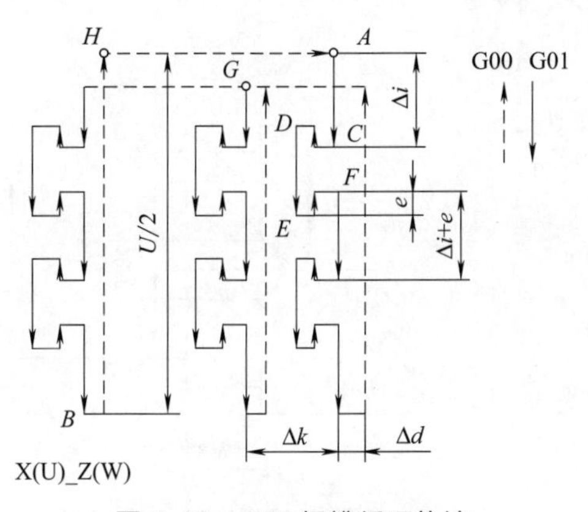

图 4-45　G75 切槽循环轨迹

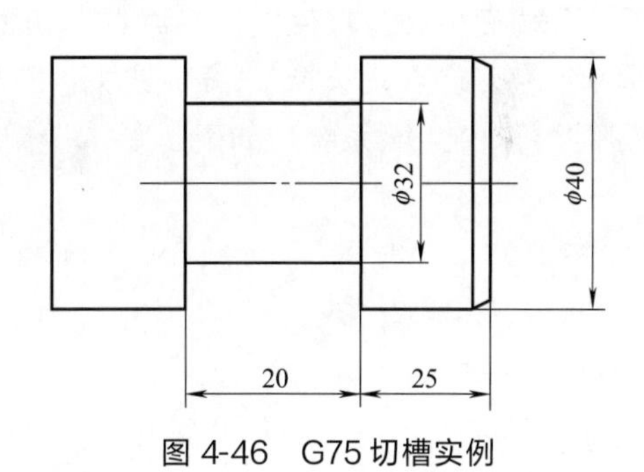

图 4-46　G75 切槽实例

六、轴向切槽复合循环指令（G74）

【视频 4-12 G74 指令加工方法】

指令格式：`G74 Re;`

　　　　　`G74 X(U)_ Z(W)_ PΔi QΔk RΔd Ff;`

参数说明：

e 表示每次切削 Δk 后的退刀量，该值是模态值；

X(U)、Z(W) 表示切槽终点处坐标值；

Δi 表示 X 方向每次循环切削移动量，一般为零（半径值，μm）；

Δk 表示 Z 方向的每次切削移动量（μm）；

Δd 表示刀具切削到终点时 Z 方向的退刀量，通常不指定；

f 表示进给速度。

如图 4-47 所示，刀具端面切槽时，以 Δk 的切深量进行轴向切削，然后回退 e 的距离，方便断屑，再以 Δk 的切深量进行轴向切削，再回退 e 距离，如此往复，直至到达指定的槽深度。

注意：当 G74 指令用于端面啄式深孔钻削循环指令时，装夹在刀架上的刀具一定要精确定位到零件的旋转中心。此时指令格式简化为：

```
G74 Re;
G74 Z(W)_ QΔk Ff;
```

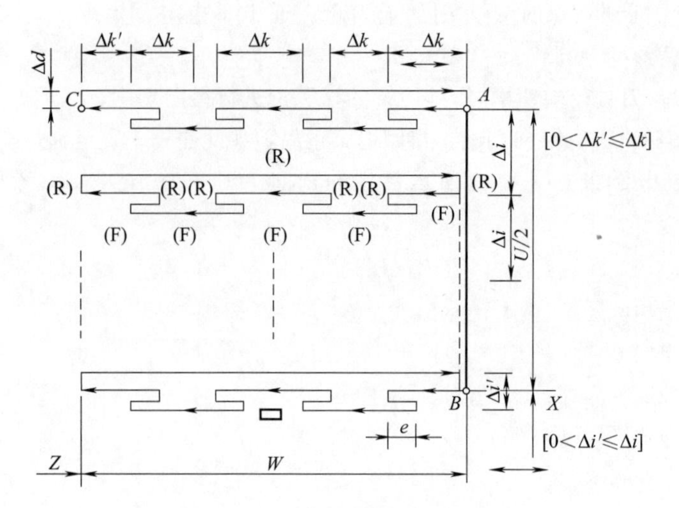

图 4-47　G74 切槽循环轨迹

例如，加工图 4-48 所示的端面环形槽及中心孔零件，以零件右端面中心为零件坐标系原点，切槽刀刀宽为 3mm，以左刀尖为刀位点，选择 ϕ10mm 钻头进行中心孔加工。参考程序（FANUC 0i 系统）如下：

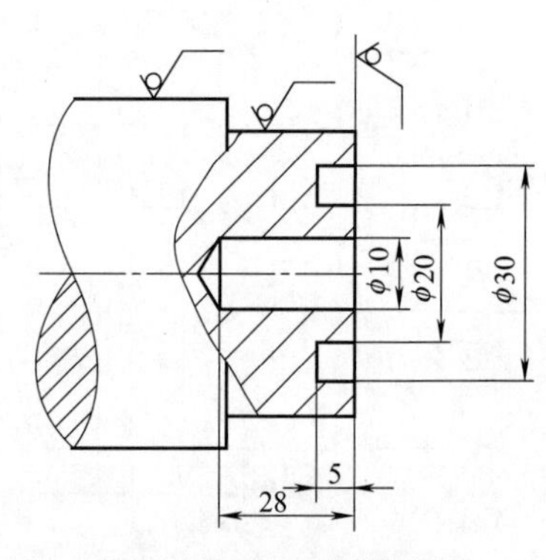

图 4-48　G74 切槽实例

```
……
G99 M03 S600;
G00 X24.0 Z2.0;
G74 R0.3;
G74 X20.0 Z-5.0 P2000 Q2000 F0.1;
G00 X100.0 Z50.0;
T0202;
G00 X0.0 Z2.0;
G74 R0.3;
G74 Z-28.0 Q2000 F0.08;
G00 X100.0 Z50.0;
……
```

七、螺纹加工复合循环指令（G76）

【视频 4-13 G76 指令加工方法】

螺纹切削复合循环指令 G76 对于螺纹加工参数的计算方法与 G32、G92 完全一样，只是更加简洁了，而且对于加工大螺距或特型螺纹的成功率更高。螺纹切削复合循环指令 G76 代码可加工带螺纹退尾的直螺纹和锥螺纹，进刀方式是斜进式，可实现单侧刀刃螺纹切削，背吃刀量逐渐减少，有利于保护刀具、提高螺纹精度。G76 代码不能加工端面螺纹。

指令格式：G76 Pm r α Q Δd_{min} Rd;

G76 X(U)_ Z(W)_ Ri Pk Q Δd FL;

参数说明：

m 表示精车重复次数，从 01～99，必须用两位数表示，该参数为模态量；

r 表示螺纹末端的倒角量系数，用 00～99 两位数字指定（必须用两位数表示），倒角量为 $0.1Lr$，例如 $r=10$，则倒角量$=10\times 0.1\times L$，L 是螺距；

α 表示刀尖角度，从 80°、60°、55°、30°、29°、0°中选择；

Δd_{min} 表示最小切削深度，当计算深度小于 Δd_{min}，则取 Δd_{min} 作为切削深度，当第 n 次切削，深度小于这个极限值时，以该值进行切削（半径值，单位 μm）；

d 表示精加工余量，用半径编程指定；

X、Z 表示螺纹终点的坐标值；

U、W 表示增量坐标值；

i 表示锥螺纹的半径差，若 $i=0$，则为直螺纹；

k 表示螺纹的牙深（半径值，单位 μm），按 $k=0.6495P$（P 为螺纹的螺距）计算；

Δd 表示第一次粗切深（半径值，单位 μm）。

指令功能：该螺纹切削循环的工艺性比较合理，编程效率较高，螺纹切削循环路线及进刀方法如图 4-49 所示。

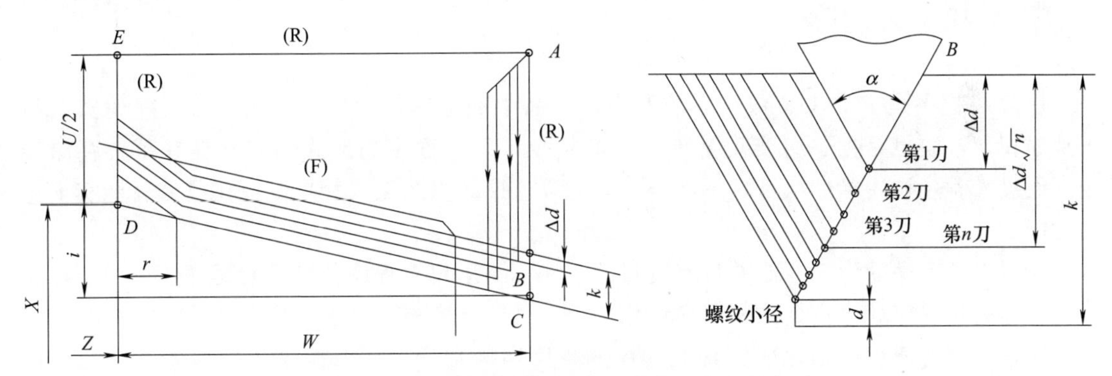

图 4-49　螺纹切削复合循环路线及进刀方法

举例：如图 4-50 所示，圆柱螺纹 M68×6，已知螺纹小径 $D_1=61.505$mm、牙型高 3.894mm，第一次切削深度为 1.8mm，螺纹的毛坯已经加工完成。

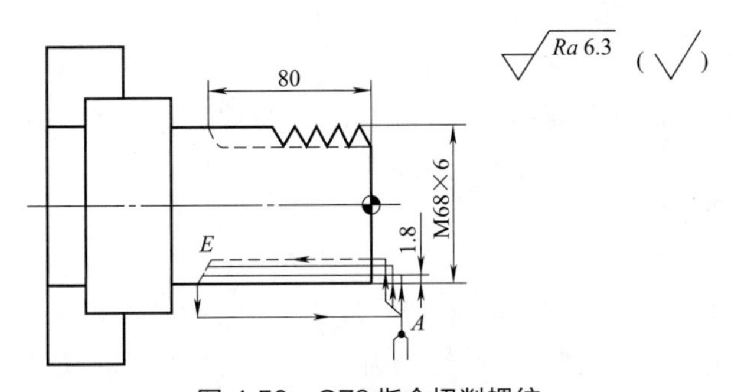

图 4-50　G76 指令切削螺纹

用 FANUC 系统编程如下：

```
O0001;                    设定程序号
G99;                      设定进给速度(mm/r)指令
N10 M03 S80;              设定主轴以 80r/min 正转
N20 T0303;                选用 3 号公制外螺纹刀，3 号刀补
```

N30 G00 X80.0 Z18.0;	快速进刀，到螺纹切削起点
N40 G76 P021060 Q100 R0.2;	重复精车 2 次，螺纹尾端倒角呈 45° 退刀，牙型角 60°，螺纹最小切削深度 100μm（半径值），精车余量 0.2μm
N50 G76 X61.505 Z-80.0 R0 P3894 Q1800 F6.0;	螺纹加工终点绝对坐标（X61.505、Z-80.0），螺纹的锥度值为 0，螺纹高度 3894μm（半径值），螺纹第一次车削深度 1800μm（半径值），导程 6mm
N60 G00 X100.0 Z100.0;	退刀回换刀点
N70 M05 T0300;	主轴停转，取消刀补
N80 M30;	程序结束，系统复位

第八节　宏程序

用户宏程序是 FANUC 数控系统及类似产品中的特殊编程功能。用户宏程序的实质与子程序相似，它也是把一组实现某种功能的指令，以子程序的形式预先存储在系统存储器中，通过宏程序调用指令执行这一功能。在主程序中，只要编入相应的调用指令就能实现这些功能。

一组以子程序的形式存储并带有变量的程序称为用户宏程序，简称宏程序。调用宏程序的指令称为用户宏程序指令或宏程序调用指令。

宏程序与普通程序相比较，普通程序的程序字为常量，一个程序只能描述一个几何形状，所以缺乏灵活性和实用性。而在用户宏程序的本体中，可以使用变量进行编程，还可以用宏指令对这些变量进行赋值、运算等处理。通过使用宏程序能执行一些有规律变化（如非圆二次曲线轮廓）的动作。

用户宏程序分为 A、B 两类。在 FANUC 0MD 等老型号的系统面板上没有“+”“-”“×”“/”“=”“[]”等符号，故不能进行这些符号输入，也不能用这些符号进行赋值及数学运算。所以，在这类系统中只能按 A 类宏程序进行编程。而在 FANUC 0i 及其后（如 FANUC 18i 等）的系统中，则可以输入这些符号，并运用这些符号进行赋值及数学运算，即按 B 类宏程序进行编程。

一、变量

【视频 4-14 宏程序中变量及演算】

宏程序通过编辑变量来改变刀具路线和刀具位置，适用于形状一样、尺寸不同的系列零件；工艺路线一样、位置数据不同的系列零件；抛物线、椭圆和双曲线等没有插补指令的曲线的编程。

用一个可赋值的代号代替具体的坐标值，这个代号称为变量。变量分为系统变量、公共变量和局部变量三种，它们的性质和用途各不相同。

1. 系统变量

系统变量是指固定用途的变量，它的值决定了系统的状态。例如，FANUC 中的系统变量为＃1000～＃1015、＃1032 和＃3000 等。

2. 公共变量

公共变量是指在主程序内和由主程序调用的各用户宏程序内公用的变量。例如，FANUC 中有 600 个公共变量，它们分为两组，一组是＃100～＃199，另一组是＃500～＃999。当断电时，变量＃100～＃199 初始化为空，变量＃500～＃999 的数据保存，即使断电数据也不丢失。

3. 局部变量

局部变量是指仅在用户宏程序内使用的变量。同一个局部变量在不同的宏程序内其值是不通用的。例如，FANUC 中有 33 个局部变量，分别为＃1～＃33，部分变量的赋值情况如表 4-7 所示。

表 4-7 FANUC 系统部分局部变量赋值表

赋值代号	变量号	赋值代号	变量号	赋值代号	变量号
A	＃1	I	＃4	T	＃20
B	＃2	J	＃5	U	＃21
C	＃3	K	＃6	V	＃22
D	＃7	M	＃13	W	＃23
E	＃8	Q	＃17	X	＃24
F	＃9	R	＃18	Y	＃25
H	＃11	S	＃19	Z	＃26

二、变量的演算

宏程序中的变量可以进行算术运算、逻辑运算等。

1. 算术运算

对宏程序中的变量可以进行加、减、乘、除运算。运算功能和格式如表 4-8 所示。

例如，G00 X［＃1＋＃2］，表示 *X* 坐标的值是变量 1 与变量 2 之和。

表 4-8 变量运算功能表

类型	功能	格式	举例	备注
算术运算	加法	＃i＝＃j＋＃k	＃1＝＃2＋＃3	常数可以代替变量
	减法	＃i＝＃j－＃k	＃1＝＃2－＃3	
	乘法	＃i＝＃j＊＃k	＃1＝＃2＊＃3	
	除法	＃i＝＃j/＃k	＃1＝＃2/＃3	
三角函数运算	正弦	＃i＝SIN[＃j]	＃1＝SIN[＃2]	角度以度指定，例如，35°30′表示为 35.5°，常数可以代替变量
	反正弦	＃i＝ASIN[＃j]	＃1＝ASIN[＃2]	
	余弦	＃i＝COS[＃j]	＃1＝COS[＃2]	
	反余弦	＃i＝ACOS[＃j]	＃1＝ACOS[＃2]	
	正切	＃i＝TAN[＃j]	＃1＝TAN[＃2]	
	反正切	＃i＝ATAN[＃j]	＃1＝ATAN[＃2]	
其他函数运算	平方根	＃i＝SQRT[＃j]	＃1＝SQRT[＃2]	常数可以代替变量
	绝对值	＃i＝ABS[＃j]	＃1＝ABS[＃2]	
	舍入	＃i＝ROUN[＃j]	＃1＝ROUN[＃2]	
	上取整	＃i＝FIX[＃j]	＃1＝FIX[＃2]	
	下取整	＃i＝FUP[＃j]	＃1＝FUP[＃2]	
	自然对数	＃i＝LN[＃j]	＃1＝LN[＃2]	
	指数函数	＃i＝EXP[＃j]	＃1＝EXP[＃2]	

续表

类型	功能	格式	举例	备注
逻辑运算	与	#i=#jAND#k	#1=#2AND#2	按位运算
	或	#i=#jOR #k	#1=#2OR#2	
	异或	#i=#jXOR #k	#1=#2XOR#2	
转换运算	BCD 转 BIN	#i=BIN[#j]	#1=BIN[#2]	
	BIN 转 BCD	#i=BCD[#j]	#1=BCD[#2]	

2. 三角函数计算

对宏程序中的变量可进行正弦（SIN）、反正弦（ASIN）、余弦（COS）、反余弦（ACOS）、正切（TAN）、反正切（ATAN）函数运算。三角函数中的角度以度为单位。运算功能和格式如表 4-8 所示。

① 对于反正弦（ASIN）的取值范围如下：

当参数（No. 6004#0）NAT 位设为 0 时，取 270°～90°；

当参数（No. 6004#0）NAT 位设为 1 时，取－90°～90°；

当#j 超出－1～1 范围时，发出 P/S 报警（No. 111）。

② 对于反余弦（ACOS）的取值范围如下：

取值范围为 180°～0°；

当#j 超出－1～1 范围时，发出 P/S 报警（No. 111）。

③ 对于反正切（ATAN）的取值范围如下：

当参数（No. 6004#0）NAT 位设为 0 时，取 0°～360°；

当参数（No. 6004#0）NAT 位设为 1 时，取－180°～180°。

3. 其他函数计算

对宏程序中的变量还可以进行平方根（SQRT）、绝对值（ABS）、舍入（ROUN）、上取整（FIX）、下取整（FUP）、自然对数（LN）、指数函数（EXP）运算。运算功能和格式如表 4-8 所示。

对于自然对数 LN[#j]，相对误差可能大于 10^{-8}。当#j≤0 时，发出 P/S 报警（No. 111）。

对于指数函数 EXP[#j]，相对误差可能大于 10^{-8}。当运算结果大于 3.65×10^{47}（#j＞110）时，出现溢出并发出 P/S 报警（No. 111）。

对于取整函数 ROUN[#j]，根据最小设定单位四舍五入。

例如，假设最小设定单位为 1/1000mm，#1=1.2345，则#2=ROUN［#1］的值是 1.0。

对于上取整 FIX[#j]，绝对值大于原数的绝对值。对于下取整 FUP［#j]，绝对值小于原数的绝对值。

例如，假设#1=1.2，则#2=FIX[#1］的值是 2.0；假设#1=1.2，则#2=FUP［#1］的值是 1.0；假设#1=－1.2，则#2=FIX[#1］的值是－2.0；假设#1=－1.2，则#2=FUP[#1］的值是－1.0。

4. 逻辑运算

对宏程序中的变量可进行“与”“或”“异或”逻辑运算，逻辑运算是按位进行的。

5. 数制转换

宏程序中的变量可以在 BCD 码与二进制之间转换。

6. 关系运算

它是由关系运算符和变量（或表达式）组成表达式。系统中使用的关系运算符如下：

① 等于（EQ）。用EQ与两个变量（或表达式）组成表达式，当运算符EQ两边的变量（或表达式）相等时，表达式的值为真，否则为假。

例如，#1EQ#2表示当#1与#2相等时，表达式的值为真。

② 不等于（NE）。用NE与两个变量（或表达式）组成表达式，当运算符NE两边的变量（或表达式）不相等时，表达式的值为真，否则为假。

例如，#1NE#2表示当#1与#2不相等时，表达式的值为真。

③ 大于等于（GE）。用GE与两个变量（或表达式）组成表达式，当左边的变量（或表达式）大于或等于右边的变量（或表达式）时，表达式的值为真，否则为假。

例如，#1GE#2表示当#1大于或等于#2时，表达式的值为真，否则为假。

④ 大于（GT）。用GT与两个变量或表达式组成表达式，当左边的变量（或表达式）大于右边的变量（或表达式）时，表达式的值为真，否则为假。

例如，#1GT#2表示当#1大于#2时，表达式的值为真，否则为假。

⑤ 小于等于（LE）。用LE与两个变量（或表达式）组成表达式，当左边的变量（或表达式）小于或等于右边的变量（或表达式）时，表达式的值为真，否则为假。

例如，#1LE#2表示当#1小于或等于#2时，表达式的值为真，否则为假。

⑥ 小于（LT）。用LT与两个变量（或表达式）组成表达式，当左边的变量（或表达式）小于右边的变量（或表达式）时，表达式的值为真，否则为假。

例如，#1LT#2表示当#1小于#2时，表达式的值为真，否则为假。

7. 运算优先级

运算符的优先顺序是：

① 函数。函数的优先级最高。

② 乘、除、与运算。乘、除、与运算的优先级次于函数的优先级。

③ 加、减、或、异或运算。加、减、或、异或运算的优先级次于乘、除、与运算的优先级。

④ 关系运算。关系运算的优先级最低。

用方括号可以改变优先级，括号不能超过5层，超过5层时，发出P/S报警（No. 111）。

8. 变量值的精度

变量值的精度为8位十进制数。

例如：

用赋值语句#1=9876543210123.456时，实际上#1=9876543200000.000；

用赋值语句#2=9876543277777.456时，实际上#1=9876543300000.000。

【视频4-15 宏程序结构和应用】

三、宏程序结构和应用

1. 宏程序结构

宏程序从结构上可以有顺序结构、分支结构和循环结构。下面介绍分支结构和循环结构的实现方法。

(1) 无条件转移（GOTO）

格式：GOTOn；（n 为程序段号）

例：GOTO 85 表示无条件转向执行 N85 的程序段，而不论 N85 程序段在转向语句之前还是之后。

(2) 条件转移（IF）

条件转向语句一般由条件式和转向目标两部分构成。

格式：IF [关系表达式]；

GOTOn；[n 为顺序号(1～9999)]

表示如果条件表达式的条件得以满足，则转而执行程序中程序号为 n 的相应操作，程序段号 n 可以由变量或表达式替代；如果表达式中条件未满足，则顺序执行下一段程序。

条件转向语句在宏程序内使用比较广泛。使用条件转向语句，能编出准确的用户宏程序。

例如，下列程序片段：

```
IF [# 1LT30];
GOTO7;
……
N7 G00 X100 X5;
```

表示如果#1 小于 30，转去执行标号为 N7 的程序段，否则执行 GOTO7 下面的语句。

(3) 循环（WHILE）

格式：WHILE [关系表达式] DO m；（ m= 1, 2, 3）

……

END m

在 WHILE 后指定一个条件表达式。当指定条件满足时，执行从 DO 到 END 之间的程序，否则转到 END 后的程序段。DO 后的号和 END 后的号是指定程序执行范围的标号，标号值为 1，2，3。

注意：①如果 WHILE [条件表达式] 部分被省略，则程序段 DO m 至 END m 之间的语句将一直重复执行。②WHILE DO m 和 END m 必须成对使用。

例如，下列程序片段：

```
#1=5;
WHILE[#1LE30]DO1;
 #1= #1+5;
 G00 X#1 Y#1;
END1;
M99;
```

表示当#1 小于等于 30 时，执行循环程序，当#1 大于 30 时结束循环返回主程序。

2. 宏程序应用实例

宏程序指令适合抛物线、椭圆、双曲线等没有插补指令的曲线编程；适合图形一样，只是尺寸不同的系列零件的编程；适合工艺路径一样，只是位置参数不同的系列零件的编程。宏程序可较大地简化编程，扩展应用范围。

例：试用宏程序编写如图 4-51 所示的玩具喇叭凸模曲线的精加工程序。

实例分析：本例的精加工采用宏程序编程，以 Z 值为自变量，每次变化 0.1mm，X 值为应变量，通过变量运算计算出相应的 X 值。编程时使用以下变量进行运算：

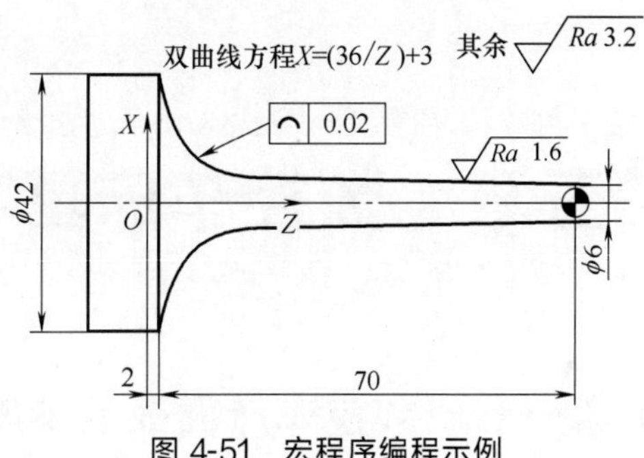

图 4-51 宏程序编程示例

＃101 为方程中的 Z 坐标（起点 $Z=72$）；

＃102 为方程中的 X 坐标（起点半径值 $X=3.5$）；

＃103 为工件坐标系中的 Z 坐标，＃103＝＃101－72.0；

＃104 为工件坐标系中的 X 坐标，＃104＝＃101×2。

注：宏程序编程时，首先要找出各点 X 坐标和 Z 坐标之间的对应关系。

精加工程序如下：

```
……
G00 X9.0 Z2.0;               宏程序起点
#101=72.0;                   参数#101 的初始值为 72
#102=3.5;                    参数#102 的初始值为 3.5
N100 #103=#101-72.0;         设置跳转目标程序段
#104=#102×2;                 #102×2 赋值给参数#104
G01 X#104 Z#103;             刀具插补到坐标(#104, #103)
#101=#101-0.1;               Z 坐标每次增量为-0.1mm
#102=36/#101+3;              变量运算出参数#102 的值
IF[#101GE2.0] GOTO100;       如果#101 大于等于 2，则程序跳转到 N100 程序段执行
G00 X100 Z100;               刀具远离工件
M30;
```

第五章 数控车床基本操作

第一节 数控车床面板基本操作

一、熟悉数控车床操作面板

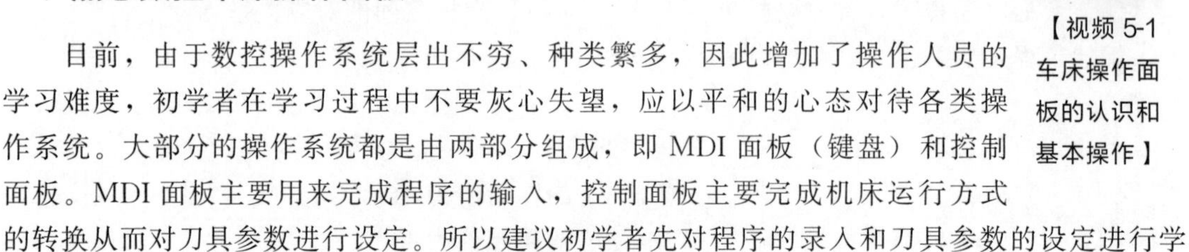

【视频 5-1 车床操作面板的认识和基本操作】

目前，由于数控操作系统层出不穷、种类繁多，因此增加了操作人员的学习难度，初学者在学习过程中不要灰心失望，应以平和的心态对待各类操作系统。大部分的操作系统都是由两部分组成，即 MDI 面板（键盘）和控制面板。MDI 面板主要用来完成程序的输入，控制面板主要完成机床运行方式的转换从而对刀具参数进行设定。所以建议初学者先对程序的录入和刀具参数的设定进行学习，避开烦琐的功能介绍，快速进入加工阶段，在加工过程中丰富和加深对操作系统的认识。

FANUC 0i 系统面板与其他系统的面板结构基本相同。图 5-1 所示为沈阳机床厂生产的 FANUC Series 0i Mate-TD 操作面板。其工作界面主要包括显示器、MDI 面板、急停按钮、功能键和机床控制面板。而 MDI 面板和机床控制面板是各系统最常用的部分。

图 5-1 沈阳机床厂 FANUC Series 0i Mate-TD 机床面板

① 液晶显示器。显示器位于面板的左上角，主要显示软件的操作界面，以及加工时所需要的相关数据。

② MDI 键盘。MDI 键盘主要作为系统的输入设备，完成程序的输入、参数修改等工作。

③ 急停按钮。初学者通常对程序的正确性、合理性了解不够，因此在操作过程中或多或少会出现问题。在这种情况下，操作人员应尽量在加工过程中将手靠近急停按钮，出现问题时按下按钮，以免发生不必要的危险。

④ 功能键。功能键没有确定的功能内容，由于其功能随着显示器显示内容的变化而改变，因此通常被称作软键。

⑤ 机床控制面板。机床控制面板是用手动操作控制其工作状态的，其中主要包括自动、单段、手动、增量、回零等操作。

表 5-1 中详细说明了沈阳机床厂生产的 FANUC Series 0i Mate-TD 机床操作面板上面的各个按钮的功能。

表 5-1 面板按钮说明

按钮	名称	功能说明	
编辑	编辑	操作模式	按此按钮，系统可进入程序编辑状态，用于直接通过操作面板输入数控程序和编辑程序
MDI	MDI		按此按钮，系统可进入 MDI 模式，手动输入并执行指令
自动	自动		按此按钮，系统可进入自动加工模式
手动	手动		按此按钮，系统可进入手动模式，手动连续移动机床
X手摇	X 手摇		按此按钮，系统可进入手轮/手动点动模式，并且进给轴向为 X 轴
Z手摇	Z 手摇		按此按钮，系统可进入手轮/手动点动模式，并且进给轴向为 Z 轴
回零	回零		按此按钮，系统可进入回零模式
X1 F0 / X10 25% / X100 50% / X1000 100%	手动点动/手轮倍率	在手动点动或手轮模式下按此按钮，可以改变步进倍率	
F1		暂不支持	
单段	单段	此按钮被按下后，运行程序时每次执行一条数控指令	
跳步	跳步	此按钮被按下后，数控程序中的注释符号“/”有效	
机床锁住	机床锁住	按此按钮后，机床锁住无法移动	
机床停止	机床停止	按此按钮，机床可进行复位	

<table>
<tr><th>按钮</th><th>名称</th><th colspan="2">功能说明</th></tr>
<tr><td>空运行</td><td>空运行</td><td colspan="2">系统进入空运行模式</td></tr>
<tr><td>程序重启动</td><td>程序重启动</td><td colspan="2">暂不支持</td></tr>
<tr><td rowspan="2">系统电源</td><td>绿色按钮为电源开</td><td colspan="2">按此按钮,系统总电源开</td></tr>
<tr><td>红色按钮为电源关</td><td colspan="2">按此按钮,系统总电源关</td></tr>
<tr><td></td><td>数据保护</td><td colspan="2">按此按钮可以切换允许/禁止程序执行</td></tr>
<tr><td></td><td>急停按钮</td><td colspan="2">按下急停按钮,机床移动立即停止,并且所有的输出(如主轴的转动等)都会关闭</td></tr>
<tr><td>手轮</td><td>手轮</td><td colspan="2">按此按钮可以显示或隐藏手轮</td></tr>
<tr><td>液压</td><td></td><td colspan="2">暂不支持</td></tr>
<tr><td>中心架</td><td></td><td colspan="2">暂不支持</td></tr>
<tr><td>主轴正转</td><td></td><td colspan="2">暂不支持</td></tr>
<tr><td>运屑器反转</td><td></td><td colspan="2">暂不支持</td></tr>
<tr><td>运屑器停住</td><td></td><td colspan="2">暂不支持</td></tr>
<tr><td>套筒进退</td><td></td><td colspan="2">暂不支持</td></tr>
<tr><td>主轴停止</td><td></td><td rowspan="4">主轴控制</td><td>控制主轴停止转动</td></tr>
<tr><td>主轴正转</td><td></td><td>控制主轴正转</td></tr>
<tr><td>主轴反转</td><td></td><td>控制主轴反转</td></tr>
<tr><td>主轴点动</td><td></td><td>暂不支持</td></tr>
<tr><td>润滑</td><td></td><td colspan="2">暂不支持</td></tr>
<tr><td>F2</td><td></td><td colspan="2">暂不支持</td></tr>
</table>

续表

按钮	名称	功能说明
 冷却		暂不支持
 手动选刀	手动选刀	按此按钮可以旋转刀架至所需刀具
	 循环启动	程序运行开始:系统处于“自动运行”或“MDI”位置时按下有效,其余模式下使用无效
	 进给保持	程序运行暂停:在程序运行过程中,按下此按钮运行暂停,按“循环启动”恢复运行
	X 负方向按钮	手动方式下,点击该按钮主轴向 X 轴负方向移动
	X 正方向按钮	手动方式下,点击该按钮主轴向 X 正方向移动
	Z 负方向按钮	手动方式下,点击该按钮主轴向 Z 轴负方向移动
	Z 正方向按钮	手动方式下,点击该按钮主轴向 Z 正方向移动
 快移	快速移动按钮	点击该按钮系统进入手动快速移动模式
	手轮	将光标移至此旋钮上后,通过点击鼠标的左键或右键来转动手轮
	进给倍率	通过此旋钮可以调节主轴运行时的进给速度倍率
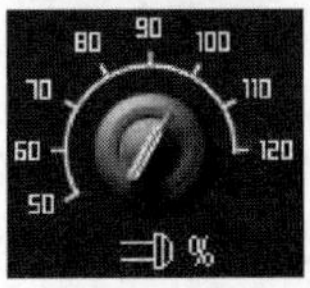	主轴倍率	通过此旋钮可以调节主轴转速倍率

二、数控车床面板的常规操作

数控车床面板是由厂家自己设计的。不同的数控系统,不同的厂家,不同的型号,面板都有可能不同。面板的不同只是表面上的,机床常规的功能和按钮都存在。只要我们熟练掌握机床的操作步骤，明确自己要做什么，应该怎么做，就不会困扰于不同的机床操作面板。本书无特别说明，机床操作都是以沈阳机床厂生产的 FANUC Series 0i Mate-TD 机床面板为例进行描述和说明。

1. 数控车床的启动、关机步骤

（1）数控车床的启动

打开机床控制盒的电源开关→打开数控车床的电源总开关（听到有风扇的声音和机床照明灯亮）→按下【NC 启动】按键，数控车床启动→检查“急停”按钮是否松开至弹开状态，若未松开，则将其松开，录入方式【MDI】指示灯亮→数控车床开启。

（2）数控车床的关机

检查安全和卫生注意事项→按下【NC 关闭】按键→关闭数控车床的电源总开关→关闭机床控制盒的电源总开关→数控车床关机。

2. 数控车床手动常规操作

（1）手动进给

启动数控车床→录入方式【MDI】指示灯亮→按下【手动方式】按键→按下方向按钮【X↓】【↑X】【→Z】【Z←】四个之一→刀架沿所按下的方向按钮方向移动进给。

补充说明：刀架移动的快慢可以通过调整进给倍率来调节，进给倍率有 0%、10%、20%、30%、40%、50%、60%、70%、80%、90%、100%、110%、120%、130%、140%、150%共 16 个倍率。其中 100%是设定的进给速度，60%是设定的进给速度的 0.6 倍，130%是设定的进给速度的 1.3 倍，以此类推。

（2）手动快速进给

启动数控车床→录入方式【MDI】指示灯亮→按下【手动方式】按键→同时按下快速【∽】按钮和方向按钮【X↓】【↑X】【Z←】【→Z】四个之一→刀架沿所按下的方向按钮方向快速移动。

（3）机床回零

机床开机后是否需要回参考点需要根据伺服轴配置的编码器决定。伺服轴配置绝对值编码器的机床不用回参考点，而伺服轴配置相对值编码器的机床必须回参考点。

数控车床位置检测装置采用绝对值编码器时，由于系统断电后位置检测装置靠电池来维持坐标值实际位置的记忆，所以机床开机时，不需要进行返回参考点操作。而目前，大多数数控车床采用相对值编码器作为位置检测装置，系统断电后，工件坐标系的坐标值就失去记忆，机械坐标值尽管靠电池维持坐标值的记忆，但只是记忆机床断电前的坐标值而不是机床的实际位置。所以机床首次启动系统后，要进行返回参考点操作，使系统的位置计数与脉冲编码器的零位脉冲同步，从而通过参考点来确定机床的原点位置，以建立机床坐标系。另一方面可以消除丝杠间隙的累计误差及丝杠螺距误差补偿对加工的影响。

回参考点操作如下：启动数控车床→按下【手动方式】按键→手动移动刀架到机床机械零点的左侧靠近三爪卡盘附近→按下【回零方式】按键→按下【X↓】按键→按下【→Z】按键→刀架回到机床零点（【回零方式】指示灯从闪烁到熄灭即可）。在返回参考点的过程中，为了刀具和机床的安全，数控车床的返回参考点操作一般应按先 X 轴后 Z 轴的顺序进行。

特别提醒：即使机床已经进行了回参考点操作，如出现下列三种情况时，必须重新进行回参考点操作，否则产生系统误差。

① 机床系统断电后重新接通电源；

② 机床解除急停状态后；

③ 机床超程报警解除后。

（4）手动换刀

按下【手动方式】按键→手动操作刀架移动到安全位置→按【手动换刀】按键→刀架转动 90°，刀具换刀一次→再按【手动换刀】按键→刀架又转动 90°，刀具又换刀一次。

（5）手动主轴转动

手动主轴正转：按下【手动方式】按键→手动操作刀架移动到安全位置→按【主轴正转】按钮→主轴正转→按【主轴停】按钮→主轴停转。

手动主轴反转：按下【手动方式】按键→手动操作刀架移动到安全位置→按【主轴反转】按钮→主轴反转→按【主轴停】按钮→主轴停转。

（6）手轮方式

刀架沿 Z 轴移动：按【手轮方式 Z】按键→选择【手轮倍率】按键→转动手轮→刀架沿 Z 轴移动。

刀架沿 X 轴移动：按【手轮方式 X】按键→选择【手轮倍率】按键→转动手轮→刀架沿 X 轴移动。

说明：【手轮倍率】分为×1、×10、×100 三种，在手轮上分别表示转动一小格，刀架移动 1μm、10μm、100μm。

（7）X 或 Z 行程超程解除

刀架沿 X 或 Z 方向超程，按下【手动方式】按键→手动操作刀架沿相反的方向移动一段距离→按下【RESET】按键→超程解除。

（8）输入和编辑程序

点按操作面板上的编辑按钮，编辑状态指示灯变亮，此时已进入编辑状态。点击 MDI 键盘上的PROG，显示器界面进入编辑页面。选定了数控程序后，此程序显示在显示器界面上，可对数控程序进行编辑操作。

（9）MDI 模式

除了编辑模式，还可以在 MDI 模式下输入程序。在 MDI 模式下输入的程序无法保存，一旦运行就自动消失，适合编写简单的、临时使用的程序，比如调刀、调整转速、简单切一刀等。需要反复调试的零件程序千万不可在 MDI 模式下编辑。

点按操作面板上的按钮，使其指示灯变亮，进入 MDI 模式。

在 MDI 键盘上点按PROG键，进入编辑页面。编辑完成后，按循环启动按钮运行程序。运行结束后程序自动消失。

（10）自动/连续方式

点按操作面板上的【自动运行】按钮，使其指示灯变亮。

点按操作面板上的，程序开始执行。

注意：自动加工前要查机床是否回零，若未回零，先将机床回零。

（11）检查程序运行轨迹

数控程序写好，可检查运行轨迹。

点按操作面板上的自动运行按钮，使其指示灯变亮，转入自动加工模式，点按CUSTOM GRAPH按钮，进入检查运行轨迹模式，点按操作面板上的循环启动按钮[I]，即可观察数控程序的运行轨迹。

▶ 第二节 刀具安装和对刀

一、刀具的正确安装

装刀与对刀是数控车床加工操作中非常重要和复杂的一项基本工作。装刀与对刀的精度，将直接影响到加工程序的编制及零件的尺寸精度。现以数控车床转塔刀架刀具的安装为例，说明刀具的安装操作。数控车床使用的转塔刀架设有 8 个刀位（有的是 12 个刀位），并在刀架的端面上刻有 1～8 的字样，如图 5-2 所示。

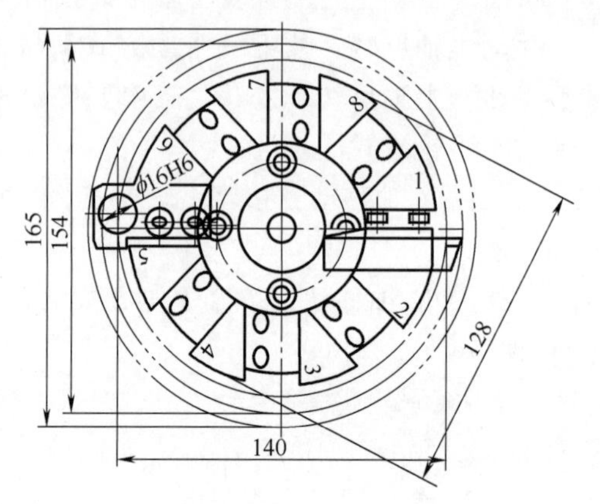

图 5-2 转塔刀架端面

1. 外圆车刀的安装

外圆车刀可以正向安装［见图 5-3（a）］，也可以反向安装［见图 5-3（b）］，即车刀靠垫刀块 1 上的两个压紧螺钉 2 反向压紧［见图 5-3（c）］。刀具轴向定位靠侧面，径向定位靠刀柄端面，将刀柄端面靠在刀架中心圆柱体上。因此，刀具装拆以后仍能保持较高的定位精度。

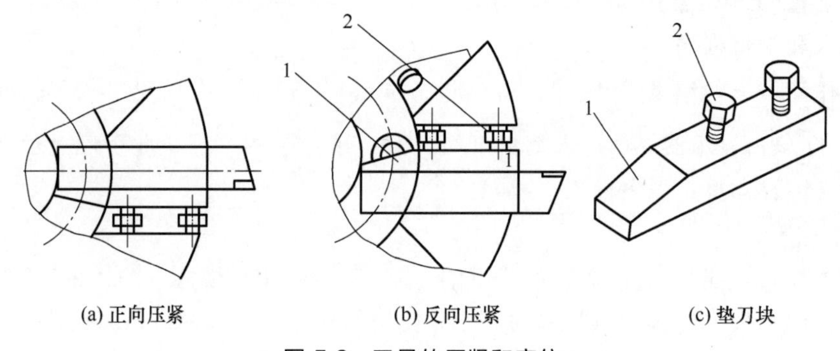

(a) 正向压紧　(b) 反向压紧　(c) 垫刀块

图 5-3 刀具的压紧和定位

1—垫刀块；2—压紧螺钉

2. 内孔刀具的安装

如图 5-4 所示，麻花钻头可安装在内孔刀座 1 中，内孔刀座 1 用两个螺钉固定在刀架上。麻花钻头的侧面用两个螺钉 2 紧固，直径较小的麻花钻头可增加隔套 3 再用螺钉紧固。内孔车刀做成圆柄的，并在刀杆上加工出一个小平面，两个螺钉 2 通过小平面将刀杆紧固在刀架上，如图 5-4（b）所示。

车刀安装得正确与否，将直接影响切削能否顺利进行和零件的加工质量。安装车刀时，应注意下列几个问题：

① 车刀安装在刀架上，伸出部分不宜太长，伸出量一般为刀杆高度的 1～1.5 倍。伸出过长会使刀杆刚性变差，切削时易产生振动，影响零件的表面粗糙度值。

② 车刀垫块要平整，数量要少，垫块应与刀架对齐。车刀至少要用两个螺钉压紧在刀

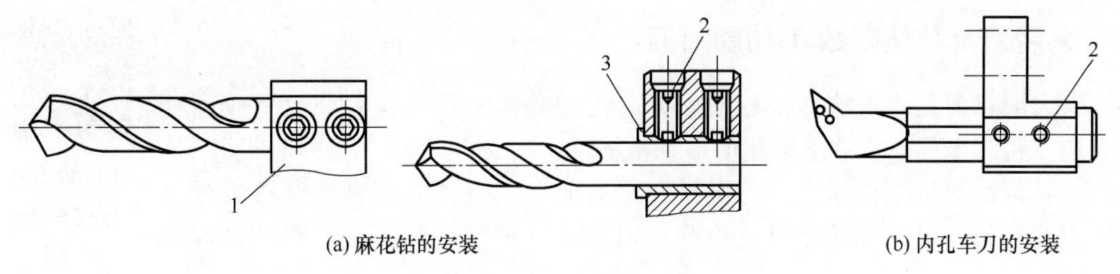

图 5-4　内孔刀具安装

1—刀座；2—螺钉；3—隔套

架上，并逐个轮流拧紧。

③ 车刀刀尖应与零件轴线等高，如图 5-5（a）所示，否则会因基面和切削平面的位置发生变化，而改变车刀工作时的前角和后角的数值。图 5-5（b）所示车刀刀尖高于零件轴线，使后角减小，增大了车刀后刀面与零件间的摩擦；图 5-5（c）所示车刀刀尖低于零件轴线，使前角减小，切削力增加，切削不顺利。

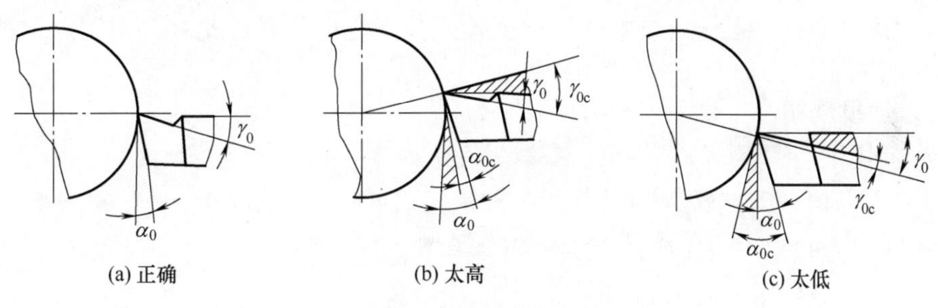

图 5-5　装刀高低对前后角的影响

车端面时，车刀刀尖若高于或低于零件中心，车削后零件端面中心处会留有凸头，如图 5-6 所示。使用硬质合金车刀时，如不注意这一点，车削到中心处会使刀尖崩碎。

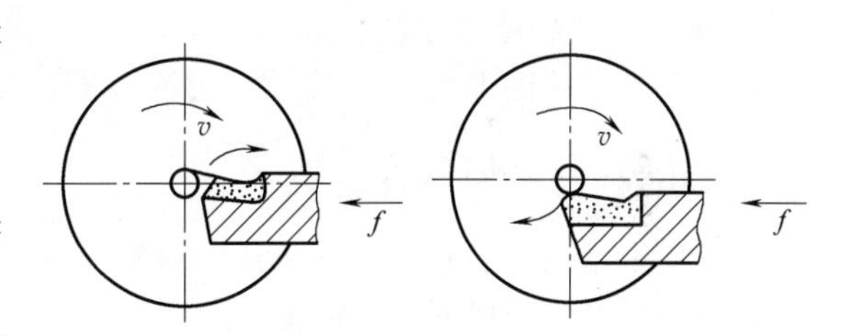

图 5-6　车刀刀尖不对准零件中心的后果

④ 车刀刀杆中心线应与进给方向垂直，否则会使主偏角和副偏角的数值发生变化，如图 5-7 所示。若螺纹车刀安装歪斜，会使螺纹牙型半角产生误差。用偏刀车削台阶时，必须使车刀主切削刃与零件轴线之间的夹角在安装后等于 90°或大于 90°，否则，车出来的台阶面与零件轴线不垂直。

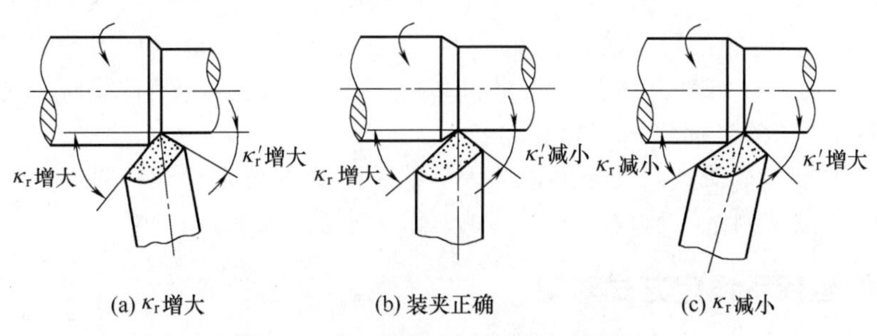

图 5-7　车刀装偏对主副偏角的影响

二、采用刀具补偿参数 T 功能对刀

【视频 5-2 数控车床对刀】

对刀的目的是确定零件坐标系原点在机床坐标系中的位置，只有通过对刀才能在机床坐标系中建立合适的零件坐标系。

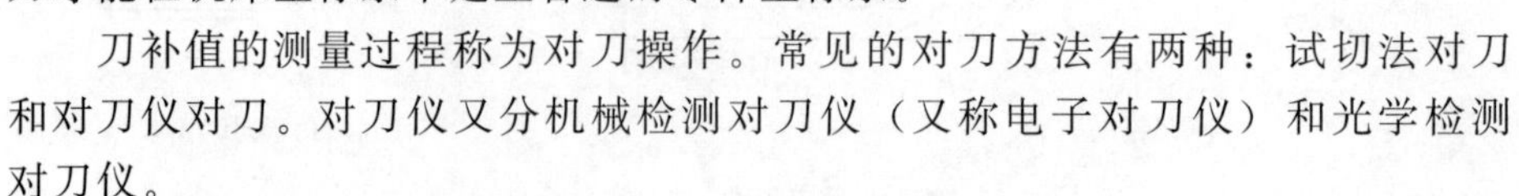

刀补值的测量过程称为对刀操作。常见的对刀方法有两种：试切法对刀和对刀仪对刀。对刀仪又分机械检测对刀仪（又称电子对刀仪）和光学检测对刀仪。

1. 刀具形状补偿参数的设置（OFFSET/GEOMETRY）

① 选用实际使用的刀具用手动方式切削零件，实测刀具切削后的直径 D 及刀具与零件右端面的距离 L。

② 按“OFFSET/SETING”键两次，进入参数设定页面。

③ 用“PAGE”中 ↑ 或 ↓ 键选择补偿参数页面。

④ 用“CURSOR”中 ↑ 或 ↓ 键选择补偿参数编号。

⑤ 输入补偿值按“X”键输入测量值 D，按“Z”键须加负号输入测量值 L。

⑥ 按“测量”键，把输入域中的补偿值输入到指定的位置，此时工作零点也被直接指定在距离零件右端面为 L 的平面与轴线交点外。

2. 输入磨损量补偿参数（OFFSET/WEAR）

① 按“MENU OFFSET”键进入参数设定页面。

② 用“PAGE”中 ↑ 或 ↓ 键选择刀具补偿参数页面。

③ 用“CURSOR”中 ↑ 或 ↓ 键选择补偿参数编号。

④ 输入补偿值到输入域。

⑤ 按“INPUT”键，把输入域中的补偿值输入到光标所在的行。

3. 输入刀尖半径和方位号

分别把光标移到 R 和 T，按数字键输入半径或方位号，按软键“输入”。

三、T 功能对刀具体操作

本任务采用试切法对刀，即采用刀具补偿参数 T 功能对刀。

T 指令对刀的程序调用格式为 T××××，数字前两位表示选择的刀具号，后两位表示刀具补偿号。如果调用第 i 把车刀，则用 T0i0i 指令建立零件坐标系，例如要调用第一把车刀和一号刀补，则用 T0101 指令。具体步骤如下：

① 用所选刀具试切零件外圆，如图 5-8 所示，使主轴停止转动，点击菜单“测量/坐标测量”，得到试切后的零件直径，比如 53.24mm，记为 53.24。

② 保持 X 轴方向不动，刀具退出，点击 MDI 键盘上的 OFFSET SETTING 键，进入形状补偿参数设定界面，将光标移到相应的位置，输入“X53.24”，按“测量”软键（见图 5-9）输入。

③ 试切零件端面，如图 5-10 所示。此处以零件端面中心点为零件坐标系原点，读出端面在零件坐标系中 Z 的坐标值，记为 0。

④ 保持 Z 轴方向不动，刀具退出，进入形状补偿参数设定界面，将光标移到相应的位置，输入“Z0”，按“测量”软键（见图 5-9）输入到指定区域。

四、采用零件坐标系设定方式对刀

采用零件坐标系设定方式“G50 X_ Z_”程序段对刀时，必须通过调整机床刀架，将刀

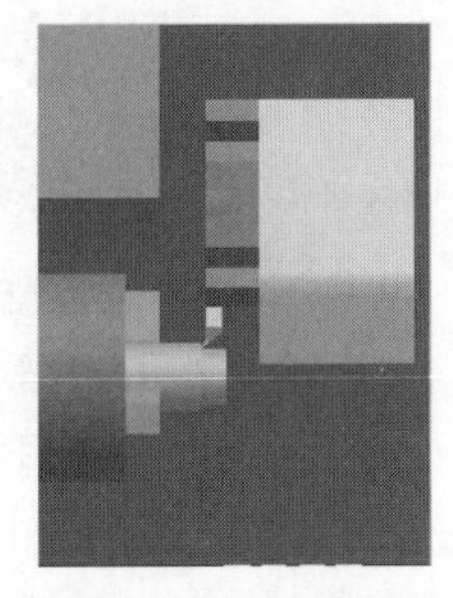

图 5-8　试切外圆

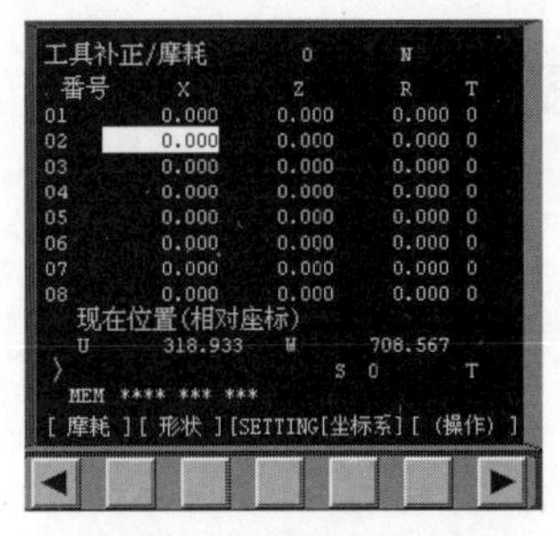

图 5-9　刀具形状补偿界面

图 5-10　试切零件端面

尖放在程序所要求的起刀点位置，如（100，120）。系统在执行程序段时，刀不动，但建立了刀具位置坐标在（100，120）点的零件坐标系，在移动刀具时可以使用 MDI 方式操作，方法如下。

① 零件坐标系原点设在零件前端面与主轴中心线交点上。

② 返回参考点，建立机床坐标系。

③ 试切外径并测量。计算坐标增量，以程序段 G50 X100 Z120 为例，用外圆车刀在零件外圆试切一刀，沿 Z 轴的正方向退刀，用千分尺测量零件直径为 39.420mm，计算刀尖当前位置移动到起刀点位置所需的距离 $X=100-39.420=60.580$（mm）。此时用增量方式将刀尖在当前位置沿 X 正方向退 60.580mm 的距离，并记录显示器显示“机床实际坐标”一栏“X”值，如－76.164，在零件右端面试切一刀，沿 X 正方向退刀，并记录显示器显示“机床实际坐标”一栏“Z”值，如“－395.255”，计算刀尖在起刀点位置 $Z=-395.255+120=-275.255$（mm）。如图 5-11 所示。

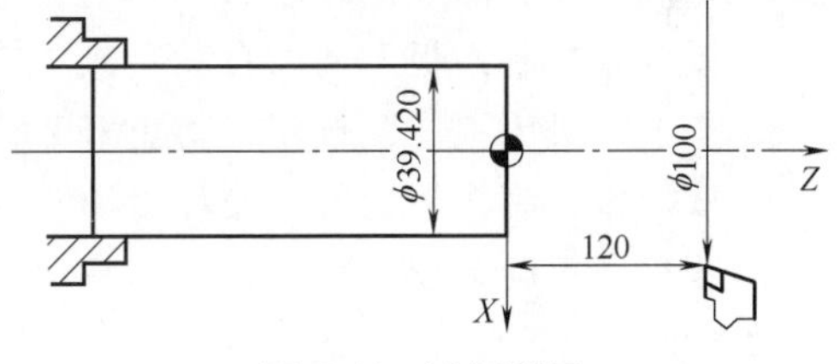

图 5-11　试切测量

④ 对刀操作。根据算出的坐标增量，用手摇脉冲发生器或增量方式移动刀具，使之移动到显示器显示机床实际坐标为（－76.164，－275.255）的位置上。

⑤ 建立零件坐标系。若执行程序段 G50 X100 Z120，则数控系统用新的零件坐标系坐标值取代了机床坐标系坐标值。

五、采用零件坐标系（G54～G59）选择方式对刀

1. 对刀原理

① 使用基准刀具对刀后，测得试切后零件外圆 d 及编程原点到零件右端面距离 b 值。

② 将屏幕上“X”“Z”显示值分别减去 d、b 值后，输入到零点偏置的 G54～G59 中相应的“X”“Z”值中去。

2. 参数设定

① 按“OFFSET”键，进入参数设定界面。

② 用“PAGE”中 ↑ 或 ↓ 键在坐标系页面对应 G54～G56 和坐标系页面对应 G57～G59 之间切换。

③ 用“CURSOR”中 ↑ 或 ↓ 键选择坐标系。

④ 按数字键输入地址字 X、Z 和数值到输入域。

⑤ 按“INPUT”键，把输入域中的内容输入到指定的位置。

▶ 第三节　程序校验和零件自动加工

【视频 5-3 程序校验和零件自动加工】

1. 数控机床新建 NC 程序

前面编写的程序可以选择用数据线、CF 卡、U 盘导入数控车床，也可以在数控车床上新建一个 NC 程序，逐行输入程序。

点击操作面板上的编辑键，编辑状态指示灯变亮，此时已进入编辑状态。点击 MDI 键盘上的“PROGRAM”键，CRT 界面转入编辑页面。利用 MDI 键盘输入“Ox”（x 为程序号，但不能与已有程序号的重复）按“INPUT”键，CRT 界面上将显示一个空程序，可以通过 MDI 键盘开始输入程序。输入一段代码后，按“INSERT”键则数据输入域中的内容将显示在 CRT 界面上，用回车换行键“EOB”结束一行的输入后换行。

2. 程序校验

程序校验用于对调入加工缓冲区的程序文件进行校验，并提示可能的错误。

以前未在机床上运行的新程序在调入后最好先进行校验运行，正确无误后再启动自动运行。程序校验运行的操作步骤如下。

① 调入要校验的加工程序。

② 按机床控制面板上的“自动”或“单段”按键进入程序运行方式。

③ 按下“机床锁住”按钮，防止刀架移动。

④ 按机床控制面板上的“循环启动”按键，程序校验开始。

⑤ 若程序正确，校验完后，光标将返回到程序头，且软件操作界面的工作方式显示改回为“自动”或“单段”；若程序有错，命令行将提示程序的哪一行有错。

3. 空运行

在自动方式下，按一下机床控制面板上的“空运行”按键（指示灯亮），CNC 处于空运行状态。程序中编制的进给速率被忽略，坐标轴以最大快移速度移动。

空运行不做实际切削，目的在于确认切削路径及程序。

在实际切削时，应关闭此功能，否则可能会造成危险。

4. 启动自动运行

系统调入零件加工程序，经校验无误后，可正式启动运行：

① 按一下机床控制面板上的“自动”按键（指示灯亮），进入程序运行方式；

② 按一下机床控制面板上的“循环启动”按键（指示灯亮），机床开始自动运行调入的零件加工程序。

5. 暂停运行

在程序运行的过程中，需要暂停运行，可按下述步骤操作：

① 在程序运行的任何位置，按一下机床控制面板上的“进给保持”按键（指示灯亮），系统处于进给保持状态；

② 再按机床控制面板上的“循环启动”按键（指示灯亮），机床又开始自动运行调入的零件加工程序。

6. 中止运行

在程序运行的过程中，需要中止运行，可按下述步骤操作：

① 在程序运行的任何位置，按一下机床控制面板上的“进给保持”按键（指示灯亮），系统处于进给保持状态；

② 按下机床控制面板上的“手动”键将机床的 M、S 功能关掉；

③ 此时如要退出系统，可按下机床控制面板上的“急停”键，中止程序的运行。

7. 单段运行

按一下机床控制面板上的“单段”按键（指示灯亮），系统处于单段自动运行方式，程序控制将逐段执行：

① 按一下“循环启动”按键，运行一程序段，机床运动轴减速停止，刀具主轴电机停止运行；

② 再按一下“循环启动”按键，又执行下一程序段，执行完后又再次停止。

首件零件加工时，为确保加工安全，可使用单段运行加工方式，一段一段地执行程序。若有任何意外，按下“紧急停止”按钮。整个工作流程图如图 5-12 所示。

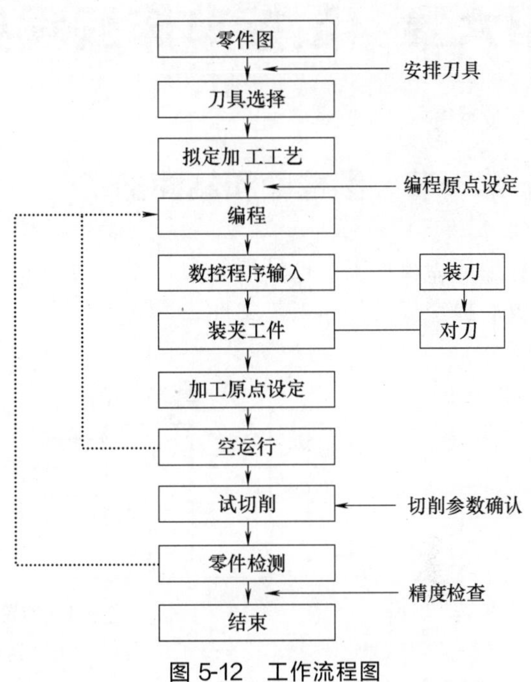

图 5-12 工作流程图

8. 调试程序

首件零件加工完成后，应按图样要求的精度项目逐项对零件进行检测，看其是否满足图样的要求，是否合格。如果合格，就可以开始批量生产；如果不合格，就需要对程序的相关参数进行修改，然后再试车，再检测，直至合格。

第六章　数控车床编程典型案例

第一节　圆柱面和端面加工

【视频 6-1 齿轮轴程序工艺分析和编程】

某厂需要加工小批量齿轮轴，图纸为图 6-1，毛坯为 45 钢（圆钢）。任务完成后提交成品件和工艺文件。

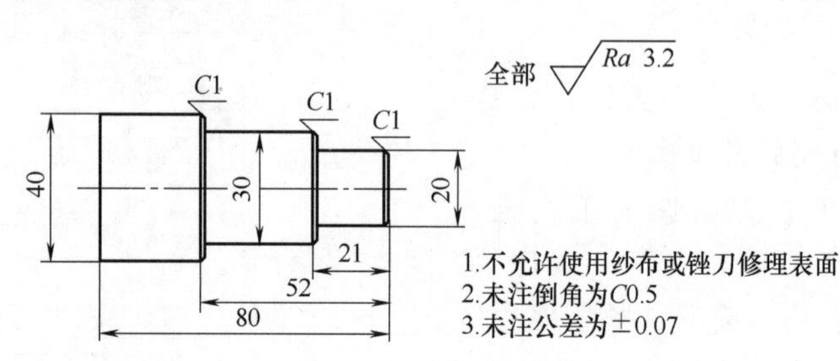

图 6-1　齿轮轴零件图

一、工艺分析和制定工艺卡

零件结构工艺性分析：该零件图结构简单，通常是我们接触的第一个加工零件，通过对外轮廓和端面的加工帮助我们掌握最基本的数控程序的编制和数控操作。数控加工工序卡如表 6-1 所示，刀具调整卡如表 6-2 所示。

表 6-1　齿轮轴数控加工工序卡

**********职业学院		零件名称	齿轮轴		零件号	1
数控加工工序卡		材料	45 钢		程序号	1
		夹具名称	三爪卡盘		使用设备	FANUC 0i 数控车床
工序号	工序内容	刀具号	主轴转速 n /(r/min)	进给量 f/(mm/r)	背吃刀量 a_p/mm	备注
1	对刀					
2	粗车	1	800	0.3	5	
3	精车	2	1000	0.1		
4	切断	3	400	0.06		
安装号	加工工步安装简图			刀具简图	完成内容	
1					将零件伸出 60mm 安装在三爪卡盘上	

续表

安装号	加工工步安装简图	刀具简图	完成内容
1			完成外圆粗加工
2			完成精加工

□ 表 6-2 齿轮轴刀具调整卡

(厂名)		零件名称	齿轮轴		零件号	
数控加工刀具卡		程序号			编制	
序号	刀具号	刀片规格	刀具尺寸		补偿地址	
			刀尖半径/mm	刀杆规格/(mm×mm)	补偿号	刀尖方位号
1	T0101	粗车刀(刀尖角 55°)	0.8	20×20	1	3
2	T0202	精车刀(刀尖角 35°)	0.4	20×20	2	3
3	T0303	槽刀 5mm 切断刀	0.2	20×20	3	

二、编写加工程序

1. 车削端面（FANUC 0i 系统）参考程序

```
O0001;
N10 T0101;                刀具选择
N20 M03 S800;             主轴正转转速 800r/min
N30 G00 X60 Z0;           刀具快移至(X60,Z0)点
N40 G01 X-1 F0.1;         切削右端面至 X=-1mm 点
N50 G00 Z2;               Z 向退刀至 Z=2mm 点
N60 X100;                 刀具退出至 X=100mm 点
N70 M05;                  主轴停转
N80 M30;                  主程序结束并返回程序头
```

对于车削加工，一般先车削端面，有利于确定长度方向的尺寸。对于铸件应先倒角，以免刀尖与不均匀外圆表面接触，造成刀尖损坏。如果毛坯余量大，须用 45°端面刀粗加工；余量很小的精车可以采用 90°右偏刀加工；精度要求较高的铸件加工应分粗车、半精车、精车几个加工阶段进行。

在车削右端面时，为减少换刀次数，方便对刀，车削小余量（1～2mm）端面时，一般采用 90°右偏刀车削，且刀尖一定要与主轴中心等高，否则将在端面中心处产生小凸台或将

刀尖损坏。

对于数控车削来说，由于对刀时需车削加工且刀架上的刀位有限，因此，端面一般都用手动车削，编程时可以不将端面程序编出。

2. 车削外圆（FANUC 0i 系统）参考程序

```
N10 T0101;                    换外圆粗车刀
N20 G00 X100 Z100;            快速返回到换刀点
N30 M03 S800;                 主轴正转,转速为 800r/min
N40 X50 Z5;                   快速走刀至循环切削起点（毛坯直径是 45mm）
N45 G90 X40.5 Z-85 F0.3;      圆柱面切削循环粗车 φ40.5mm 外圆,留 0.5mm 精加工余量
N50 G90 X35.5 Z-85 F0.3;      圆柱面切削循环粗车 φ30.5mm 外圆
N60 G90 X30.5 Z-52 F0.3;      圆柱面切削循环粗车 φ35.5mm 外圆,留 0.5mm 精加工余量
N70 G90 X25.5 Z-21 F0.3;      圆柱面切削循环粗车 φ25.5mm 外圆
N80 G90 X20.5 Z-21 F0.3;      圆柱面切削循环粗车 φ20.5mm 外圆,留 0.5mm 精加工余量
N90 G00 X100 Z100;            快速返回到换刀点
N100 M05                      主轴停止
N110 T0202;                   换精加工刀具,调用 2 号刀补
N120 M03 S1000;               主轴正转,转速提高到 1000r/min
N130 G00 X18 Z5;              快速走刀至精车起点(18,5)的位置,准备开始精加工
N140 G01 Z0 F0.1;             刀具以切削速度移动到(18.0)点
N150 G01 X20 Z-1 F0.1;        倒角
N160 G01 Z-20;
N170 G01 X28;
N180 G01 X30 W-1;             倒角
N190 G01 Z-51;
N200 G01 X38;
N210 G01 X40 W-1;             倒角
N220 G01 Z-85;
N230 G01 X50;                 退刀
N240 G00 X100 Z100;           快速返回到换刀点
N250 M05;                     主轴停止
N260 M30;                     程序结束
```

外圆程序由粗车和精车两部分构成。粗车为精车在径向留下 0.5mm 的加工余量。零件毛坯是 ϕ45mm 的铝合金圆棒料，用三爪卡盘装夹。零件加工的最后由 5mm 切断刀切断，所以需要为切断留下位置，Z 向最大的加工长度不是 80mm，而是 85mm。特别注意：这里的加工余量、背吃刀量和进给量是受机床、刀具、加工材料、夹具等综合因素影响，应该根据实际情况灵活选用。

三、拓展练习

如图 6-2 所示，用单一固定循环编程指令编程加工图示零件。零件原点已给出，自己设定起刀点位置，用一把外圆车刀进行粗、精车削，试编程并上机运行。

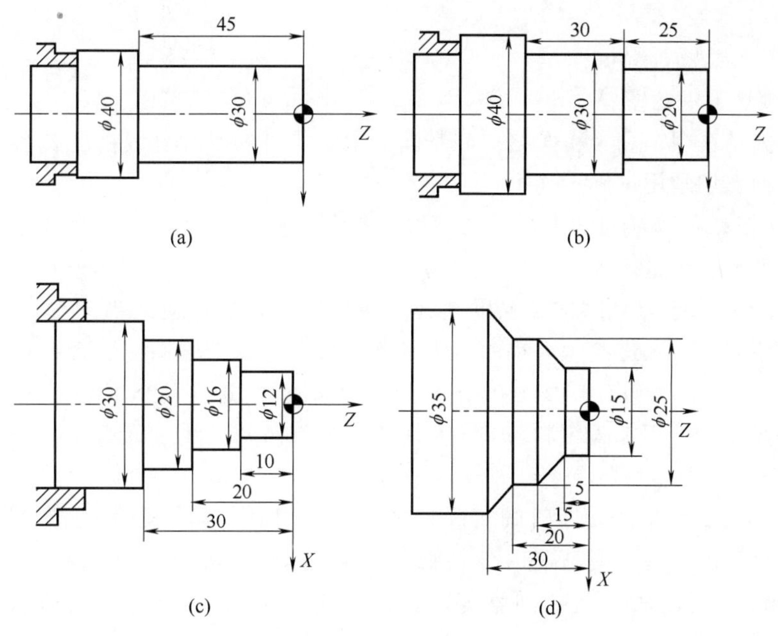

图 6-2　阶梯轴图纸

第二节　切槽（切断）加工

一、切槽（切断）加工的特点

① 切削变形大。当切槽时，由于切槽刀的主切削刃和左、右副切削刃同时参加切削，切屑排出时，受到槽两侧的摩擦、挤压作用，会导致切削变形增加。

② 切削力大。切槽过程中切屑与刀具、工件的摩擦大，且被切金属的塑性变形大，所以在切削用量相同的条件下，切槽时切削力比车外圆时的切削力大 20%～25%。

③ 切削热比较集中。切槽时，塑性变形大，摩擦剧烈，故产生的切削热也多，会加剧刀具的磨损。

④ 刀具刚性差。通常切槽刀主切削刃宽度较窄（一般为 2～6mm），刀头狭长，所以刀具的刚性差，切断过程中容易产生振动。

二、切槽刀和切削用量的选择

切槽（切断）刀是以横向进给为主，前端的切削刃为主切削刃，有两个刀尖，两侧为副切削刃，刀头窄而长，强度差。主切削刃太宽会引起振动，切断时浪费材料，太窄又削弱刀头的强度。

主切削刃宽度可以用如下经验公式计算：

$$a \approx (0.5 \sim 0.6)/\sqrt{d}$$

式中　a——主切削刃的宽度，mm；

　　d——待加工零件表面直径，mm。

刀头的长度可以用如下经验公式计算：

$$L = h + (2 \sim 3)$$

式中　L——刀头长度，mm；

　　h——被切零件的壁厚，mm。

切槽一般安排在粗车和半精车之后，精车之前。零件的刚性好或精度要求不高时也可以在精车后再切槽。切削用量确定如下：

① 背吃刀量 a_p：当横向切削时，切槽刀的背吃刀量等于刀的主切削刃宽度，所以只需要确定切削速度和进给量。

② 进给量 f：由于刀具刚性、强度及散热条件较差，所以应适当减少进给量。进给量太大时，容易使刀折断；进给量太小时，刀具与工件产生强烈摩擦会引起振动。一般用高速钢切槽刀车削钢料时，f 取 0.05～0.1mm/r；用高速钢切槽刀车削铸铁时，f 取 0.1～0.2mm/r。用硬质合金刀加工钢料时，f 取 0.1～0.2mm/r；用硬质合金刀车削铸铁时，f 取 0.15～0.25mm/r。

③ 切削速度 v：切槽或切断时的实际切削速度随刀具的切入越来越低，因此切槽或切断时切削速度可选高一些。用高速钢车刀加工钢料时，v 取 30～40m/min；加工铸铁时，v 取 15～25m/min。用硬质合金切削钢料时，v 取 80～120m/min；加工铸铁时 v 取 60～100m/min。切削用量参考表如表 6-3 所示。

表 6-3　切槽切削用量参考

切槽(切断)加工条件	进给量 f(mm/r)
用高速钢刀具加工钢料	0.05～0.1
用高速钢刀具加工铸铁	0.1～0.2
用硬质合金刀具加工钢料	0.1～0.2
用硬质合金刀具加工铸铁	0.15～0.25

注意：切槽的刀具的主切削刃应安装在与车床主轴线平行并等高的位置上，过高过低都不利于切削。切削过程如果出现切削平面呈凸、凹形等，或切断刀主切削刃磨损及“扎刀”，就要注意调整车床主轴转速和进给量。

三、切槽（切断）加工方法

1. 外沟槽的加工

① 车削精度不高和宽度较窄的沟槽，可用刀宽等于槽宽的切槽刀，采用横向直进法一次加工完成，如图 6-3 所示。

② 槽宽精度要求较高时，可采用粗车、精车二次进给车成，即第一次进给车沟槽时两壁留有余量；第二次用等宽刀修整，并采用 G04 指令使刀具在槽底部暂停几秒进行无进给光整加工，以提高槽底的表面质量，如图 6-4 所示。

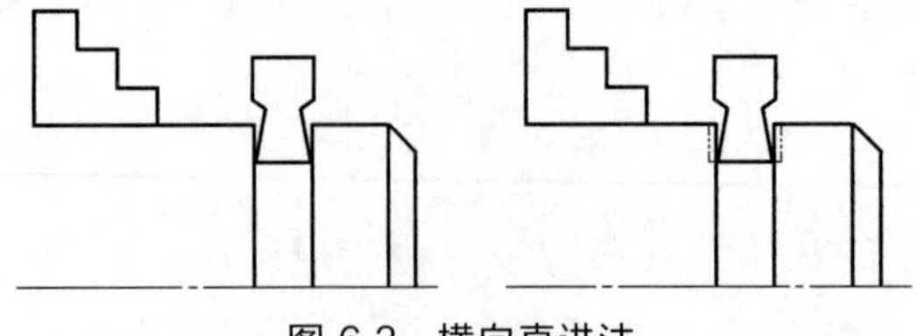

图 6-3　横向直进法

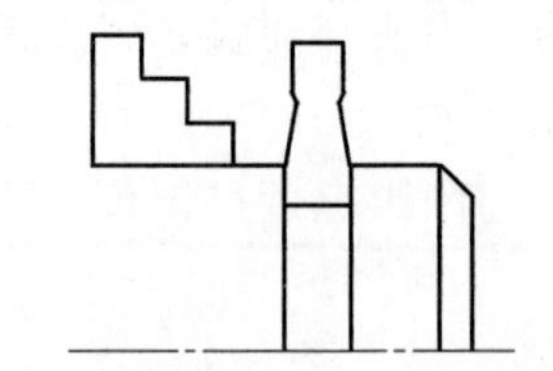

图 6-4　粗车、精车二次进给加工

③ 精度要求较高的较宽外圆沟槽加工，可以分几次进给，要求每次切削时刀具要有重

叠的部分，并在槽沟两侧和底面留一定的精车余量，如图 6-5 所示。

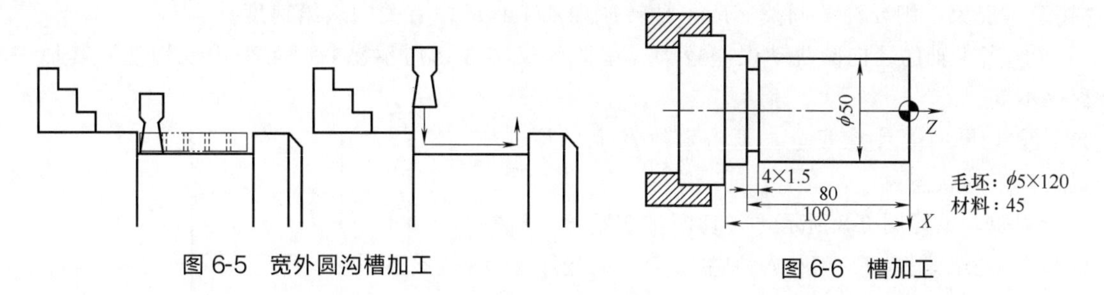

图 6-5　宽外圆沟槽加工

图 6-6　槽加工

例如，图 6-6 所示零件，用 4mm 的切槽刀车削槽，其参考程序（FANUC 0i 系统）如下：

……

```
N10 T0303;              调用 3 号切槽刀和 3 号刀补
N30 M03 S500;           主轴正转,转速 500r/min
N40 G00 X52 Z-80;       3 号切槽刀到切削起点处
N50 G01 X47 F0.02;      切槽
N60 G04 P2000;          暂停 2s,光整加工
N70 G00 X100;
N80 Z100;               退出已加工表面
```

……

2. 内沟槽的加工

对内沟槽的加工，与外圆切槽的方法相似，确保排屑通畅和振动最小。切削时从底部开始向外进行切削有利于排屑。

车削内沟槽时，刀杆直径受孔径和槽深的限制，排屑特别困难，断屑首先要从沟槽内排出，然后再从内孔排出，切屑的排出要经过 90°的转弯。因此车削宽度较小和要求不高的内沟槽，可用主切削刃宽度等于槽宽的内沟槽刀采用直进法一次车出；要求较高或较宽的内沟槽，采用直进法分几次车出。粗车时，槽壁与槽底留精车余量，然后根据槽宽、槽深进行精车。若内沟槽深度较浅，宽度很大，可用内圆粗车刀先车出凹槽，再用内沟槽刀车出沟槽两端的垂直面。

3. 切断加工方法

切断方法有直进法和左右借刀法，如图 6-7 所示。前者常用于切断铸铁等脆性材料，后者常用于切断钢等塑性材料。在进行切断加工时，需要注意以下几点：

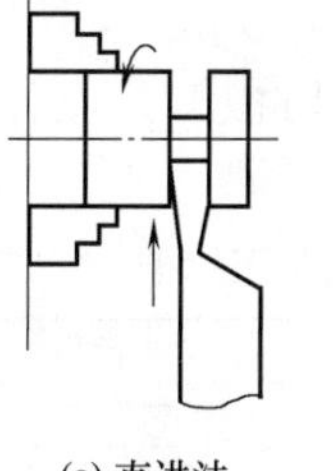

(a) 直进法

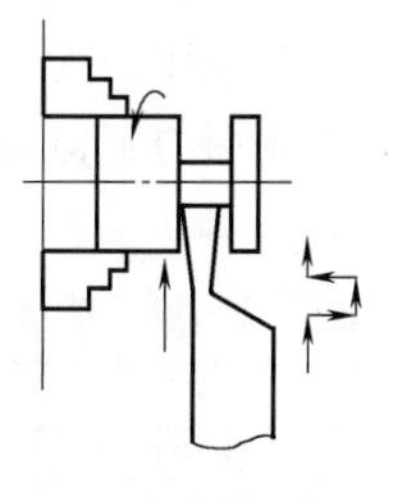

(b) 左右借刀法

图 6-7　切断加工方法

① 切断时对于实心零件，零件半径应小于切断刀头的长度；对于空心零件，零件的壁厚应小于切断刀头的长度。在切断大直径的零件时，不能将零件直接切断，应采取其他办法，比如刀具支撑法，防止事故发生。

② 车矩形外沟槽的车刀，其主切削刃应安装在与车床主轴轴线平行并等高的位置上，过高或过低都不利于切断。

③ 切断过程中，如果出现切断平面呈凸、凹形等，切断刀主切削刃发生磨损或出现“扎刀”现象，则要注意调整车床主轴转速和加工程序中有关的进给速度。

④ 当主轴的径向圆跳动误差较大、槽既深又窄或切屑不易断时可采用反切法，其加工程序不变。

⑤ 切断时要注意安全，预防事故发生，并时刻观察机床的状态。

例如，编写图 6-8 所示零件切断加工程序。选择刀宽为 4mm 切断刀，刀位点在左刀尖，采用手动切削右端面。保证 Z 向尺寸 50mm，在移动刀具时应加刀宽 4mm。径向进给应过 $X=0$ 点。

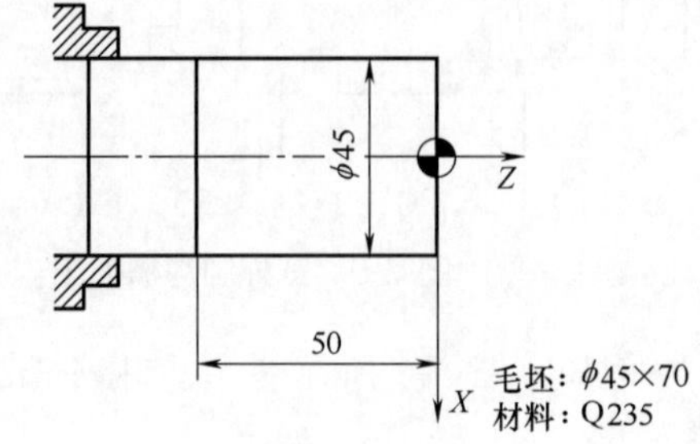

图 6-8　切断件

参考程序（FANUC 0i 系统）如下：

```
T0101;              调用 01 号切断刀,刀宽为 4mm
G00 X100 Z100;      移动到程序起点位置
G96 M03 S80;        恒线速度有效,线速度为 80m/min
G00 X48 Z-54;       快速移动到切削起点处
G01 X-1 F40;        进给切削到过零线尺寸
G00 X100;
Z100;               返回对刀点
……
```

四、案例分析和参考程序

图 6-9 所示的阶梯轴零件，其毛坯为 φ50mm 的棒料，材料为 45 钢，编程车削加工该零件，编程时应注意合理设计退刀槽的加工工艺。

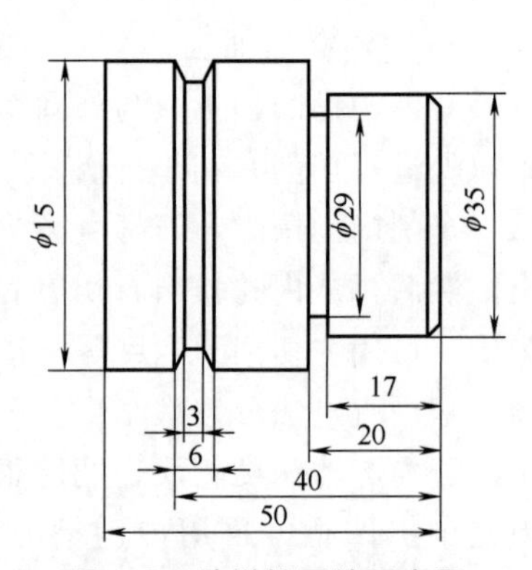

图 6-9　阶梯轴零件示意图

由图 6-9 可知，该零件为阶梯轴类零件，该零件的各个尺寸精度没有重点要求，在加工上可以选择长一点的毛坯件，采用粗、精车加工。加工时利用三爪自定心卡盘装夹，可分别采用刀尖圆角为 $R0.5$ 的 93°外圆车刀和 $R0.2$ 的 93°的外圆车刀，以及 3mm 切槽刀。数控加工工序卡如表 6-4 所示。

表 6-4　阶梯轴零件数控加工工序卡

（厂名）		零件名称		阶梯轴		零件号	印章	
数控加工工序卡		材料		45 钢		程序号		
		夹具名称		三爪卡盘		使用设备	FANUC 0i 车床	
工序号	1	编制				车间	数控车间	
工步	工步内容	刀具名称		切削用量			量具	
		编号	名称	n /(r/min)	f /(mm/r)	a_p /mm	编号	名称
1	车端面	T0101	$R0.5$ 外圆粗车刀	800	0.3	2	1	游标卡尺
2	粗车外圆	T0101	$R0.5$ 外圆粗车刀	800	0.3	2	1	游标卡尺
3	精车外圆	T0202	$R0.2$ 外圆精车刀	1200	0.15	0.5	1	游标卡尺
4	切槽	T0303	3mm 切槽刀	400	0.15		1	游标卡尺

参考程序（FANUC 0i 系统）如下：

```
O0001;
T0101;                      选择外圆粗车刀
M04 S800;                   主轴反转,转速 800r/min
G00 X52 Z0;                 刀具快移至(X52,Z0)点
G01 X-1 F0.15;              切削右端面至 X-1 点
G00 X52 Z2;                 刀具快移至(X52,Z2)点
G90 X48 Z-55 F0.3;          用单一循环指令加工外轮廓
    X46;
    X45.5;                  加工 φ45mm 圆柱,为精加工留 0.5mm 的余量
    X43.5 Z-20;
    X41.5;
    X39.5;
    X37.5;
    X35.5;                  加工 φ35mm 圆柱,为精加工留 0.5mm 的余量
G00 Z100;
T0202;                      选择外圆精车刀
M04 S1200;                  主轴反转,转速 1200r/min
G00 X27 Z2;
G01 X34 Z-2 F0.15;
G01 Z-20;
G01 X45;
G01 Z-55;
G00 X100 Z100;
T0303;                      选择 3mm 切槽刀
M04 S400;                   主轴反转,转速 400r/min
G00 X37 Z-20;               加工左边第一个槽
G75 R0.5;
G75 X29.0 Z-20.0 P1000 F0.15;
G00 X47;
G00 Z-38.5;                 加工左边第二个槽
G75 R0.5;
G75 X29.0 Z-38.5 P2000 Q2000 F0.15;
G00 G42 X45 Z-36;
G01 X35 W-1.5;
G04 P1000;
G01 X45 W-1.5;
G00 X100;
G00 Z200;
M05;
```

```
M30;                主程序结束并复位
```

五、拓展练习

① 加工图 6-10 所示的零件。零件毛坯为 ϕ40mm 的棒料，材料为 45 钢。要求对零件进行数控加工工艺分析、编制数控加工程序、进行数控加工。

② 加工图 6-11 所示阶梯轴零件。零件毛坯为 ϕ35mm 的棒料，材料为 45 钢。要求合理设计退刀槽的工艺，编程车削加工零件。

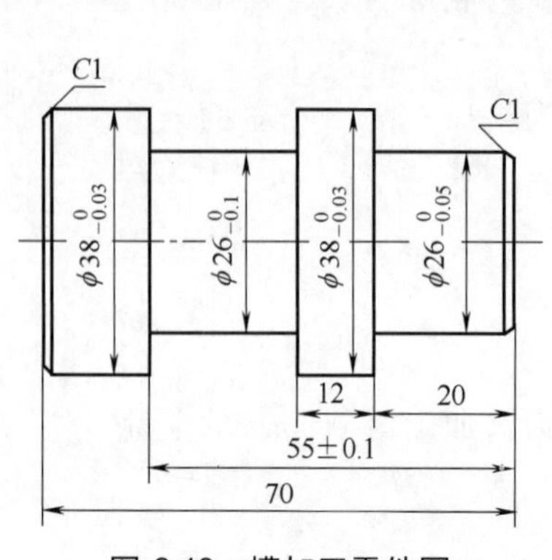

图 6-10　槽加工零件图

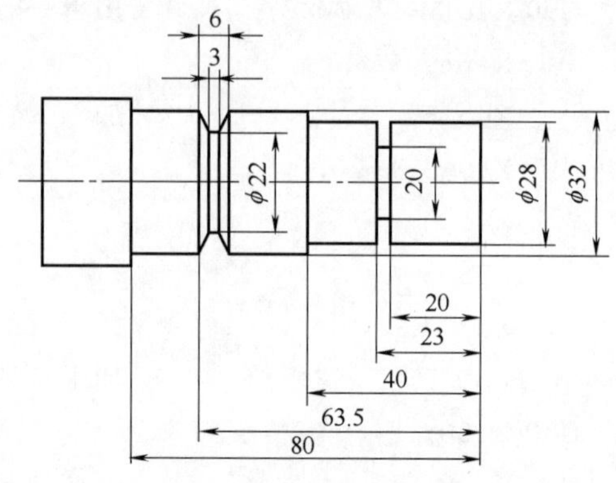

图 6-11　阶梯轴零件图

第三节　复杂外轮廓加工

圆锥加工和圆弧加工是机械加工的一个重要课题。如果锥度精度要求较高，或圆弧精度要求较高，那么如何能够顺利地保证精度，是加工中是一个比较难的问题。仅仅使用 G00、G01、G02/G03 指令编程有些烦琐，我们可以选择更加灵巧的指令——循环指令。循环指令中，指令的格式、代码、注意事项等有着严格的规定，不容随意变更，必须按照每个循环指令的要求进行编程。

例如，某厂需要加工小批量子弹头，图纸为图 6-12，毛坯为 45 钢（圆钢）。任务完成后提交成品件和工艺文件。

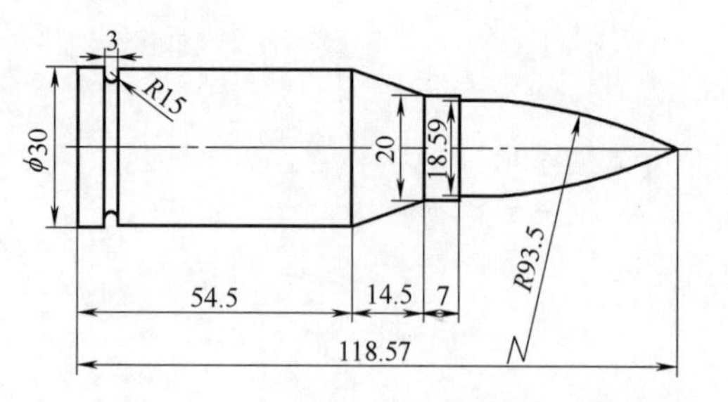

其余 $\sqrt{Ra\ 3.2}$

技术要求
1.不允许使用纱布或锉刀修正表面
2.未注倒角为C0.5
3.未标注公差为±0.07

图 6-12　子弹头零件图

一、工艺分析和制定工艺卡

零件结构工艺性分析：该零件图结构简单，外轮廓先进行粗、精加工，然后用成形 $R1.5$ 刀切圆弧槽。数控加工工序卡如表 6-5 所示，刀具调整卡如表 6-6 所示。

□ 表 6-5　数控加工工序卡

**********职业学院		零件名称	子弹头	零件号	1	
数控加工工序卡		材料	45 钢	程序号	1	
		夹具名称	三爪卡盘	使用设备	FANUC 0i 数控车床	
工序号	工序内容	刀具号	主轴转速 n /(r/min)	进给量 f /(mm/r)	背吃刀量 a_p/mm	备注
1	对刀	1	600	0.2		
2	粗车	1	800	0.2	1	
3	精车	2	1200	0.1	1	
4	切槽	3	600	0.06		
5	切断	3	600	0.06		

□ 表 6-6　数控加工刀具卡

**********职业学院		零件名称	子弹头		零件号	1
数控加工刀具卡		程序号	1		编制	
序号	刀具号	刀具名称	数量	刀尖半径/mm	补偿号	刀尖方位号
1	T01	粗车刀	1	0.4	01	3
2	T02	精车刀	1	0.2	02	3
3	T03	R1.5 的 3mm 切槽刀	1		03	
4	T04	切断刀	1			

二、编写加工程序

参考程序（FANUC 0i 系统）如下：

程序		说明
O0007;		程序名
N10 T0101;		调用 1 号刀和 1 号刀补
N20 G00 X100.0 Z100.0;		快速定位到(X100,Z100)位置
N30 M03 S600;		主轴正转,转速为 600r/min
N50 M08;		开冷却液
N40 G42 G00 X35.0 Z1.0;		快速靠近工件,准备加工,调用刀具右补偿
N60 G71 U1.0 R0.5;		外轮廓粗车 G71 复合循环,单边背吃刀量为 1.0mm,退刀量为 0.5mm
N70 G71 P80 Q150 U0.5 W0 F0.2;		调用的精加工程序段从 N80 至 N150,粗加工为精加工留下余量(X 方向 0.5mm,Z 方向 0.1mm)
N80 G00 X0;	精加工轮廓程序段群	第一段,用 G00 或 G01 指令
N90 G01 Z0 F0.05;		刀具走到(0,0)点
N100 G03 X18.59 Z-42.57 R93.5;		加工子弹头 R93.5mm 的圆弧面
N110 G01 X20;		抬刀至 ϕ20mm,准备加工台阶
N120 G01 W-7;		加工台阶,长度是 7mm
N130 W-14.5 X30;		加工圆锥面
N140 W-59.5;		加工 ϕ30mm 的圆柱面,长度多加工 5mm,为切断刀留下切断的位置
N150 G40 G00 X52;		退刀并取消刀具补偿
N190 G00 X100.0 Z100.0;		快速定位到换刀点
N200 T0202;		换为精车刀
N210 M03 S1200;		主轴正转,转速为 1200r/min

```
N220 G00 X35.0 Z1.0;              快速定位到循环始点
N230 G70 P80 Q150;                精加工
N240 G00 X100.0 Z100.0;           返回进刀始点
N260 M05 M09;                     停主轴及冷却液
N270 M00;                         程序暂停
N280 T0303;                       换为切槽刀
N290 M03 S400;                    主轴正转,转速为 400r/min
N300 G00 X35.0 Z-113.57;          快速接近加工部位
N305 M08;                         开冷却液
N310 G01 X27 F0.1;                刀具切深 3mm
N320 G01 X35;                     退刀
N330 G00 X100.0 Z100.0;           返回换刀点
N340 T0100;                       换回基准刀,取消刀补
N350 M05 M09;                     停主轴及冷却液
N360 M30;                         程序暂停
```

三、拓展练习

根据图 6-13 所示零件图，用复合循环编程指令 G71/G70 编程加工所示零件。

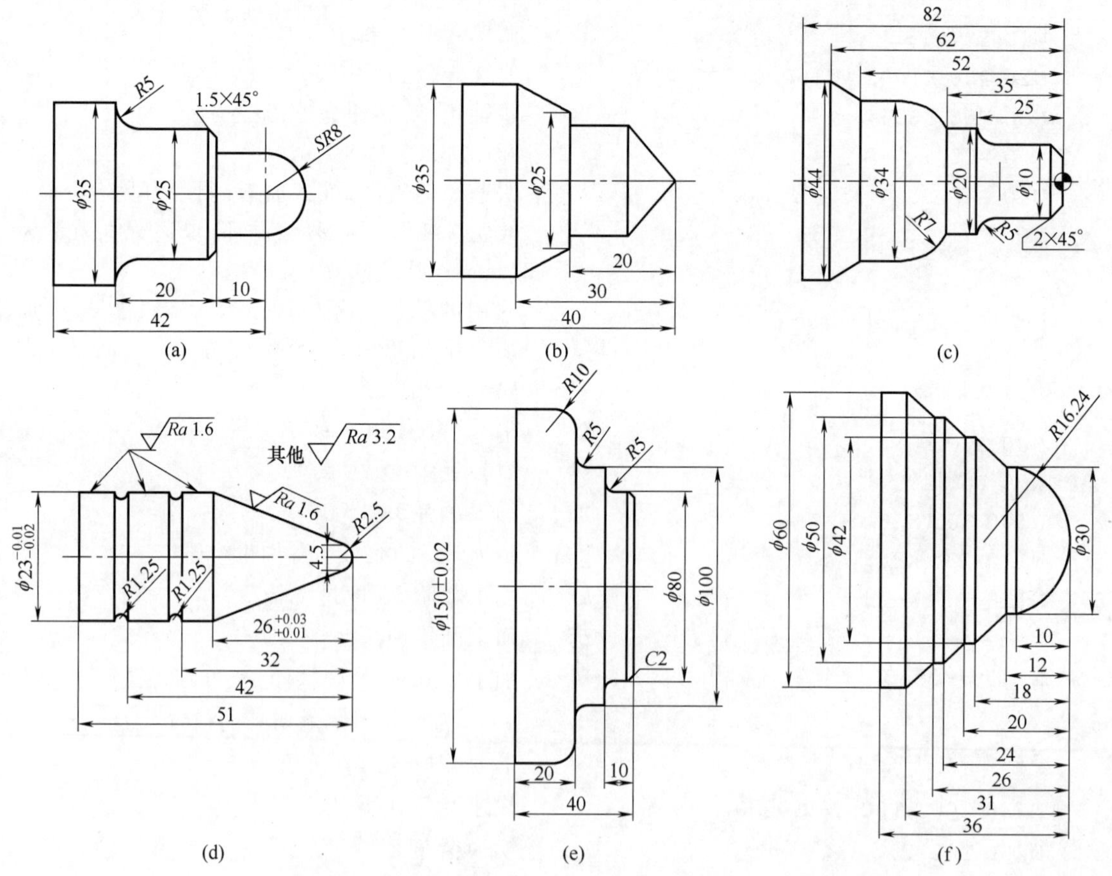

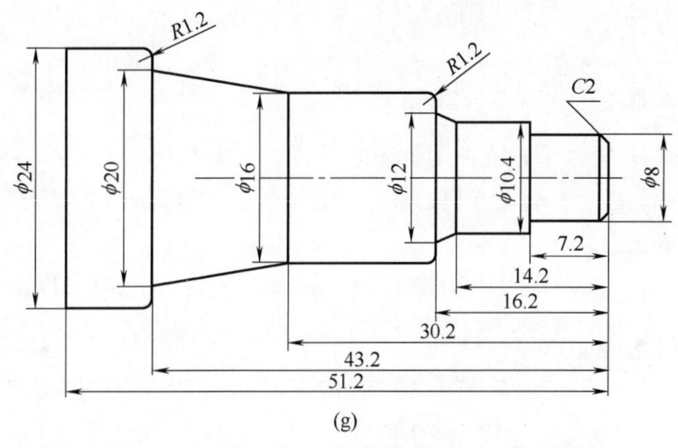

图 6-13　练习零件图

第四节　螺纹加工

如图 6-14 所示，螺纹零件外轮廓和退刀槽已经加工完成，材料为 45 钢，要求编程完成螺纹的数控加工。

一、工艺分析

① 选择刀具：90° 偏刀，刀具号 T0101；切槽刀，刀具号 T0202、刀宽 4.5mm、以左刀尖为刀位点；螺纹刀，刀具号 T0303。

② 加工路线如下：

用 90°偏刀粗车 M2×$L4$、M1×$L2$、$D1$×$L1$ 外圆，留 0.25mm 精车余量；

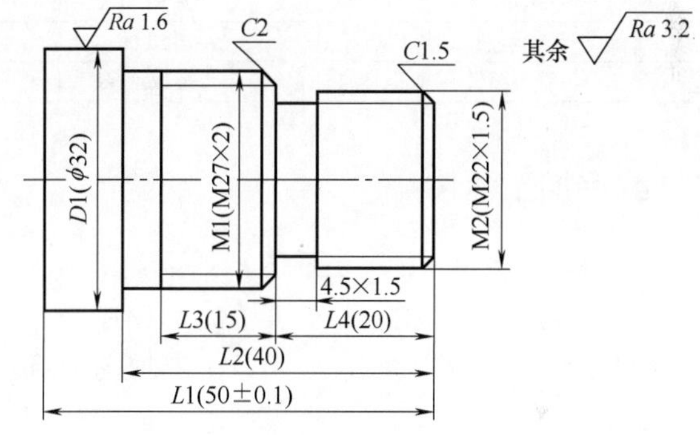

图 6-14　螺纹零件

用 90°偏刀精车右端倒角、M2×$L4$ 外圆、M1 端面及倒角、M1×$L2$ 外圆、$D1$×$L1$ 外圆达尺寸精度要求；

换切槽刀，切 4.5mm×1.5mm 窄槽；

换螺纹刀加工 M2、M1 螺纹；

换切槽刀切断。

③ 计算螺纹各部分尺寸。

M27×2 螺纹：

实际车削外圆柱面的直径：$d_{计}=d-0.1P=27-0.1\times2=26.8$（mm）；

螺纹实际牙型高度：$h_1=1.3$mm；

首次切削量：0.9mm；

螺纹实际小径：$d_1=d-1.3P=27-1.3\times2=24.4$（mm）；

进刀引入（加速段）长度：$\delta_1=4$mm。

M22×1.5 螺纹：

实际车削外圆柱面的直径：$d_{计}=d-0.1P=22-0.1\times1.5=21.85$（mm）；

螺纹加工分四刀切削，每次切削量分别为 0.8mm、0.5mm、0.5mm、0.15mm；

螺纹实际小径：$d_{1计}=d-1.3P=22-1.3\times1.5=20.05$（mm）；

进刀引入（加速段）长度：$\delta_1=3$mm；

退刀引出（减速段）长度：$\delta_2=2.5$mm。

④ 主轴转速的确定。主轴转速按规定计算后适当降低，$n\leqslant1200/P-K=1200/2-80=520$，取 400r/min。

⑤ 加工顺序的确定。先加工退刀槽后加工螺纹，最终得出的工序卡如表 6-7 所示。

表 6-7 螺纹零件数控加工工序卡

（厂名）		零件名称		阶梯轴		零件号	印章	
数控加工工序卡		材料		45 钢		程序号		
		夹具名称		三爪卡盘		使用设备	FANUC 0i 车床	
工序号	1	编制				车间	数控车间	
工步	工步内容	刀具名称		切削用量			量具	
		编号	名称	n /(r/min)	f /(mm/r)	a_p/mm	编号	名称
1	车端面	T0101	R0.5 外圆粗车刀	800	0.3	2	1	游标卡尺
2	粗车外圆	T0101	R0.5 外圆粗车刀	800	0.3	2	1	游标卡尺
3	精外圆	T0202	R0.2 外圆精车刀	1000	0.15	0.5	2	千分尺
4	车槽	T0303	3mm 切槽刀	450	0.15		1	游标卡尺
5	车螺纹	T0404	60°普通螺纹车刀	400			3	螺纹规

二、编写加工程序

参考程序（FANUC 0i 系统）如下：

```
N010 O0001;                     程序号
N020 G40 G97 G99;               取消刀具半径补偿、主轴恒转速、每转进给量
N030 T0101;                     调 1 号刀并建立以 1 号刀具为基准的零件坐标系
N040 M03 S800 F0.2;             主轴正转,转速为 800r/min
N050 M08;                       切削液开
N060 G00 X35.0 Z2.0;            快速走刀至循环切削起点
N070 G71 U1.5 R0.5;             调用外圆粗车复合循环 G71 指令
N080 G71 P90 Q170 U0.5 W0.05 F0.2;
N090 G42 G00 X19;                          第一段,用 G00 或 G01 指令,同时调用
                                           刀具补偿指令
N100 G01 X21.8 Z-1.5 F0.1;                 退刀至 φ20mm,准备加工台阶
N110 Z-20;                                 加工 φ22mm 台阶
N120 X23;                                  退刀至 φ23mm
N130 X26.8 Z-22;          精加工轮廓       加工 C2 倒角
N140 Z-40;                程序段群         加工 φ27mm 台阶
N150 X32;                                  退刀到 φ32mm
N160 Z-55;                                 加工 φ32mm 台阶,并为后续切断留
                                           下 5mm 位置
N170 G01 G40 X35.0;                        退刀
```

程序	说明
N180 G00 X200 Z100;	快速定位到安全点
N190 M09;	切削液关
N200 M05;	主轴停止
N210 T0202;	调用 2 号精车刀具
N220 M03 S1000 F0.12;	主轴正转,转速为 1000r/min
N230 M08;	切削液开
N240 G00 Z2.0;	快速接近工件
N250 G70 P90 Q170;	调用精加工循环指令 G70
N260 G00 X200 Z100;	快速定位到安全点
N270 M09;	切削液关
N280 M05;	主轴停止
N290 M00;	程序暂停
N300 T0303;	调用 3 号切槽刀具
N310 M03 S450 F0.05;	主轴正转,转速为 450r/min
N320 M08;	切削液开
N330 G00 X28 Z-20;	切槽刀快速接近工件的切槽地方
N340 G01 X19;	切槽至 ϕ19mm
N350 G04 P2000;	原地暂停修光 2s
N360 G01 X28;	退刀
N370 M09;	切削液关
N380 M05;	主轴停止
N390 G00 X200 Z100;	刀具退到安全点
N400 T0404;	调用 4 号螺纹刀
N410 M03 S400;	主轴正转,转速为 400r/min
N420 M08;	切削液开
N430 G00 X23 Z3;	螺纹刀快速接近工件,作为螺纹切削循环起始点
N440 G92 X21.2 Z-18 F1.5;	分层切削螺纹第一刀终点坐标(X21.2,Z-18.0)
N450 X20.7 Z-18;	第二刀终点坐标(X20.7,Z-18.0)
N460 X20.2 Z-18;	第三刀终点坐标(X20.2,Z-18.0)
N470 X20.05 Z-18;	第四刀终点坐标(X20.05,Z-18.0)
N480 X20.05 Z-18;	精车螺纹一刀,最后刀具回到循环起始点
N490 G00 X28 Z-18;	X 向退刀
N500 Z-16;	刀具定位到 Z-16,准备加工下一段螺纹
N510 G76 P021060 Q50 R0.1; N520 G76 X24.4 Z-35.0 P1300 Q450 F2.0;	G76 加工螺纹,重复精车 2 次,螺纹尾端倒角呈 45°退刀,牙型角 60°,螺纹最小切削深度(半径值)50μm,精车余量 0.1mm,螺纹第一次车削深度(半径值)450μm,

	导程 2mm,螺纹加工终点绝对坐标(X24.4, Z-35.0),螺纹的锥度值为 0,螺纹高度(半径值)1300μm
N530 G00 X200 Z100;	刀具退到安全点
N540 M09;	切削液关
N550 M05;	主轴停止
N560 T0303;	调用 3 号切断刀
N570 M03 S450 F0.05;	主轴正转,转速为 450r/min
N580 M08;	切削液开
N590 G00 X34 Z-54.4;	快速接近工件
N600 G01 X-1;	切断工件
N610 G00 X200 Z100;	退刀回换刀点
N620 M05;	主轴停转,取消刀补
N630 M30;	程序结束

三、拓展练习

根据图 6-15 所示零件图，编程加工所示零件。

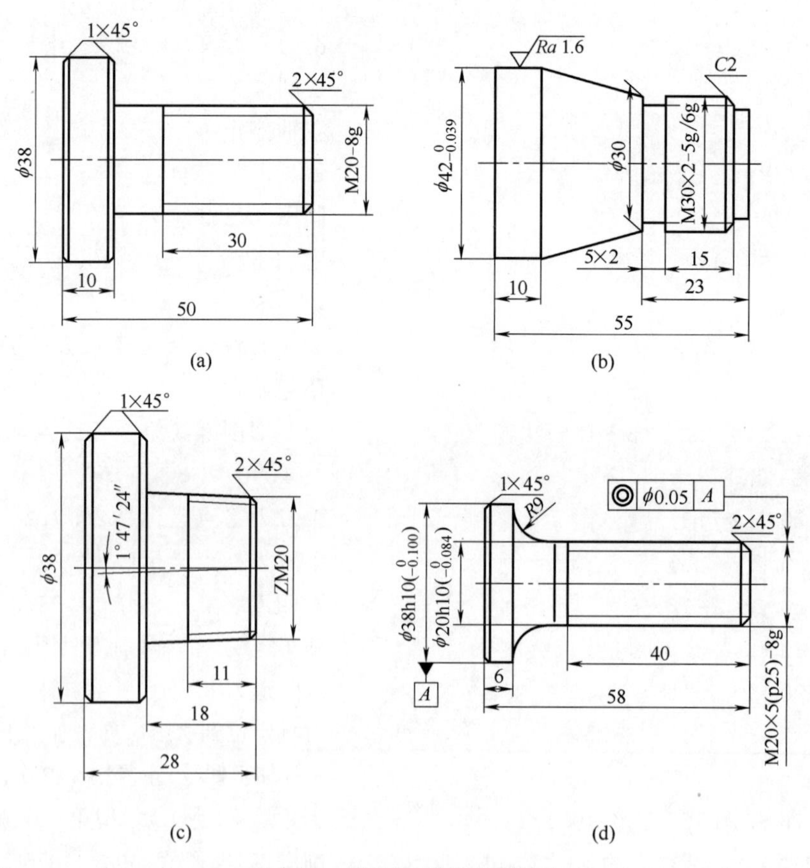

图 6-15 螺纹加工练习零件图

第五节　内腔和内套加工

如图 6-16 所示，轴套零件结构要素有内孔、内槽、内螺纹等。毛坯为外轮廓和端面都已经加工好的长度为 50mm 的棒料，材料为 45 钢，请完成零件的数控加工。

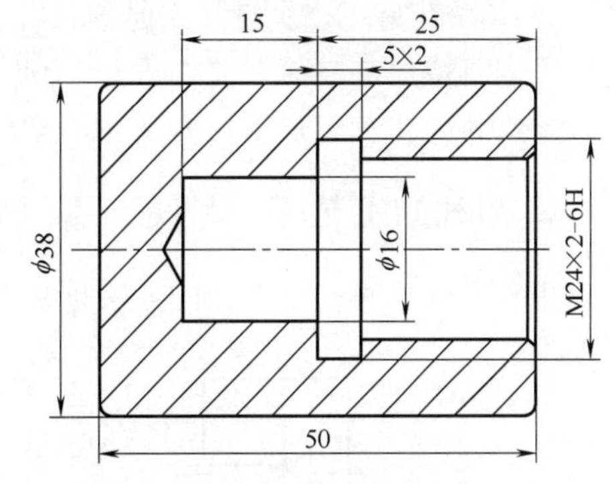

图 6-16　轴套零件图

在机械设备上有各种类似轴承套、齿轮及带轮等一些带内套及内腔的零件，因支撑、连接、配合的需要，一般都将它们做成带圆柱的孔、内锥、内沟槽或内螺纹等的结构。此类零件统称为内套、内腔类零件。

一、内孔车刀的选择和安装

车孔时，工件一般采用三爪自定心卡盘装夹；对于较大和较重的工件，可采用车爪单动卡盘装夹。加工直径较大、长度较短的工件（如盘类工件），必须找正外圆和端面。一般情况下先找正端面再找正外圆，如此反复几次，直至达到要求。

内孔车刀分为通孔车刀和盲孔车刀两种，如表 6-8 所示。

表 6-8　内孔车刀的种类

车刀类型	通孔车刀	盲孔车刀
图示		
几何形状	与 75°外圆车刀相似	与偏刀相似

1. 内孔车刀的安装方法

内孔车刀安装的正确与否，直接影响到车削情况及孔的精度，所以在安装时一定要注意：

① 刀尖应与工件中心等高或稍高。如果装得低于中心，由于切削抗力的作用，容易将刀柄压低而产生“扎刀”现象，并可能造成孔径扩大。

② 刀柄伸出刀架不宜过长，一般比加工孔长 5～6mm。

③ 刀柄基本平行于工件轴线，否则车削到一定深度时刀柄后半部分容易碰到工件孔口。

④ 盲孔车刀装夹时，内偏刀的主切削刃应与孔底平面成 3°～5°角，并且在车平面时要

求横向有足够的退刀余地。

2. 车孔的关键技术

① 车内孔关键是要解决内孔车刀的刚度问题，为了增加内孔车刀刚度，应该尽量增加刀柄的截面积，尽可能缩短刀柄的伸出长度。

② 车内孔另一个关键技术是解决排屑问题，主要是控制切屑流出方向。精加工孔时要求切屑流向待加工表面（前排屑），为此，采用正刃倾角的内孔车刀；加工盲孔时，应采用负刃倾角的内孔车刀，使切屑从孔口排出。

二、车削孔的工艺

孔的形状不同，车削孔的方法也有差异，见图 6-17。

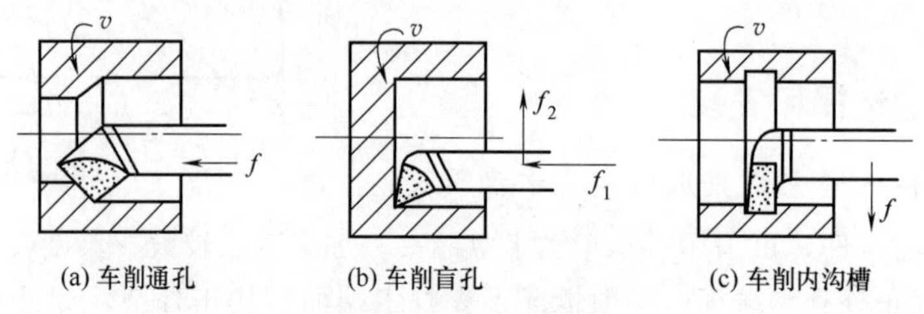

图 6-17　车削孔的方法

1. 车削通孔

① 孔的车削基本上与车外圆相同，只是进刀和退刀的方向相反。在粗车和精车时也要进行试切削，其横向进给量为径向余量的 1/2。当车刀纵向切削至 2mm 左右时，纵向快速退刀（横向不动），然后停车测试，若孔的尺寸不到位，则需要微量横向进刀后再次测试，直到符合要求，方可车出整个内孔表面。

② 加工时的切削用量要比车外圆时适当减小些，特别是车小孔或深孔时，其切削用量应更小。切削时，由于镗刀刀尖先切入工件，因此其受力较大，再加上刀尖本身强度差，所以容易碎裂；其次由于刀杆细长，在切削力的影响下，吃刀深了，容易弯曲振动。我们一般练习的孔径在 20～50mm 之间，切削用量可参照以下数据选择：

粗车：n 为 400～500r/min，f 为 0.2～0.3mm，a_p 为 1～3mm。

精车：n 为 600～800r/min；f 为 0.1mm 左右，a_p 为 0.3mm 左右。

2. 车削盲孔（平底孔）

车削盲孔时其内孔车刀的刀尖必须与工件旋转中心等高，否则不能将孔底车平。检验刀尖中心高的简便方法是车端面时进行对刀，若端面能车削至中心，则盲孔底面也能车平。

同时还必须保证盲孔车刀的刀尖至刀柄外侧的距离 a 应小于内孔半径 R，否则切削时刀尖还未车削到工件中心，刀柄外侧就已与孔壁上部相碰。

3. 车削内沟槽

（1）内沟槽车刀

内沟槽车刀和外沟槽车刀通常都叫作切槽刀。

内、外沟槽车刀的几何角度相同，只是内沟槽车刀的刀头根据所加工沟槽的截面形状的不同，有多种形状。安装内沟槽车刀和安装内孔车刀相似，刀尖高度应该等于或略高于工件中心，两侧副偏角必须对称。

（2）内沟槽车削方法

车削内沟槽的方法和车削内孔相同，只是车削内沟槽比车削内孔更困难，表现在以下方面：

① 刀杆直径或刀体直径尺寸比车削内孔时所用的尺寸要小，刚性更差，切削刃更长，因此，在切削时更容易产生振动。

② 排屑更困难。车削内沟槽的切削用量要比车削内孔时所用的低一些。

车床车削矩形或圆弧形内沟槽时，只需用一把和内沟槽截面形状相同的内沟槽车刀直接车出就可以了。但是，车削梯形内沟槽时，就要先用一把矩形切槽刀车出矩形槽，然后再用梯形切槽刀车削成形。

车床车削内沟槽时的尺寸控制方法和车削外沟槽时相同，主要是控制槽的宽度和轴向位置。

4. 车削阶梯孔

当通孔或盲孔中有内阶梯孔时的加工方法：

① 车削直径较小的阶梯孔时，由于观察困难且尺寸精度不易掌握，所以常采用粗、精车小孔，再粗、精车大孔的方法。

② 车削大直径阶梯孔时，在便于测量小孔尺寸而视线又不受影响的情况下，一般先粗车大孔和小孔，再精车小孔和大孔。

③ 车削孔径尺寸相差较大的阶梯孔时，最好采用主偏角 $\kappa_r<90°$（一般为 $85°\sim88°$）的车刀先粗车，然后再用内偏刀精车，直接用内偏刀车削时切削深度不可太大，否则刀刃易损坏。其原因是：刀尖处于刀刃的最前端，切削时刀尖先切入工件，因此其承受切削抗力最大，加上刀尖本来强度就差，所以容易碎裂；由于刀柄伸长，在轴向抗力的作用下，切削深度大容易产生振动和“扎刀”。

5. 工艺要求

① 内孔加工时，刀具伸出较长，刚度较低。因此加工时，在保证内孔加工长度的前提下，刀具伸出量越少越好。在保证刀具进入孔内正常加工的前提下，刀杆及刀头部分的尺寸尽量取大些，以增强刚度。在刀具头部尺寸小于内孔直径时，还需注意刀杆部分是否碰触零件内壁。同时对于切削用量的选择，如进给量和背吃刀量的选择较切削外轮廓时稍小。

在加工小孔零件时，由于车孔刀刀杆较细，径向力基本相同，刀杆变形也基本相同，不会对零件造成太大的误差，垂直方向虽然比较敏感，但实际加工也没必要计算。加工时，一般首先考虑采用一把刀具几组刀补的方法来编写，另外要尽量选用较短的内孔车刀，以提高刀杆的刚度。

刀具安装不正确（如刀尖与主轴旋转中心不等高）导致孔径偏差，这种误差会出现在车削阶梯内孔或孔径较小的零件中。这种误差可以通过重新调刀，让刀具刀尖的位置尽量和主轴旋转中心线保持一致来消除。

刀具的磨损也会造成加工误差，一般表现在刀具初磨损阶段和剧烈磨损阶段，这种误差只需在安装刀具前认真用磨石修磨刀具，并及时更换不能修复的刀具就可避免。

② 孔的各段孔径不同，造成刀具在切削不同段时的受力不同，导致孔径的偏差不同。在数控加工编程时，应考虑自动加工的方法，尽可能使各段孔径一致。

为减少夹紧力对套筒变形的影响，工艺上可以采取以下措施：改变夹紧力的方向，即将径向夹紧改为轴向夹紧，使夹紧力作用在零件刚度较强的部位；当需要径向夹紧时，为减小夹紧变形和使变形均匀，应尽可能使径向夹紧力沿圆周均匀分布，加工中可用过渡套或弹性套及扇形爪来满足要求；或者制造工艺凸边或工艺螺纹，以减小夹紧变形。

③ 当加工余量过大时，刀具的高速、连续切削使零件散热较慢，各段孔径的偏差相同，但冷至常温后，不同孔径的段收缩情况不同，从而导致不同的偏差。这种误差可以通过切削液来消除，同时粗、精加工应分开进行，使粗加工产生的热变形在精加工中得到纠正，并应严格控制精加工的切削用量，以减小零件加工时的变形。

内轮廓切削时切削液不易进入切削区域，切屑不易排出，切削温度可能会较高，因此镗深孔时可以采用工艺性退刀，以促进切屑排出。

④ 内轮廓加工工艺常采用“钻→粗镗→精镗”加工方式，孔径较小时也可采用手动方式或 MDI 模式下“钻→铰”方式加工。

大锥度锥孔表面加工可采用固定循环编程或子程序编程，一般直孔和小锥度锥孔可采用钻孔后镗削的方式加工。

零件精度较高时，按粗、精加工交替进行内、外轮廓切削，以保证形位精度。

三、工艺分析和编写程序

首先分析零件图，制定数控加工工艺。图 6-16 所示零件的数控加工工序卡见表 6-9，刀具调整卡见表 6-10。

表 6-9 轴套零件数控加工工序卡

**********职业学院	零件名称	轴套	零件号	1
数控加工工序卡	材料	45 钢	程序号	1
	夹具名称	三爪卡盘	使用设备	FANUC 0i 数控车床

工序号	工序内容	刀具号	主轴转速 n /(r/min)	进给量 f /(mm/r)	背吃刀量 a_p/mm	备注
1	底孔加工	1	300	0.3		
2	粗加工内孔	1	800	0.2	2	
3	精加工内孔	2	1200	0.1	2	
4	切槽	3	1000			
5	内螺纹加工	4	600	2	0.05～0.08	

安装号	加工工步安装简图	刀具简图	完成内容
1	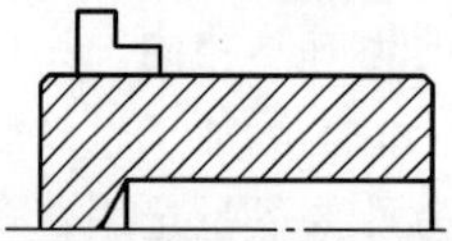		底孔加工
2	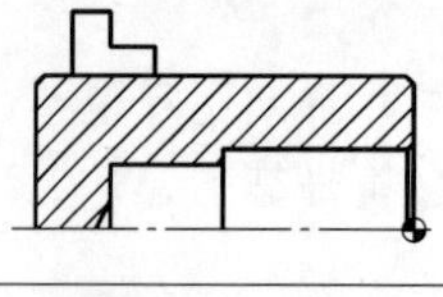		粗加工内孔
3	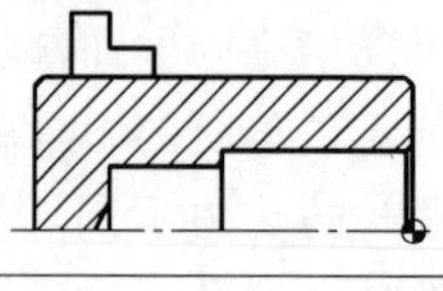		精加工内孔
4	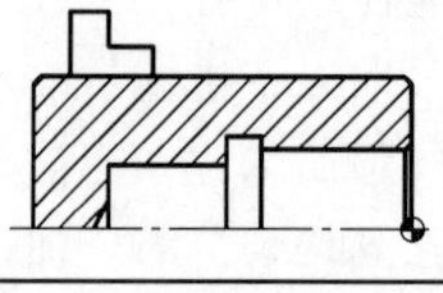		完成切槽加工

续表

安装号	加工工步安装简图	刀具简图	完成内容
5			内螺纹加工

□ 表 6-10　轴套零件刀具调整卡

＊＊＊＊＊＊＊＊＊＊职业学院		零件名称	轴套	零件号	1	
数控加工刀具卡		程序号	1	编制		
序号	刀具号	刀具名称	数量	刀尖半径/mm	补偿号	刀尖方位号
1	T01	内孔粗车刀	1	0.8	01	2
2	T02	内孔精车刀	1	0.2	02	2
3	T03	内沟槽刀	1	0.2	03	
4	T04	内螺纹刀	1	0.8		

车削孔轨迹安排一定要合理避免干涉。使用固定循环时要注意，循环起点的 $X \leqslant$ 钻孔直径。退刀过程中不能碰触工件，固定循环结束后先退 Z 轴。

内孔加工参考程序（FANUC 0i 系统）如下：

```
N010  O0001;                   内孔加工程序
N020  T0101;                   调用并建立以 1 号刀为基准的零件坐标系
N030  G00 X60 Z100;            将刀具移动到安全位置
N040  M03 S600;                主轴正转,转速为 600r/min
N050  G00 X12 Z1;              移动至内孔加工循环起点
N060  G71 U1 R0.5;             外轮廓粗车 G71 复合循环,单边背吃刀量 1.0mm,
                               退刀量 0.5mm
N070  G71 P80 Q140 U-0.4       调用的精加工程序段从 N80 至 N140,粗加工为精
      WZ0.05 F0.2;             加工留下余量(X 方向 0.4mm,Z 方向 0.05mm),切
                               削速度 0.2mm/r
N080  G00 X22.9;               刀具移动到(X25,Z1)准备倒角,这是精加工轮廓
                               起始行
N090  G01 Z0 F0.1;             以工进方式接触零件
N100  X21.9 Z-1;               倒角 1mm
N110  Z- 25;                   加工 φ21.9mm 螺纹底孔,长度 25mm
N120  X16;                     走刀到 φ16mm
N130  Z-40;                    加工 φ16mm 内孔,长度 15mm
N140  X12;                     退刀
N150  G00 Z100;                刀具先从孔底退出
N160  X100;                    刀具远离工件
N170  T0202;                   更换精加工刀具
N180  M03 S1200;               主轴正转,转速为 1200r/min
N190  G41 G00 X12 Z1;          快速接近工件
N200  G70 P80 Q140             精加工内轮廓
```

```
N210    G00 Z1;                将刀具退出零件
N220    G40 X60 Z100;          返回安全位置
N230    M05;                   主轴停转
N240    M30;                   程序结束
```

注意：内孔加工循环同外圆加工循环类似，但是有以下两点区别。

① G71 复合循环指令：G71 UΔd Re;

G71 Pns Qnf UΔu WΔw Ff Ss Tt;

其中 Δu 表示 X 方向的精加工余量，直径值，加工内孔时候为负。

② 循环起始点，加工内孔的时候在内部。

内切槽加工参考程序（FANUC 0i 系统）如下：

```
N010    O0002;                 内切槽加工程序
N020    T0303;                 调用并建立以 3 号刀具为基准的零件坐标系
N030    M03 S1000;             主轴正转,转速为 1000r/min
N040    G00 X18 Z1;            移动至内孔外沿
N050    Z-22;                  移动至内槽循环起点
N060    G94 X24 Z-22 F0.1;     切槽循环
N070    X24 Z-25;              切槽
N080    G00 Z1;                退出内孔
N090    X60 Z100;              返回安全点
N100    M05;                   主轴停转
N110    M30;                   程序结束
```

从以上程序可以看出：

① 内沟槽的车削方法与外沟槽的车削方法相似，对于宽度比较小的内沟槽，可以将内沟槽刀宽度磨成与槽宽相等，然后用直进法一次车削完成。对于宽度较大的内沟槽则采用排刀法分几次完成。

② 内槽加工是难点，主要原因是刀具刚性差，切削条件差。但一般内槽的加工精度要求不高，表面粗糙度要求也不高，所以其加工编程并不难。影响加工精度的主要因素是刀具的刃磨和对刀。

③ 用内槽刀排切时应有压刀和最后精车。

④ 由于内槽刀前端刀头悬出，其强度最差，因此应注意进给量要非常小，转速不要太高。

⑤ 内孔槽加工同内孔加工相同，在加工结束后要注意将刀具退到零件以外，以防发生碰撞。

⑥ 内槽加工同外槽加工类似，可以采用 G94、G01 加工指令。

内螺纹加工参考程序（FANUC 0i 系统）如下：

```
N010    O0004;                 内螺纹加工程序
N020    T0404;                 调用并建立以 4 号刀为基准的零件坐标系
N030    G00 X60 Z100;          将刀具移动到安全位置
N040    M03 S600;              主轴正转,转速为 600r/min
N050    G00 X20 Z5;            移动至内螺纹循环起点
N060    G92 X22.3 Z-22 F2;     螺纹加工第一次
```

```
N070    X22.9 Z-22;           螺纹加工第二次
N080    X23.5 Z-22;           螺纹加工第三次
N090    X23.9 Z-22;           螺纹加工第四次
N100    X24 Z-22;             螺纹加工第五次
N110    X24 Z-22;             精修螺纹
N120    G00 Z1;               退出零件表面
N130    X60 Z100;             返回安全点
N140    M5;                   主轴停转
```

注意：① 内螺纹加工同外螺纹加工方法完全相同，只是在加工外螺纹时 X 方向进给是由大到小，而内螺纹加工是由小到大。

② 内螺纹加工由于刀具受到刀杆直径的限制，容易变形和产生振动。在加工时进刀深度和转速不宜过大，在加工完成后同加工内孔一样要先退到零件外侧再返回安全点。

四、拓展练习

① 如图 6-18、图 6-19 所示，编写内腔、内螺纹零件的加工程序，并在计算机上进行模拟加工。图 6-18 所示零件毛坯尺寸为 ϕ42mm×60mm，图 6-19 所示零件毛坯尺寸为 ϕ80mm×40mm。

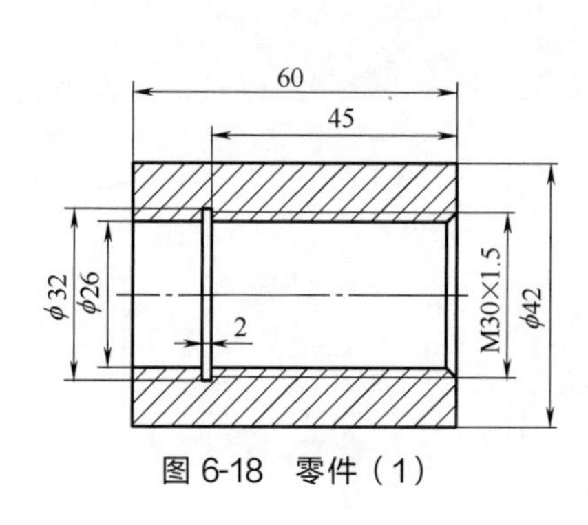

图 6-18 零件（1）

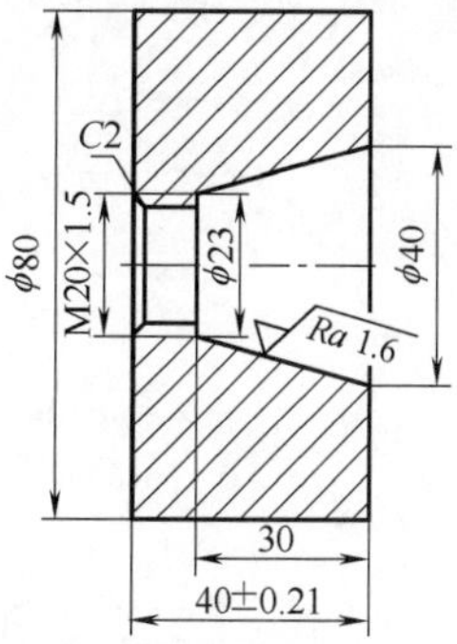

图 6-19 零件（2）

② 如图 6-20、图 6-21 所示，编写零件的内成形面及内螺纹加工程序，并在计算机上进

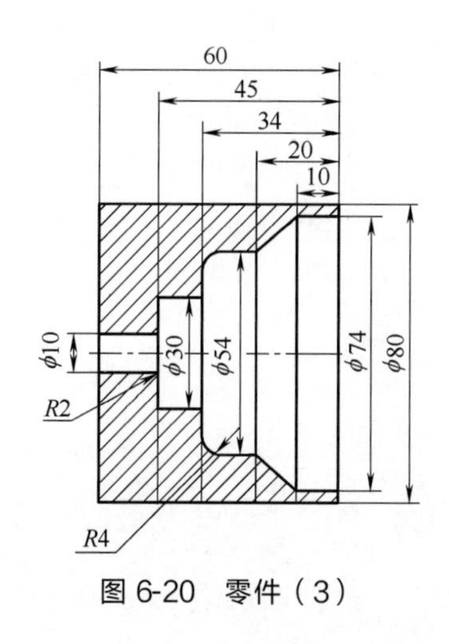

图 6-20 零件（3）

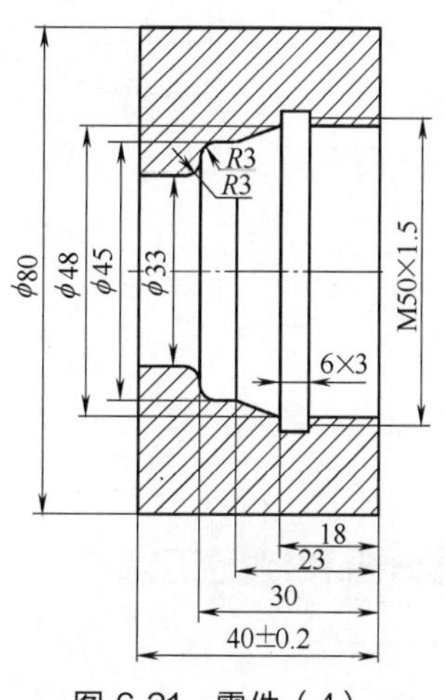

图 6-21 零件（4）

行模拟加工。图 6-20 所示零件毛坯尺寸为 ϕ80mm×60mm，图 6-21 所示零件毛坯尺寸为 ϕ80mm×40mm。

③ 如图 6-22、图 6-23 所示，编写零件的内腔、内螺纹加工程序，并在计算机上进行模拟加工。图 6-22 所示零件毛坯尺寸为 ϕ60mm×76mm，图 6-23 所示零件毛坯尺寸为 ϕ40mm×33mm。

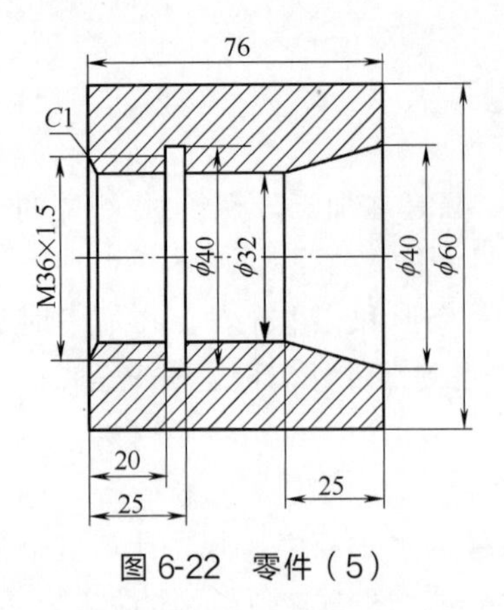

图 6-22　零件（5）

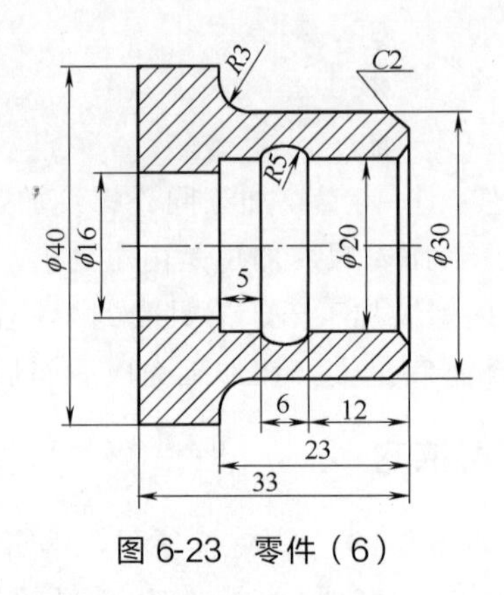

图 6-23　零件（6）

第六节　车削综合件

如图 6-24 所示，复杂零件具有内、外轮廓，零件毛坯为 ϕ40mm 的棒料，材料为 45 钢，请完成零件的数控加工。

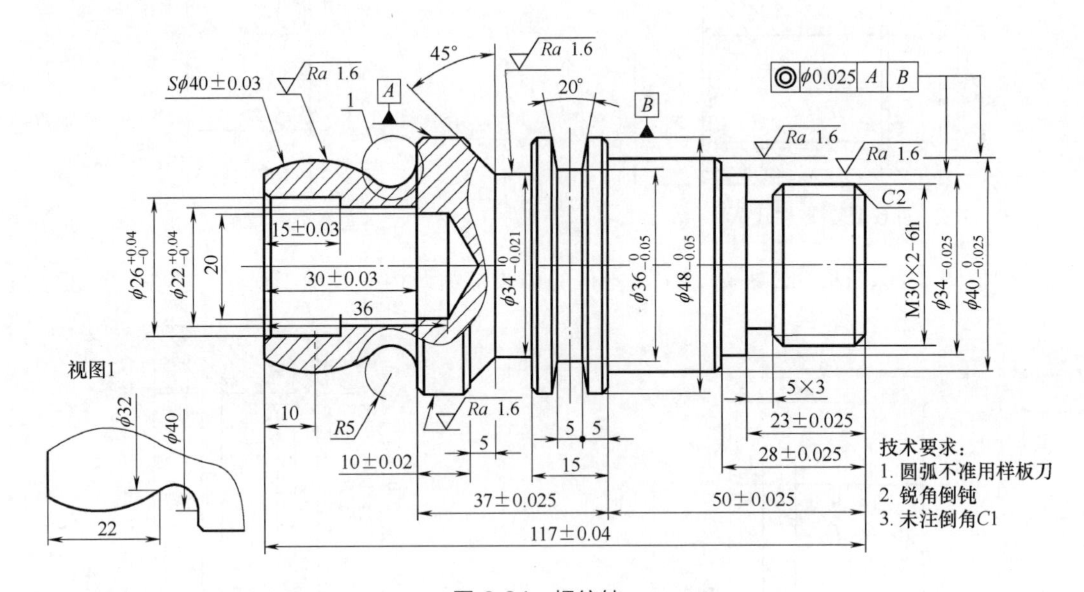

图 6-24　螺纹轴

一、工艺分析和制定工艺卡

（1）分析零件的结构工艺性

该零件为内、外轮廓都非常复杂的轴类零件，包含了三角螺纹加工、梯形槽加工、锥度槽加工、圆弧加工、阶梯内孔加工，还有较高的尺寸精度和位置精度要求。该零件的数控加工是一个全面提高和巩固我们车削能力的综合训练。

零件最小的尺寸误差是 0.02mm，粗糙度是 $Ra1.6\mu m$。加工工艺路线如下：粗车→半精车→精车。为了保证零件尺寸精度要求，对带有尺寸公差的尺寸编程时宜采用中间值编程。

外圆柱面表面粗糙度为 $Ra1.6mm$，球面也为 $Ra1.6mm$，为了满足端面和球面表面粗糙度要求，编程时应采用恒线速切削。

零件总长度要求为 117mm±0.04mm，无热处理和硬度要求。

(2) 零件装夹方式的确定

选用三爪卡盘夹持棒料，另外一头用顶尖装夹以提高装夹刚度。加工时，采取调头装夹，分别加工左右端。

先加工右端：装夹 ϕ50mm 毛坯，伸出卡盘 75mm，另一端用顶尖顶紧；粗、精加工 ϕ48mm、ϕ40mm 和 ϕ34mm 外圆和螺纹外圆；切削 20°梯形槽和退刀槽。

然后加工左端：拆下零件，利用铜片调头装夹 ϕ40mm 外圆，并使台阶尽量靠近卡盘端面；粗、精加工 ϕ48mm 外圆、$S\phi$40mm 球面、R5mm 圆弧和 45°锥度到图纸要求尺寸。最后加工 ϕ26mm、ϕ22mm 内孔。

(3) 刀具选择

根据轮廓形状及零件加工精度要求，粗车刀选择 90°外圆车刀（刀尖角为 45°），精车刀选择 93°外圆车刀（刀尖角为 35°），切槽刀选用 3mm 刀宽，加工内孔选用刀杆 ϕ12mm 的镗孔刀，另外再选择 60°螺纹刀一把。

(4) 零件加工工艺路线设计

用端面切削循环指令（G94）进行零件端面加工（平端面）；用 G71 指令进行零件左端形状的粗、精加工；零件调头，用端面切削循环指令（G94）加工零件右端面并保证零件全长；用 G73 指令进行球面端零件的粗、精加工。零件数控加工工序卡见表 6-11，刀具调整卡见表 6-12。

表 6-11 螺纹轴零件数控加工工序卡

(厂名)		零件名称		螺纹轴	零件号		印章
数控加工工序卡		材料		45 钢	程序号		
		夹具名称		三爪卡盘	使用设备		FANUC 0i 车床
工序号	1	编制			车间		数控车间
工步	工步内容	刀具名称		切削用量			量具
		编号	名称	n /(r/min)	f /(mm/r)	a_p /mm	
1	车右端面	T01	90°外圆车刀	800	0.2		游标卡尺
2	ϕ48、ϕ40 和 ϕ34 外圆和螺纹外圆粗加工	T01	90°外圆车刀	800	0.2		游标卡尺
3	ϕ48、ϕ40 和 ϕ34 外圆和螺纹外圆精加工，倒角	T02	90°外圆精车刀	1500	0.15		游标卡尺
4	加工螺纹	T04	螺纹车刀	400		0.5～0.1	螺纹规
5	切削 20°梯形槽和退刀槽	T03	切槽刀	300	0.1	3	公法线千分尺

续表

工步	工步内容	刀具名称		切削用量			量具
		编号	名称	n /(r/min)	f /(mm/r)	a_p /mm	
6	粗车右端外轮廓 $\phi48$ 外圆、$S\phi40$、$R5$ 圆弧和 45°锥度	T01	外圆粗车刀	800	0.2	2	游标卡尺
7	车右端外轮廓 $\phi48$ 外圆、$S\phi40$、$R5$ 圆弧和 45°锥度	T02	外圆精车刀	1200	0.1	0.5	游标卡尺
8	切锥度槽	T03	切槽刀	600	0.1	3	公法线千分尺
9	底孔加工		钻头	300			游标卡尺
10	粗加工内孔	T05	内孔粗车刀	800	0.2	2	游标卡尺
11	精加工内孔	T06	外孔精车刀	1200	0.1	2	游标卡尺

▣ 表 6-12 螺纹轴零件刀具调整卡

***********职业学院		零件名称	螺纹轴		零件号		1
数控加工刀具卡		程序号	1		编制		
序号	刀具号	刀具名称	数量	刀尖半径/mm		补偿号	刀尖方位号
1	T01	粗车刀(刀尖角 45°)	1	0.8		01	3
2	T02	精车刀(刀尖角 35°)	1	0.2		02	3
3	T03	切槽刀	1	0.2		03	
4	T04	螺纹刀	1	0.4		04	
5	T05	内孔车刀	1	0.8		05	2

二、编写加工程序

复杂型面加工参考程序（FANUC 0i 系统）如下：

```
N005   O0001;                    加工φ48、φ40和φ34外圆
N010   T0101;                    调用1号刀具和刀补
N020   G95 G00 X60 Z100;         将刀具移动到安全位置
N030   M03 S800;                 主轴正转,800r/min
N040   G00 X40 Z1;               将刀具移动至循环点
N050   G71 U2.5 R0.5;            G71粗加工循环
N060   G71  P70 Q170;            粗加工参数设定
       U0.4 W0.05 F0.2;
N070   G42 G00 X35;              精加工轮廓起始行
N080   G01 Z0 F0.1;              以工进方式接触零件
N090   X29.85 C2;                加工第一个端面并且倒角C2
N100   Z-23;                     车φ30外圆,长度为23mm
N110   X33.99 C0.3;              倒棱C0.3
N120   Z-28;                     加工φ34外圆
N130   X39.99 C1;                倒棱C1
N140   Z-50;                     加工φ40外圆
```

```
N150    X47.99 C1;             倒角 C1
N160    Z-70;                  加工 φ48 外圆
N170    G40 X50;               刀具退出零件
N180    G00 X60 Z100;          返回安全点
N190    T0202;                 调用 2 号精车刀具和刀补
N200    M03 S1500;             设定精加工转速
N210    G00 X40 Z1;            返回加工循环点
N220    G70 P70 Q170;          G70 指令进行精加工
N230    G00 X60 Z100;          返回安全点
N240    M05;                   主轴停转
N250    M30;                   程序结束
N260    O0002;                 切槽加工
N270    T0303;                 调用 3 号切槽刀具和刀补
N280    M03 S600;              主轴正转,600r/min
N290    G00 X31 Z-16;          将刀具移动至切槽位置
N300    G01 X30 F0.1;          工进移动至零件
N310    X26 Z-21;              倒角
N320    X24;                   切槽
N330    Z-23;                  加工槽底
N340    X36;                   加工退刀槽侧壁
N350    G00 X49;               移动刀具至零件外侧
N360    Z-60;                  移动至 20°梯形槽位置
N370    G01 X37 F0.1;          切梯形槽,双边留余量 1mm
N380    G00 X49;               退出零件表面
N390    Z-56.91;               右端面起点
N400    G01 X48 F0.1;          工进方式接近零件
N410    X35.975 Z-58;          加工梯形槽右端面
N420    Z-60;                  加工梯形槽槽底
N430    G00 X49;               退出零件表面
N440    Z-61.09;               左端面起点
N450    G01 X48 F0.1;          工进方式接近零件
N460    X35.975 Z-60;          加工梯形槽左端面
N470    G00 X49;               退出零件
N480    G00 X60 Z100;          返回安全点
N490    M05;                   主轴停转
N500    M30;                   程序结束
N510    O0003;                 螺纹加工
N520    T0404;                 调用 4 号螺纹刀具
N530    M03 S400;              主轴正转,400r/min
N540    G00 X31 Z6;            将刀具移动至循环点
```

```
N550    G92 X29.1 Z-16 F2;      螺纹加工循环第一层
N560    X28.5 Z-16;             加工第二层
N570    X27.9 Z-16;             加工第三层
N580    X27.5 Z-16;             加工第四层
N590    X27.4 Z-16;             加工第五层
N600    G00 X60 Z100;           返回安全点
N610    M05;                    主轴停转
N620    M30;                    程序结束
N630    O0004;                  调头加工
N640    T0101;                  调用 1 号粗车刀具
N650    M03 S800;               主轴正转,800r/min
N660    G00 X50 Z5;             将刀具移动至循环点
N670    G71 U2.5 R0.5;          G71 粗加工循环
N680    G71 P690 Q790 U0.4      粗加工参数设定
        W0.05 F0.2;
N690    G00 X25;                精加工轮廓起始行
N700    G42 G01 Z0 F0.1;        以工进方式接触零件
N710    X34.64;                 加工第一个端面
N720    G3 X32 Z-22 R20;        加工 Sϕ40 球面
N730    G2 X40 Z-30 R5;         加工 R5 圆角
N740    G01 X47.99 C1;          倒角
N750    Z-41;                   加工 ϕ48 外圆
N760    X33.99 Z-46;            粗加工 45°锥度
N770    Z-52;                   加工 ϕ34 外圆
N780    X48 C1;                 加工轴肩
N790    G40 X50;                将刀具退出零件
N800    G00 X60 Z100;           返回安全点
N810    T0202;                  调 2 号精加工刀具和刀补
N820    M03 S1500;              设定精加工转速
N830    G00 X40 Z1;             返回加工循环点
N840    G70 P690 Q790;          精加工
N850    G00 X60 Z100;           返回安全点
N860    M05;                    主轴停转
N870    M30;                    程序结束
N880    O0005;                  切槽加工
N890    T0303;                  调用 3 号刀具
N900    M03 S600;               主轴正转,600r/min
N910    G00 X49 Z-43;           快速移动至切槽点
N920    G01 X44 F0.1;           工进至锥度起点
N930    X33.99 Z-45;            加工锥度
```

```
N940    G00 X40;                将刀具退出零件
N950    G00 X60 Z100;           返回安全点
N960    M05;                    主轴停转
N970    M30;                    程序结束
N980    O0005;                  内孔加工
N990    T0505;                  调用 5 号内孔刀具和刀补
N1000   M03 S800;               主轴正转,800r/min
N1010   G00 X18 Z1;             将刀具移动至循环点
N1020   G71 U2.5 R0.5;          G71 粗加工循环
N1030   G71 P1040 Q1120         粗加工参数设定
        U-0.4 W0.05 F0.2;
N1040   G00 X29;                精加工轮廓起始行
N1050   G42 G01 Z0 F0.1;        以工进方式接触零件
N1060   X26.01 C1;              车第一个端面并且倒角 C1
N1070   Z-15;                   加工 φ26 孔,长度为 15mm
N1080   X22.01 C0.2;            倒棱 C0.2
N1090   Z-30;                   加工 φ22 孔,长度 15mm
N1100   X20 C0.2;               倒棱 C0.2
N1110   Z-36;                   加工 φ20 内孔,长度 6mm
N1120   G40 X18;                加工孔底
N1130   Z2;                     将刀具退出零件
N1140   G70 P1040 Q1120;        精加工
N1150   G00 X60 Z100;           返回安全点
N1160   M05;                    主轴停转
N1170   M30;                    程序结束
```

三、拓展练习

① 如图 6-25、图 6-26 所示，两零件的毛坯尺寸均为 ϕ50mm×155mm，试编写复合循环指令的粗、精车数控加工程序及螺纹数控加工程序，并在计算机上进行模拟加工。

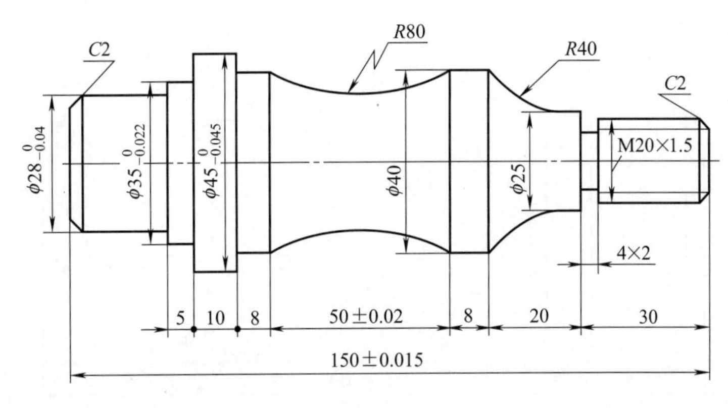

图 6-25 复杂零件（1）

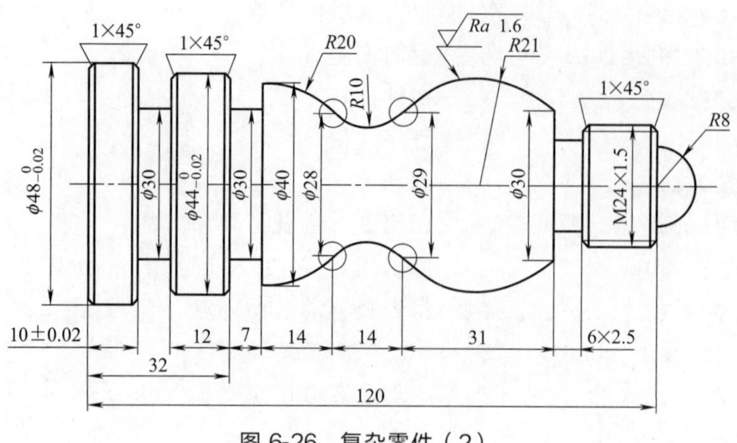

图 6-26　复杂零件（2）

② 如图 6-27 所示，零件毛坯尺寸为 ϕ40mm×150mm，所有未注倒角均为 C0.5。试编写复合循环指令的粗、精车数控加工程序及螺纹数控加工程序，并在计算机上进行模拟加工。

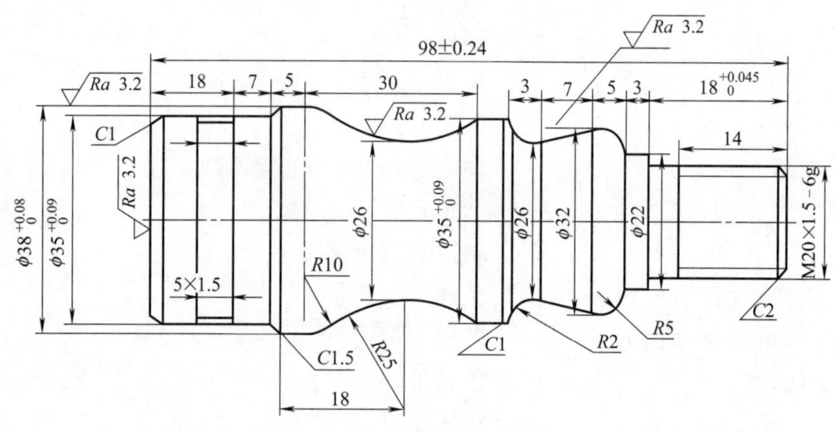

图 6-27　复杂零件（3）

③ 如图 6-28 所示，零件毛坯尺寸为 ϕ45mm×148mm，所有未注倒角均为 C0.4。试编写复合循环指令的粗、精车数控加工程序及螺纹数控加工程序，并在计算机上进行模拟加工。

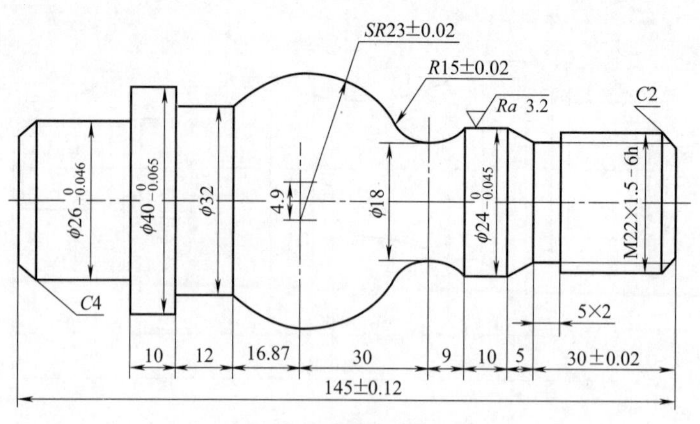

图 6-28　复杂零件（4）

④ 如图 6-29、图 6-30 所示，试编制复合轴零件数控加工的刀具卡片和工艺卡片，编写零件加工程序并完成零件加工。

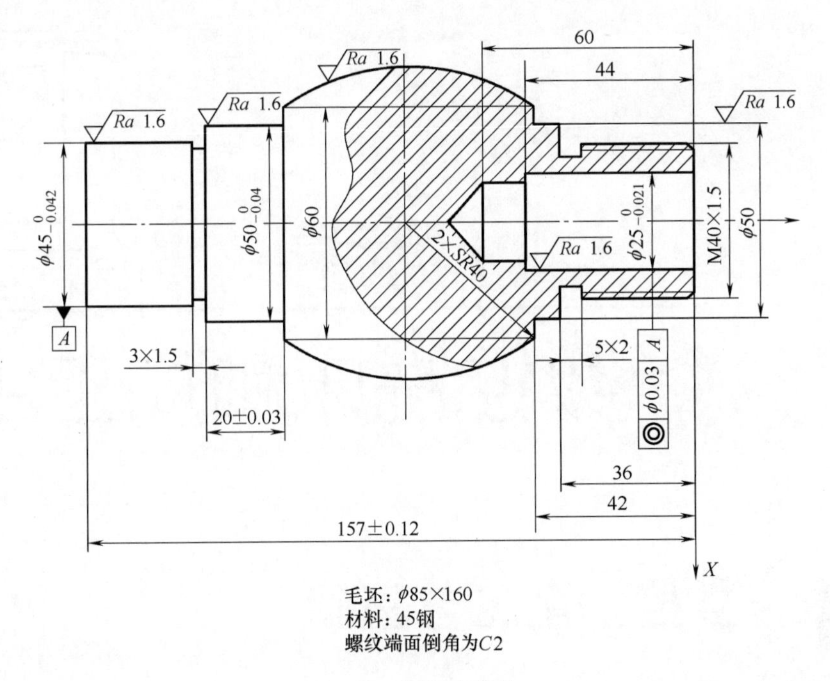

图 6-29　复合轴（1）

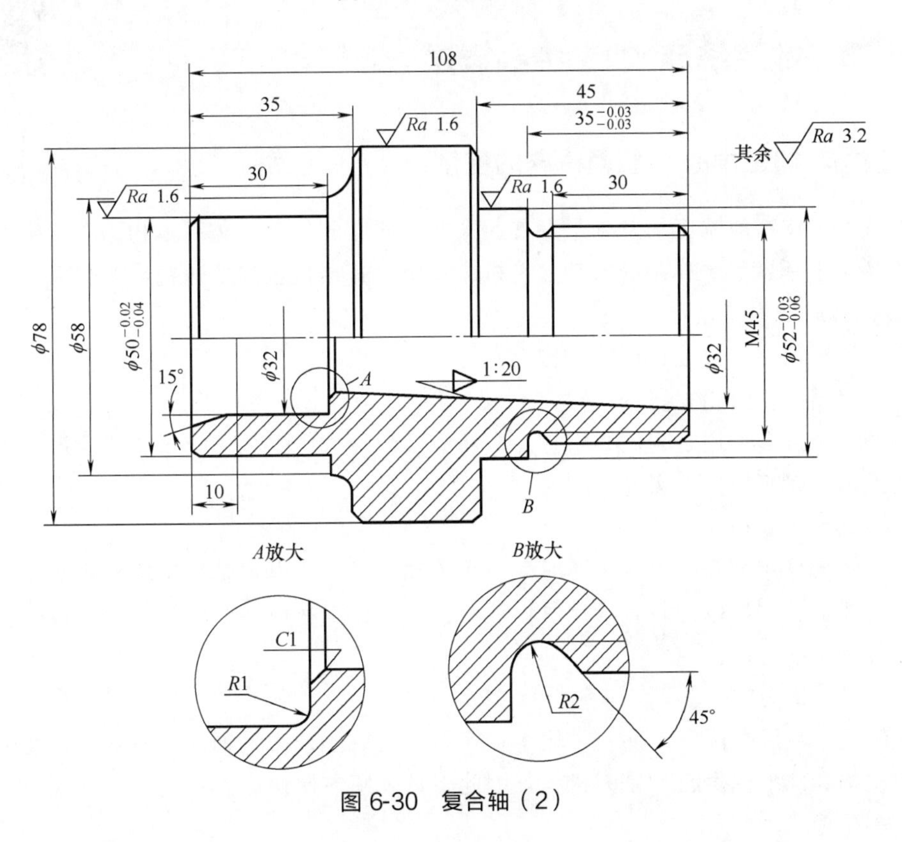

图 6-30　复合轴（2）

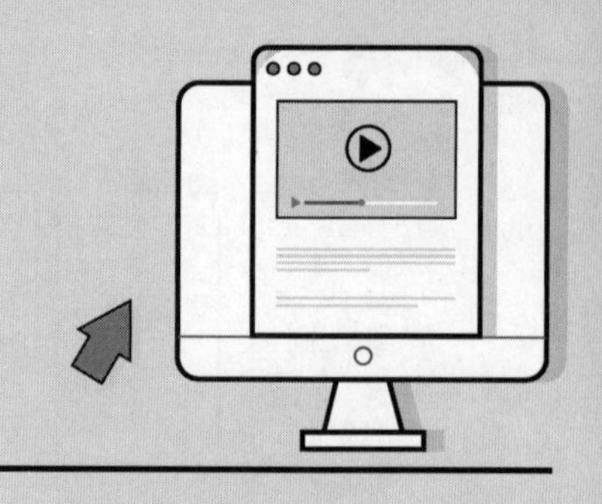

第三篇

数控铣床和加工中心

第七章 数控铣削工艺基础

第一节 数控铣床/加工中心概述

【视频 7-1 铣床/加工中心的概述】

一、数控铣床/加工中心与普通铣床的区别

数控铣床是在一般铣床的基础上发展起来的，两者的加工工艺基本相同，结构也有些相似，但数控铣床是靠程序控制的自动加工机床，所以其结构也与普通铣床有很大区别。

1. 数控铣床结构特点

与普通铣床相比，数控铣床在结构上具有以下特点。

(1) 半封闭或全封闭式防护

经济型数控铣多采用半封闭式防护。全功能型数控铣床会采用全封闭式防护，防止冷却液和切屑溅出，以确保操作者安全。

(2) 主轴无级变速

主传动系统采用伺服电机（高速时采用无传动方式——电主轴）运用变频调速技术实现主轴无级变速，且调速范围较宽。这既保证了良好的加工适应性，同时也为小直径铣刀工作提供了必要的切削速度。

(3) 刀具装卸方便

数控铣床虽然没有配备刀库，采用手动换刀，但数控铣床主轴部件通常配有液压或气压自动松刀机构和碟形弹簧自动紧刀机构，因此刀具装卸方便快捷。

(4) 多坐标联动

立式数控铣床至少配备三个坐标轴（即 X、Y、Z 三个直线运动坐标），通常可实现三轴联动，以完成平面轮廓及曲面的加工。大部分卧式数控铣床通常采用增加数控转盘或万能数控转盘来实现四、五个坐标轴加工，可实现五轴联动。

2. 数控铣床加工特点

数控铣削加工除了具有普通铣床加工的特点外，还有如下特点。

① 零件加工的适应性强、灵活性好，能加工轮廓形状特别复杂或难以控制尺寸的零件，如模具类零件、壳体类零件等。

② 能加工普通机床无法加工或很难加工的零件，如用数学模型描述的复杂曲线零件以及三维空间曲面类零件。

③ 能加工一次定位装夹后，需进行多道工序加工的零件。

④ 加工精度高、加工质量稳定可靠。数控加工避免了操作人员的操作误差，大大提高了同批工件尺寸的统一性。

⑤ 生产自动化程度高，可以减轻操作者的劳动强度，有利于生产管理自动化。

⑥ 生产效率高。

⑦ 对刀具的要求较高。从切削原理上讲，无论是端铣还是周铣都属于断续切削方式，因此，刀具应具有良好的抗冲击性、韧性和耐磨性。在干性切削状况下，还要求有良好的红硬性。

二、数控铣床/加工中心分类

数控铣床分为不带刀库和带刀库两大类。其中带刀库的数控铣床又称为加工中心。加工中心与数控铣床的最大区别在于加工中心具有自动交换加工刀具的能力，通过在刀库上安装不同用途的刀具，可在一次装夹中通过自动换刀装置改变主轴上的加工刀具，实现多种加工功能。它的综合加工能力较强，工件一次装夹后能完成较多的加工内容，加工精度较高。对于中等加工难度的工件批量加工，其效率是普通设备的5～10倍，特别是它能完成许多普通设备不能完成的加工，对形状较复杂、精度要求高的单件加工或中小批量多品种生产来说更为适用。

数控铣床/加工中心常见的分类方法有五种。

① 按主轴在空间所处的状态分为立式铣床/加工中心（见图7-1）和卧式铣床/加工中心（见图7-2）。

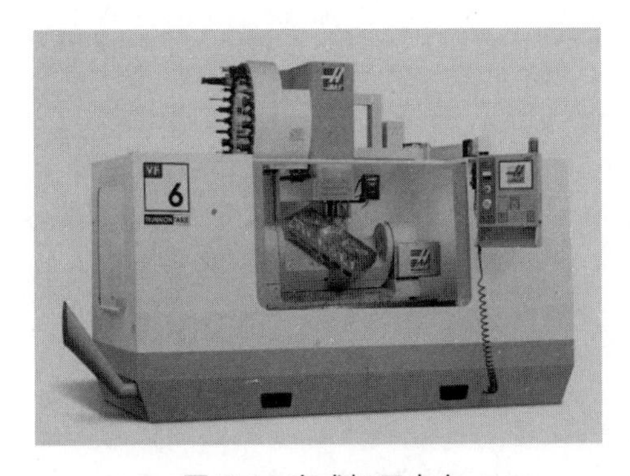

图7-1　立式加工中心

图7-2　卧式加工中心

立式铣床/加工中心主要特征是铣床主轴轴线与工作台台面垂直。因主轴按竖立方式布置，所以称为立式铣床/加工中心 。

铣削时，铣刀安装在与主轴相连接的刀轴上，随主轴做旋转运动；被切削零件装夹在工作台上，与铣刀做相对运动完成铣削。立式铣床/加工中心加工范围很广，通常在立式铣床上可以应用端铣刀、立铣刀、特形铣刀等，可铣削各种沟槽和外表面。另外，利用机床附件，如回转工作台、分度头，还可以加工圆弧、曲线外形、齿轮、螺旋槽、离合器零件等较复杂的零件。当生产批量较大时，在立式铣床上采用硬质合金刀具进行高速铣削，可以大大提高生产效率。

卧式铣床/加工中心主要特征是铣床主轴轴线与工作台台面平行。因主轴按横卧方式布置，所以称为卧式铣床/加工中心。

铣削时，将铣刀安装在与主轴相连接的刀轴上，铣刀随主轴做旋转运动；被加工零件安装在工作台台面上与铣刀做相对进给运动从而完成切削工作。

卧式铣床/加工中心加工范围很广，可以加工沟槽、平面、特形面、螺旋槽等。卧式万能铣床还带有较多附件，因而加工范围比较广，应用范围广泛。

② 按铣床/加工中心立柱的数量分，有单柱式和双柱式（龙门式）两种。

龙门铣床是无升降台铣床的一种类型，属于大型铣床。铣削动力装置安装在龙门导轨上，可做横向和升降运动；工作台安装在固定床身上，仅做纵向移动。龙门铣床根据铣削动力头的数量分，有单轴、双轴、四轴等多种形式。

如图 7-3 所示，龙门铣床铣削时，若同时安装多把铣刀，可铣削零件的多个表面，工作效率高，适宜加工大型箱体类零件表面，如机床床身表面等。

图 7-3　龙门铣床

③ 按加工中心运动坐标数和同时控制的坐标数分，有三轴二联动、三轴三联动、四轴三联动、五轴四联动、六轴五联动等。三轴、四轴是指加工中心具有的运动坐标数，联动是指控制系统可以同时控制运动的坐标数，从而实现刀具相对工件的位置和速度控制。

④ 按工作台的数量和功能分，有单工作台加工中心、双工作台加工中心和多工作台加工中心。

⑤ 按加工精度分，有普通加工中心和高精度加工中心。普通加工中心：分辨率为 1μm，最大进给速度为 15～25m/min，定位精度为 10μm 左右。高精度加工中心：分辨率为 0.1μm，最大进给速度为 15～100m/min，定位精度为 2μm 左右。定位精度介于 2～10μm 之间的，以±5μm 较多，可称精密级。

三、数控铣床与加工中心的组成

数控铣床是在一般铣床的基础上发展起来的，其结构与一般铣床有些相似，但也有很大区别。它一般由主轴部件、数控系统、主轴传动系统、进给伺服系统、冷却润滑系统等几大部分组成。如图 7-4 所示，加工中心还多了自动换刀装置。

（1）主轴部件

由主轴箱、主轴电机、主轴和主轴轴承等零件组成。主轴的启动、停止等动作和转速均由数控系统控制，并通过装在主轴上的刀具进行切削。主轴部件是切削加工的功率输出部件，是加工中心的关键部件，其结构的好坏，对加工中心的性能有很大的影响。

（2）进给伺服系统

进给伺服系统由进给电机、进给执行机构组成，按照程序设定的进给速度实现刀具和工件之间的相对运动，包括直线进给运动和旋转运动。

（3）数控系统

数控系统是数控机床运动控制的中心，执行数控加工程序，控制机床进行加工。它由CNC装置、可编程序控制器、伺服驱动装置以及电动机等部分组成，是加工中心执行顺序动作控制和控制加工过程的中心。

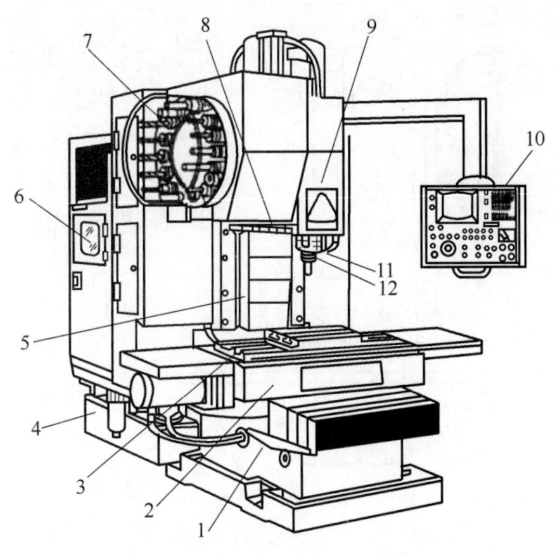

图7-4　立式加工中心结构图

1—床身；2—滑座；3—工作台；4—润滑油箱；5—立柱；6—数控柜；7—刀库；8—机械手；9—主轴箱；10—操纵面板；11—控制柜；12—主轴

（4）辅助装置

辅助装置包括液压、气动、润滑、冷却、排屑和防护等装置。

（5）机床基础件

由床身、立柱和工作台等大件组成，它们是加工中心结构中的基础部件。这些大件有铸铁件，也有焊接的钢结构件，它们要承受加工中心的静载荷以及在加工时的切削负载，因此必须具备更高的静、动刚度，也是加工中心中质量和体积最大的部件。

（6）自动换刀装置（ATC）

加工中心与一般数控铣床的显著区别是具有对零件进行多工序加工的能力，有一套自动换刀装置。刀具自动交换装置应能满足几个方面的要求：换刀时间短；刀具重复定位精度高；识刀、选刀可靠；换刀动作简单。

四、加工中心的刀库形式

加工中心具有多种多样的自动换刀方式，除利用刀库进行换刀外，还有自动更换主轴箱、自动更换刀库等方式。其中利用刀库实现换刀，是目前加工中心大量使用的换刀方式。由于有了刀库，机床只需要一个固定主轴夹持刀具，有利于提高主轴刚度。独立的刀库大大增加了刀具的储存数量，有利于扩大机床的功能，并能较好地隔离各种影响加工精度的因素。

加工中心上所需更换的刀具较多，从几把到几十把，甚至上百把，故通常采用刀库形式。由于加工中心上自动换刀次数比较频繁，故对自动换刀装置的技术要求十分严格。

带刀库的自动换刀系统的换刀装置由刀库、选刀机构、刀具交换机构及刀具在主轴上的自动装卸机构等四部分组成，应用广泛。刀库可装在机床的立柱上（如图7-5所示）、主轴箱上或工作台上。当刀库容量大及刀具较重时，也可装在机床之外，作为一个独立部件；当刀库远离主轴时，常常要附加运输装置，来完成刀库与主轴之间刀具的运输。

带刀库的自动换刀系统，整个换刀过程比较复杂，首先要把加工过程中要用的全部刀具分别安装在标准的刀柄上，在机外进行尺寸预调整后，插入刀库中。换刀时，根据选刀指令先在刀库上选刀，由刀具交换装置从刀库和主轴上取出刀具，进行刀具交换，然后将新刀具装入主轴，将用过的刀具放回刀库。这种换刀装置和转塔主轴头相比，由于机床主轴箱内只有一根主轴，在结构上可以增强主轴的刚度，有利于精密加工和重切削加工；可采用大容量的刀库，以实现复杂零件的多工序加工，从而提高了机床的适应性和加工效率，但换刀过程的动作较多，同时，影响换刀工作可靠性的因素也较多。

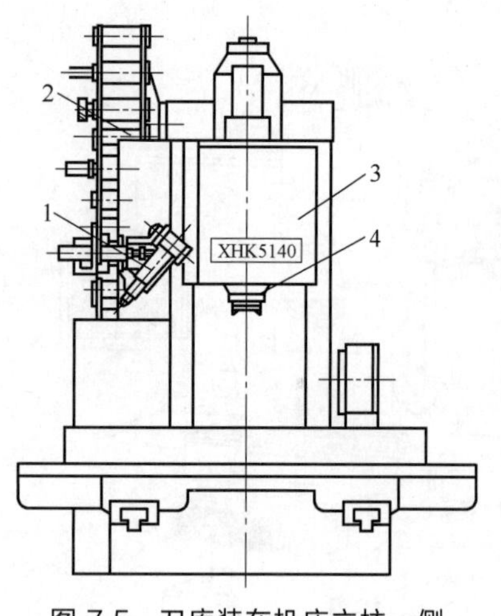

图 7-5 刀库装在机床立柱一侧

1—机械手；2—刀库；3—主轴箱；4—主轴

加工中心的刀库是用来储存加工刀具及辅助工具的，是自动换刀装置中最主要的部件之一。由于多数加工中心的取、送刀具位置都是在刀库中某一固定刀位，因此刀库还需要有使刀具运动的机构来保证换刀的可靠性。刀库中刀具的定位机构是用来保证要更换的每一把刀具或刀套都能准确地停在换刀位置上。一般采用电动机或液压系统为刀库转动提供动力。

根据刀库所需要的容量和取刀的方式，可以将刀库设计成多种形式。加工中心刀库的形式很多，结构也各不相同，最常用的有鼓盘式刀库、链式刀库和格子盒式刀库。

1. 鼓盘式刀库

鼓盘式刀库结构紧凑、简单，在钻削加工中心上应用较多，一般存放刀具不超过 32 把。在鼓盘式刀库中，刀具可以沿着轴向、径向、斜向放置，轴向安装最为紧凑。但为了换刀时刀具与主轴同向，有的刀库中的刀具需在换刀位置做 90°翻转。在刀库容量较大时，为了在存取方便的同时保持结构紧凑，可采取弹仓式结构。目前大量的刀库安装在机床立柱的顶面或侧面，在刀库容量较大时，也可安装在单独的地基上，以隔离刀库转动造成的振动。

鼓盘式刀库的刀具轴线与鼓盘轴线平行时，刀具环行排列，分径向、轴向两种取刀方式，其刀座结构不同。图 7-6（a）为径向取刀形式，图 7-6（b）为轴向取刀形式。这种鼓盘式刀库结构简单，应用较多，适用于刀库容量较小的情况。为增加刀库空间利用率，可采用双环或多环排列刀具的形式。但鼓盘直径增大，转动惯量就增加，选刀时间也较长。

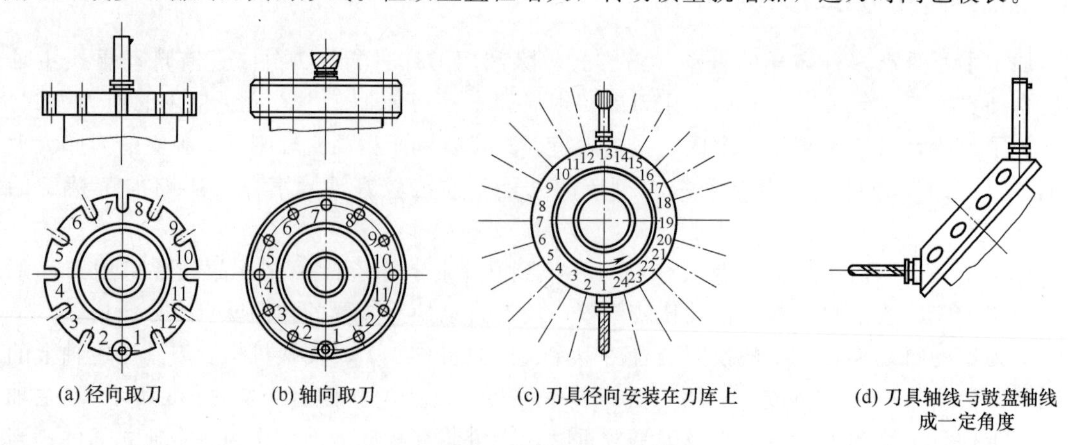

(a) 径向取刀　(b) 轴向取刀　(c) 刀具径向安装在刀库上　(d) 刀具轴线与鼓盘轴线成一定角度

图 7-6 鼓盘式刀库

图 7-6（c）所示为刀具径向安装在刀库上的结构，图 7-6（d）所示为刀具轴线与鼓盘轴线成一定角度布置的结构。

2. 链式刀库

链式刀库在环形链条上装有许多刀座，刀座的孔中装夹各种刀具，链条由链轮驱动。链式刀库通常刀具容量比鼓盘式的要大，结构也比较灵活和紧凑，适用于刀库容量较大的场合，常为轴向换刀。链条可根据机床的布局配置成各种形状，也可将换刀位置刀座突出以利于换刀。链式刀库有单环链式和多环链式等几种，如图 7-7（a）、（b）所示。当链条较长时，可以增加支撑链轮的数目，使链条折叠回绕，提高空间利用率，如图 7-7（c）所示。

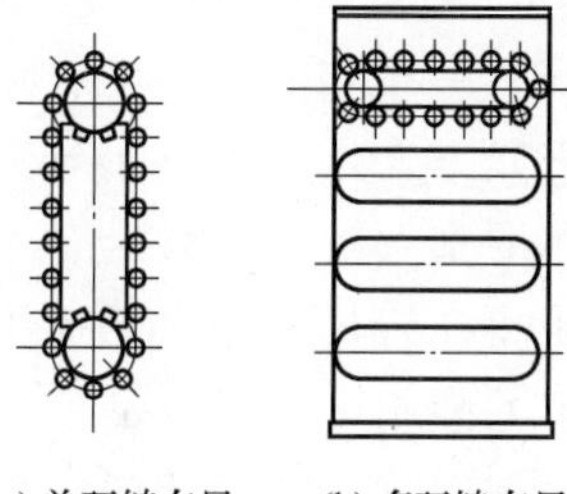

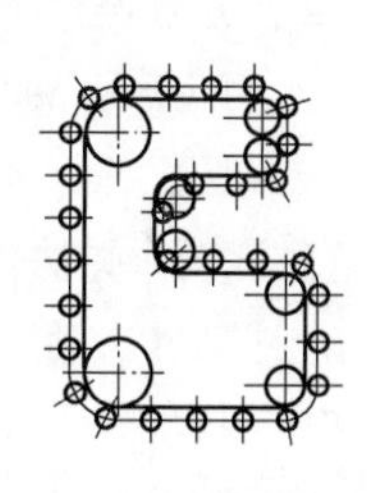

(a) 单环链布局　(b) 多环链布局　(c) 折叠环链布局

图 7-7　几种链式刀库

3. 格子盒式刀库

（1）固定型格子盒式刀库

图 7-8 所示为固定型格子盒式刀库。刀具分几排直线排列，由纵、横向移动的取刀机械手完成选刀运动，将选取的刀具送到固定的换刀位置刀座上，由换刀机械手交换刀具。由于刀具排列密集，空间利用率高，刀库容量大。

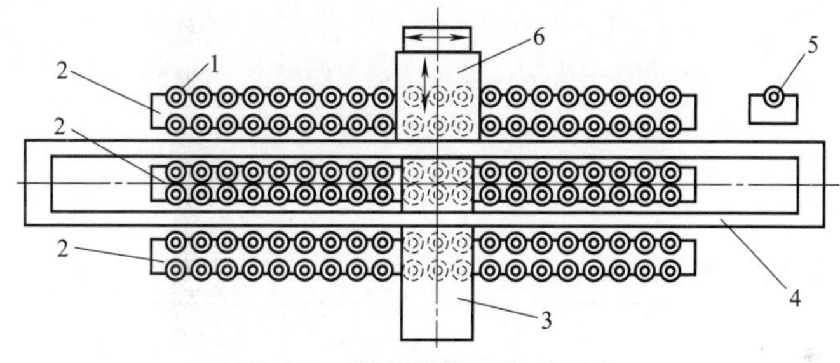

图 7-8　固定型格子盒式刀库

1—刀座；2—刀具固定板架；3—取刀机械手横向导轨；4—取刀机械手纵向导轨；5—换刀位置刀座；6—换刀机械手

（2）非固定型格子盒式刀库

图 7-9 所示为非固定型格子盒式刀库。可换主轴箱的加工中心刀库由多个刀匣组成，可直线运动，刀匣可以从刀库中垂直提出。

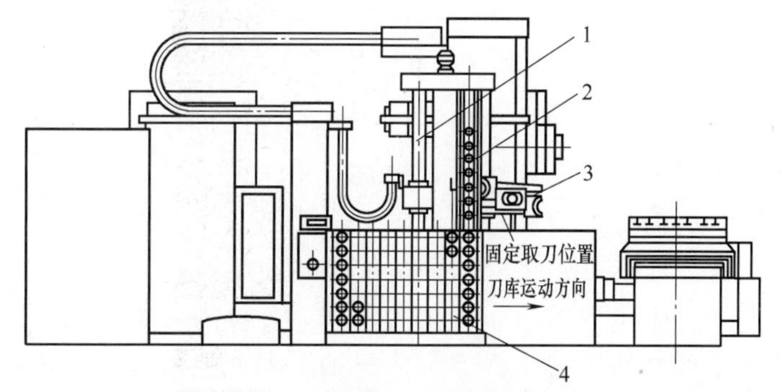

图 7-9　非固定型格子盒式刀库

1—导向柱；2—刀匣提升机构；3—机械手；4—格子盒式刀库

五、加工中心的刀库换刀方式

刀库换刀按换刀过程中有无机械手参与分为有机械手换刀和无机械手换刀两种情况。有机械手的系统在刀库配置、与主轴的相对位置及刀具数量上都比较灵活，换刀时间短。无机械手方式结构简单，只是换刀时间较长。

1. 无机械手换刀

无机械手交换刀具方式是利用刀库与机床主轴的相对运动来实现刀具交换，要么刀具库直接移到主轴位置，要么主轴直接移至刀具库。该换刀方式结构简单、紧凑，成本低，换刀的可靠性较高。由于交换刀具时机床不工作，所以不会影响加工精度，但会影响机床的生产率。其次，受刀库尺寸限制，装刀数量不能太多。这种换刀方式常用于小型加工中心。

XH754 型卧式加工中心就是采用这种换刀方式。图 7-10 所示为 XH754 型卧式加工中心换刀过程。

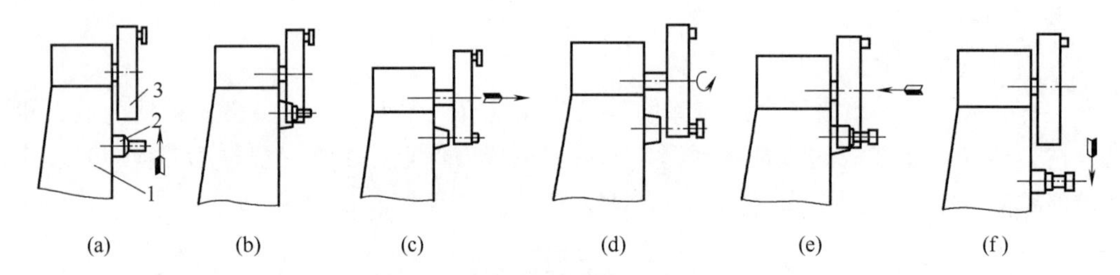

图 7-10 XH754 型卧式加工中心换刀过程

1—立柱；2—主轴箱；3—刀库

具体过程如表 7-1 所示。

表 7-1 无机械手加工中心的换刀过程

图号	动作内容
图 7-10(a)	主轴准停，主轴箱沿 Y 轴上升，装夹刀具的卡爪打开
图 7-10(b)	刀具定位卡爪钳住，主轴内刀杆自动夹紧装置放松刀具
图 7-10(c)	刀库伸出，从主轴锥孔中将刀拔出
图 7-10(d)	刀库转位，选好的刀具转到最下面位置；压缩空气将主轴锥孔吹净
图 7-10(e)	刀库退回，同时将新刀插入主轴锥孔；刀具夹紧装置将刀杆拉紧
图 7-10(f)	主轴下降到加工位置后启动，开始下一工步的加工

无机械手换刀方式中，刀库夹爪既起着刀套的作用，又起着手爪的作用。图 7-11 所示为无机械手换刀方式的刀库夹爪图。

2. 有机械手换刀

采用机械手进行刀具交换方式在加工中心中应用最为广泛。机械手是当主轴上的刀具完成一个工步后，把这一工步的刀具送回刀库，并把下一工步所需要的刀具从刀库中取出来装入主轴继续进行加工的功能部件。机械手换刀迅速可靠，准确协调。

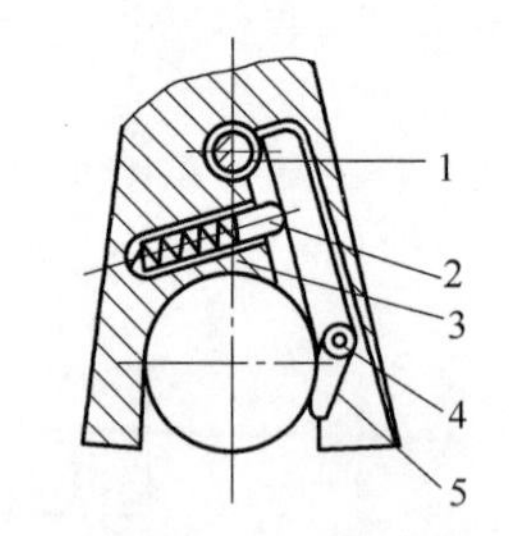

图 7-11 刀库夹爪

1—锁销；2—顶销；3—弹簧；4—支点轴；5—手爪

不同的加工中心的刀库与主轴的相对位置不同，各种加工中心所使用的换刀机械手的结构形式也是多种多样的，因此换刀运动也有所不同。下面以 TH65100 卧式镗铣加工中心为例说明采用机械手换刀的工作原理。

该机床采用的是链式刀库，位于机床立柱左侧。由于刀库中存放刀具的轴线与主轴的轴线垂直，故机械手需要有三个自由度。机械手沿主轴轴线的插拔刀动作由液压缸来实现；90°的摆动送刀运动及180°的换刀动作分别由液压马达实现。其换刀分解动作如图7-12所示。

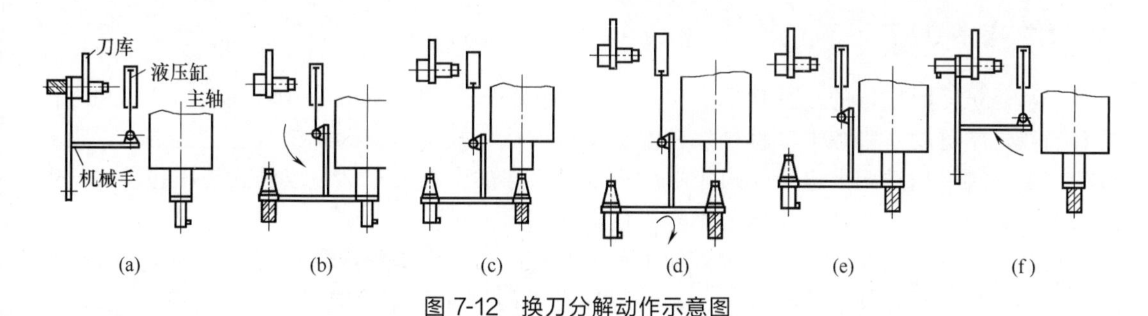

图7-12 换刀分解动作示意图

具体换刀过程如表7-2所示。

表7-2 换刀分解动作

图号	动作内容
图7-12(a)	抓刀爪伸出抓住刀库上的待换刀具，刀库刀座上的锁板拉开
图7-12(b)	机械手带着待换刀具逆时针方向转90°，另一抓刀爪抓住主轴上的刀具，主轴将刀杆松开
图7-12(c)	机械手前移，将刀具从主轴锥孔内拔出
图7-12(d)	机械手后退，将新刀具装入主轴，主轴将刀具锁住
图7-12(e)	抓刀爪缩回，松开主轴上的刀具；机械手顺时针转90°，将刀具放回刀库的相应刀座上，刀库上的锁板合上
图7-12(f)	抓刀爪缩回，松开刀库上的刀具，恢复到原始位置

3. 带刀套机械手换刀

VP1050换刀机械手如图7-13所示。套筒1由气缸带动做垂直方向运动，实现对刀库中刀具的抓刀，滑座2由气缸作用在两条圆柱导轨上水平移动，用于将刀库刀夹上的刀具（或换刀臂上的刀具）移到换刀臂上（或刀库刀夹上）。换刀臂可以上升、下降及180°旋转，实现主轴换刀。换刀臂的上下运动由气缸实现，回转运动由齿轮齿条机构实现。换刀过程如下。

（1）取刀

套筒1下降（套进刀把）→滑座2前移至换刀臂（将刀具从刀库中移到换刀臂）→换刀臂3刀号更新（换刀臂的刀号登记为刀链的刀号，此过程在数控系统内部由PLC程序完成，用于刀库的自动管理）→套筒1上升（套筒脱离刀把）→滑座2移进刀库（恢复初始预备状态）。

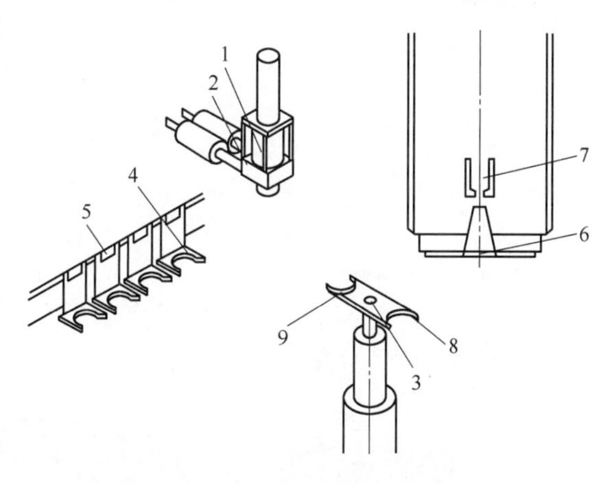

图7-13 VP1050换刀机械手原理

1—套筒；2—滑座；3—换刀臂；4—弹簧刀夹；5—刀号；6—主轴；7—主轴抓刀爪；8—换刀臂外侧爪；9—换刀臂内侧爪

（2）换刀

主轴6运动至还（换）刀参考点（运动顺序为先Z轴，后X轴，将刀柄送入换刀臂外侧爪)→主轴抓刀爪7松开→换刀臂3下降（从主轴上取下刀具）→换刀臂3旋转（刀具转至刀库侧)→换刀臂3上升（换刀臂刀爪与刀库刀爪对齐)→滑座2前移（套筒1对正刀柄)→套筒1下降（套进刀柄)→滑座2移进刀库（刀具从换刀臂移进刀库)→换刀臂刀号设置为0（换刀臂刀号为空白，由数控系统PLC完成)→套筒上升（脱离刀把)→换刀完成。

六、数控铣削对象

铣削是被广泛应用的一种切削加工方法，是在铣床上利用铣刀的旋转（主运动）和零件的移动（进给运动）来加工零件的。铣削加工可以在卧式铣床、立式铣床、龙门铣床、工具铣床以及各种专用铣床上进行，对于单件小批量生产的中小型零件，以卧式铣床和立式铣床最为常用。在切削加工中，铣床的工作量仅次于车床。

铣削加工的范围比较广泛，可以加工平面、台阶面、沟槽和成形面等，如图7-14所示，此外，还可以进行孔加工和分度工作。铣削后平面的尺寸公差等级可达IT9～IT6，表面粗糙度可达 Ra 3.2～Ra 1.6μm。

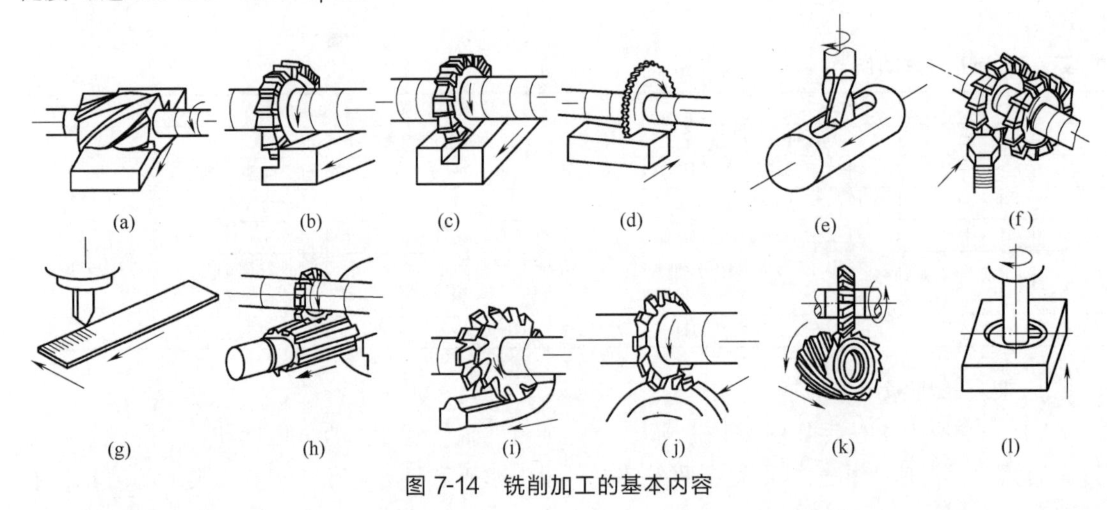

图7-14　铣削加工的基本内容

数控铣削主要适用于下列几类零件的加工。

1. 平面类零件

平面类零件是指加工面平行或垂直于水平面，以及加工面与水平面的夹角为一定值的零件，这类加工面可展开为平面。

如图7-15所示，三个零件均为平面类零件。其中，曲线轮廓面 A 垂直于水平面，可采用圆柱立铣刀加工。凸台侧面 B 与水平面成一定角度，这类加工面可以采用专用的角度成形铣刀来加工。对于斜面 C，当零件尺寸不大时，可用斜板垫平后加工；当零件尺寸很大，斜面坡度又较小时，也常用行切加工法加工，这时会在加工面上留下进刀时的刀锋残留痕迹，最后可钳工修理清除。

(a) 轮廓面A　(b) 轮廓面B　(c) 轮廓面C

图7-15　平面类零件

2. 直纹曲面类零件

直纹曲面类零件是指由直线依某种规律移动所产生的曲面类零件。如图 7-16 所示，零件的加工面就是一种直纹曲面，当直纹曲面从截面 A 至截面 B 变化时，其与水平面间的夹角从 3°10′均匀变化为 2°32′，从截面 B 到截面 C 时，又均匀变化为 1°20′，最后到截面 D，斜角均匀变化为 0°。直纹曲面类零件的加工面不能展开为平面。

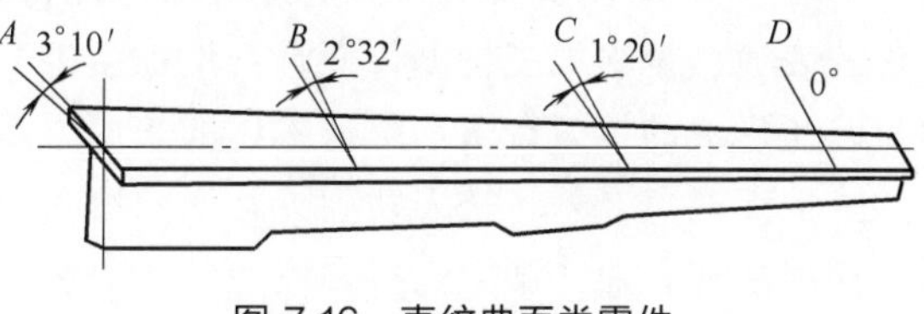

图 7-16　直纹曲面类零件

当采用四坐标或五坐标数控铣床加工直纹曲面类零件时，加工面与铣刀圆周接触的瞬间为一条直线。这类零件也可在三坐标数控铣床上采用行切加工法实现近似加工。

3. 立体曲面类零件

加工面为空间曲面的零件称为立体曲面类零件。这类零件的加工面不能展成平面，一般使用球头铣刀切削，加工面与铣刀始终为点接触，若采用其他刀具加工，易于产生干涉而铣伤邻近表面。加工立体曲面类零件一般使用三坐标数控铣床，采用以下两种加工方法。

（1）行切加工

采用三坐标数控铣床进行两轴半坐标控制加工，即行切加工法。如图 7-17 所示，球头铣刀沿 XZ 平面的曲线进行直线插补加工，当一段曲线加工完后，沿 Y 方向进给 ΔY，再加工相邻的另一曲线，如此依次用平面曲线来逼近整个曲面。相邻两曲线间的距离 ΔY 应根据表面粗糙度的要求及球头铣刀的半径选取。球头铣刀的球头半径应尽可能选得大一些，以增加刀具刚度，提高散热性，降低表面粗糙度值。加工凹圆弧时的铣刀球头半径必须小于被加工曲面的最小曲率半径。

（2）三坐标联动加工

采用三坐标数控铣床三轴联动加工，即进行空间直线插补。如图 7-18 所示，半球形零件可用行切加工法加工，也可用三坐标联动的方法加工。这时，数控铣床用 X、Y、Z 三坐标联动的空间直线插补，实现球面加工。

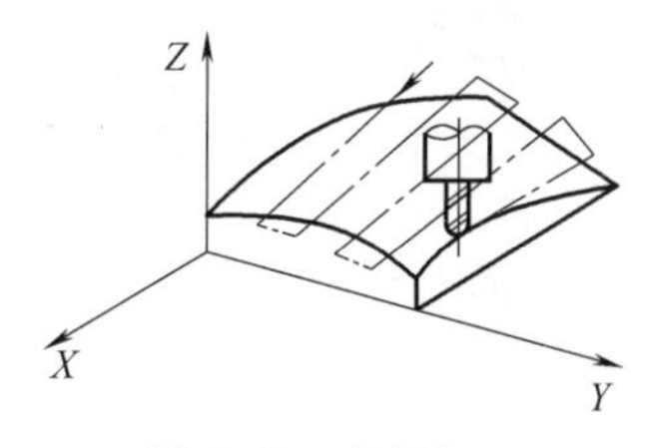

图 7-17　行切加工

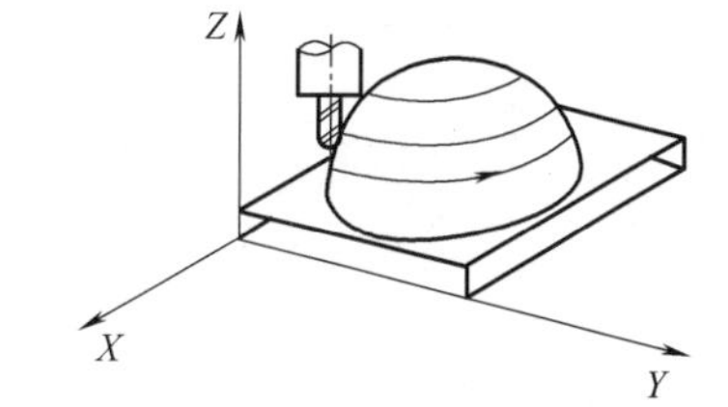

图 7-18　三坐标联动加工

第二节　铣削刀具

【视频 7-2　常用铣削刀具和选择技巧】

数控铣床上所采用的刀具要根据被加工零件的材料、几何形状、表面质量要求、热处理状态、切削性能及加工余量等，选择刚性好、耐用度高的刀具。

① 铣刀刚性要好。在数控铣削加工中，一是大切削用量可提高生产

效率，二是数控铣床加工过程中难以调整切削用量。因此，在数控铣削中，因铣刀刚性较差而断刀并造成零件损失的事例是常有的，所以注意提高数控铣刀的刚性是很重要的。

② 铣刀耐用度要高。当一把铣刀加工的内容很多时，如果刀具磨损较快，不仅会影响零件的表面质量和加工精度，而且会增加换刀与对刀次数，从而导致零件加工表面留下因对刀误差而形成的接刀台阶，降低零件的表面质量。

除上述两点之外，铣刀切削刃几何角度参数的选择与排屑性能好也非常重要，切屑黏刀形成积屑瘤在数控铣削中是必须避免的。总之，根据被加工零件材料的热处理状态、切削性能及加工余量，选择刚性好、耐用度高的铣刀，是充分发挥数控铣床生产效率并获得满意加工质量的前提条件。

一、常用的铣削刀具

常见的数控铣削刀具有面铣刀、立铣刀、球头铣刀、环形铣刀、鼓形铣刀、锥形铣刀、键槽铣刀和模具铣刀等。

1. 面铣刀

如图 7-19 所示，面铣刀圆周方向切削刃为主切削刃，端部切削刃为副切削刃。面铣刀多制成套式镶齿结构，刀刃为高速钢或硬质合金，刀体为 40Cr。高速钢面铣刀直径 d＝80～250mm，螺旋角 β＝10°，刀齿数 Z＝10～26。

硬质合金面铣刀的铣削速度、加工效率和零件表面质量均高于高速钢铣刀，并可加工带有硬皮和淬硬层的零件，因而在数控加工中得到了广泛应用。如图 7-20 所示，常用的硬质合金面铣刀中，使用最广泛的是可转位式面铣刀。

图 7-19　面铣刀

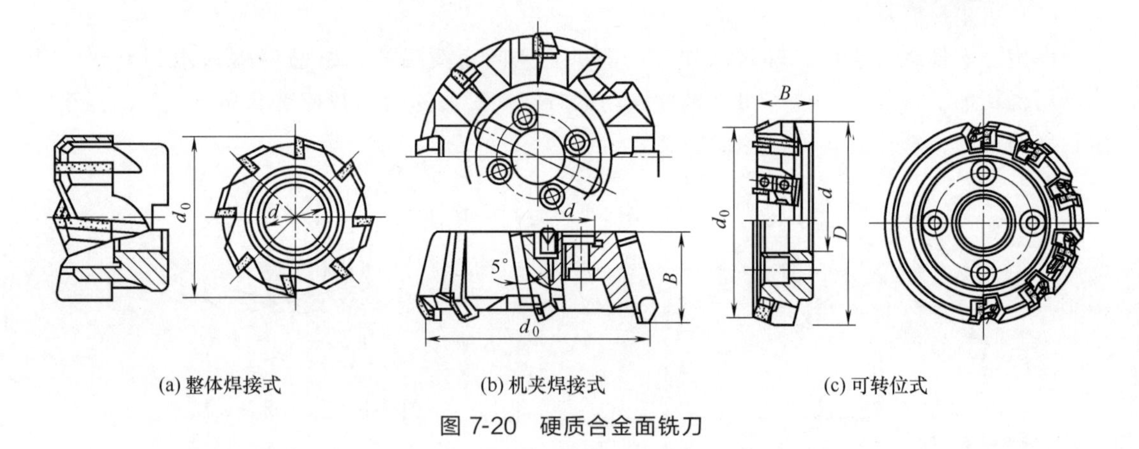

(a) 整体焊接式　(b) 机夹焊接式　(c) 可转位式

图 7-20　硬质合金面铣刀

《可转位面铣刀　第 1 部分：套式面铣刀》（GB/T 5342.1—2006）规定，面铣刀采用公比 1.25 的标准直径系列：16、20、25、32、50、63、80、100、125、160、200、250、315、400、500、630（mm）。

可转位面铣刀有粗齿、细齿和密齿三种。粗齿铣刀容屑空间大，常用于粗铣钢件；粗铣带断续表面的铸件和在平稳条件下铣削钢件时，可选用细齿铣刀；密齿铣刀的每齿进给量较小，主要用于加工薄壁铸件。

面铣刀主要参数的选择：标准可转位面铣刀直径为 16～630mm，应根据侧吃刀量 α 选择适当的铣刀直径，铣刀直径尽量包容零件整个加工宽度，以提高加工精度和效率，减少相邻两次进给之间的接刀痕迹，保证铣刀的耐用度。

加工较大的平面时，为了提高生产效率和提高加工表面质量，一般采用刀片镶嵌式盘形面铣刀，采用粗铣和精铣两次走刀。粗铣刀的直径要小些，以减小切削扭矩；精铣刀的直径大些，以减少接刀刀痕，提高表面加工质量。粗加工内轮廓时，铣刀最大直径 $D_{\max}$ 可按下式计算，如图 7-21 所示。

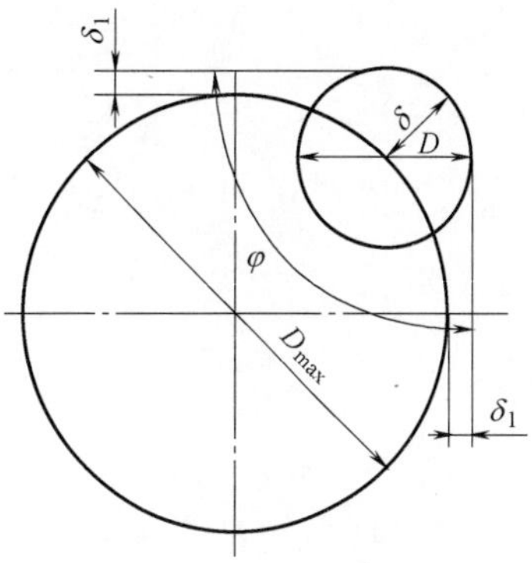

图 7-21 面铣刀直径估算

$$D_{\max}=\frac{2[\delta\sin(\varphi/2)-\delta_1]}{1-\sin(\varphi/2)}+D$$

式中 D——轮廓的最小凹圆角直径；

δ——圆角邻边夹角等分线上的精加工余量；

δ_1——精加工余量；

φ——圆角两邻边的最小夹角。

2. 立铣刀

立铣刀是数控机床上用得最多的一种铣刀，其结构如图 7-22 所示。立铣刀的圆柱表面和端面上都有切削刃，可同时进行切削，也可单独进行切削。圆柱表面的切削刃为主切削刃，端面上的切削刃为副切削刃。主切削刃一般为螺旋齿，这样可以增加切削平稳性，提高加工精度。由于普通立铣刀端面中心处无切削刃，所以立铣刀不能做轴向进给，端面刃主要用来加工与侧面相垂直的底平面。

图 7-22 立铣刀

为了能加工较深的沟槽，并保证有足够的备磨量，立铣刀的轴向长度一般较长。为改善切削卷曲情况，增大容屑空间，防止切屑堵塞，刀齿数比较少，容屑槽圆弧半径较大。一般粗齿立铣刀齿数 $Z=3\sim4$，适用于粗加工；细齿立铣刀齿数 $Z=5\sim8$，适用于半精加工；套式结构 $Z=10\sim20$，容屑槽圆弧半径 $r=2\sim5$mm。立铣刀直径较大时，可制成不等齿距结构，以增强抗振作用，使切削过程平稳。

立铣刀的直径范围是 2～80mm，柄部有直柄、莫氏锥柄、7∶24 锥柄等多种形式。高速钢立铣刀应用较广，如图 7-23 所示，但切削效率较低。硬质合金可转位式立铣刀基本结构与高速钢立铣刀相似，但切削效率是高速钢立铣刀的 2～4 倍，且适用于数控铣床、加工中心上的切削加工，如图 7-24 所示。

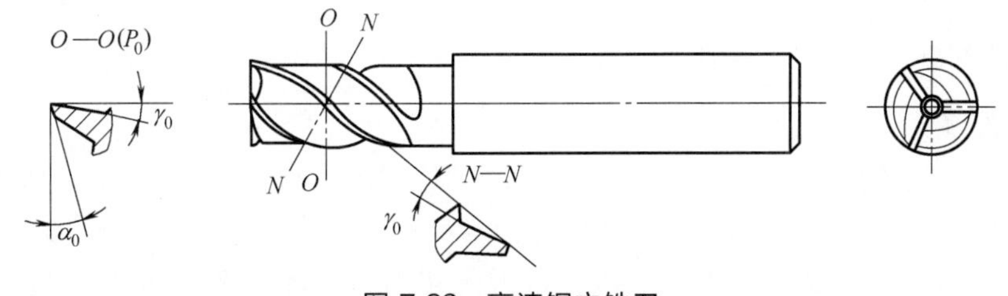

图 7-23 高速钢立铣刀

如果条件允许，尽量不用高速钢立铣刀加工毛坯面，防止刀具磨损和崩刃。毛坯面可用硬质合金立铣刀加工。

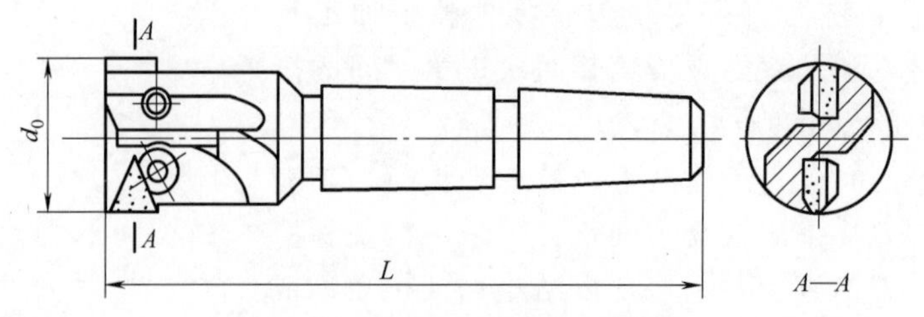

图 7-24　硬质合金可转位式立铣刀

加工凹槽轮廓的立铣刀的参数（见图 7-25），推荐按下述经验数据选取。

① 刀具半径 R 应小于零件内轮廓面的最小曲率半径 ρ，一般取 $R=(0.8\sim0.9)\rho$。

② 零件的加工高度 $H\leqslant(1/6\sim1/4)R$，以保证刀具具有足够的刚度。

③ 加工盲孔（深槽）时，选取 $L=H+(5\sim10)\text{mm}$。

④ 加工外形及通槽时，选取 $L=H+r+(5\sim10)\text{mm}$（r 为端刃圆角半径）。

3. 模具铣刀

如图 7-26 所示，模具铣刀由立铣刀发展而来，可分为圆锥形立铣刀（圆锥半角取 3°、5°、7°、10°）、圆柱形球头立铣刀和圆锥形球头立铣刀三种，其柄部有直柄、削平型直柄和莫氏锥柄。它的结构特点是球头或端面上布满了切削刃，圆周刃与球头刃圆弧连接，可以做径向和轴向进给。铣刀工作部分用高速钢或硬质合金制造。一般 $d=4\sim6\text{mm}$。图 7-27 所示为高速钢制造的模具铣刀，图 7-28 所示为用硬质合金制造的模具铣刀。小规格的硬质合金模具铣刀多制成整体结构，直径 16mm 以上的模具铣刀制成焊接或机夹可转位刀片结构。

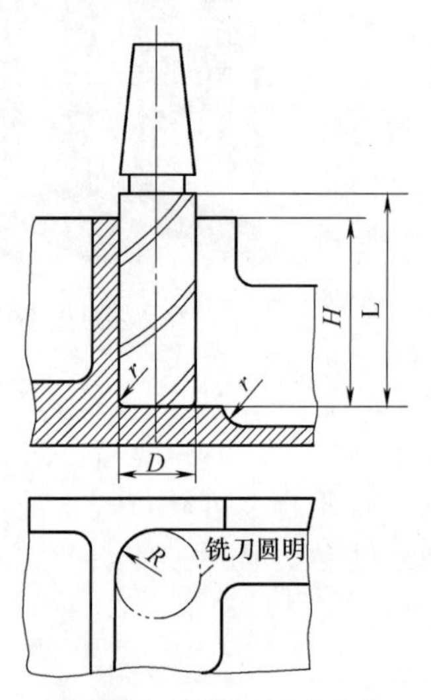

图 7-25　立铣刀尺寸参数

图 7-26　模具铣刀

4. 键槽铣刀

键槽铣刀主要用于立式铣床上加工圆头封闭键槽等。键槽铣刀圆柱面和端面都有切削刃，端面刃延伸至轴心，螺旋角较小，使端面刀齿强度得到了增强，外形既像立铣刀，又像钻头，如图 7-29 所示。端面刀齿上的切削刃为主切削刃，圆柱面上的切削刃为副切削刃。加工键槽时，每次先沿铣刀轴向进给较小的量，然后再沿径向进给，这样反复多次，可完成键槽的加工。

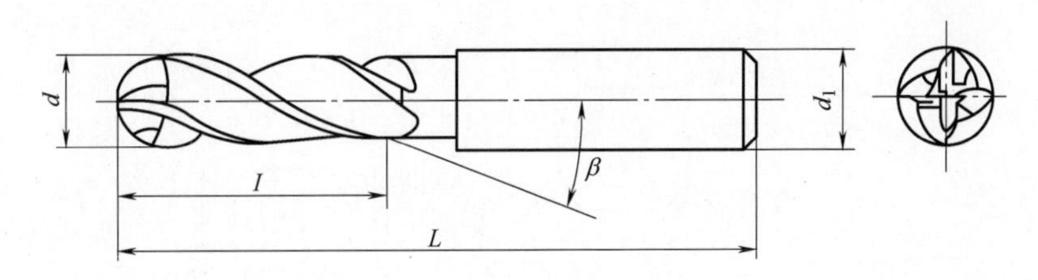

(a)圆柱形球头立铣刀

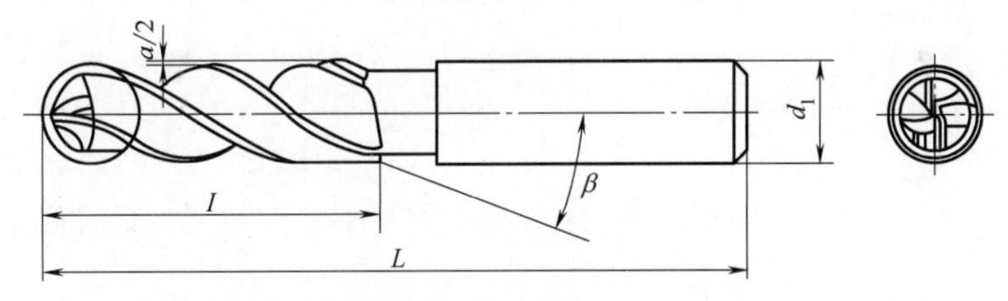

(b)圆锥形球头立铣刀

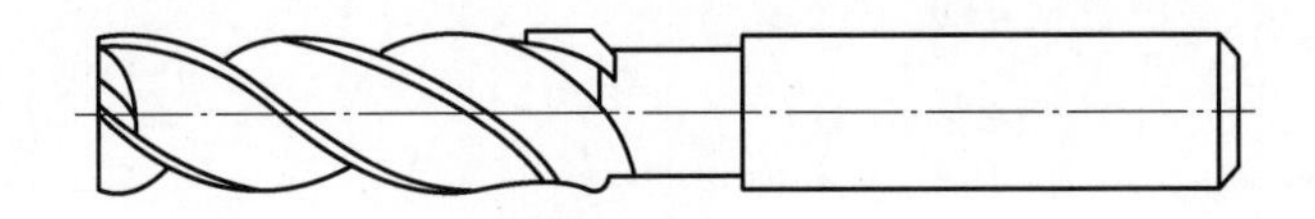

(c)圆锥形立铣刀

图 7-27　高速钢模具铣刀

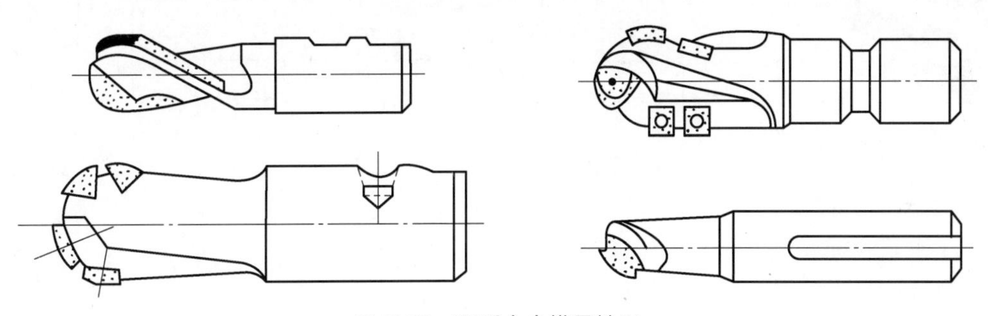

图 7-28　硬质合金模具铣刀

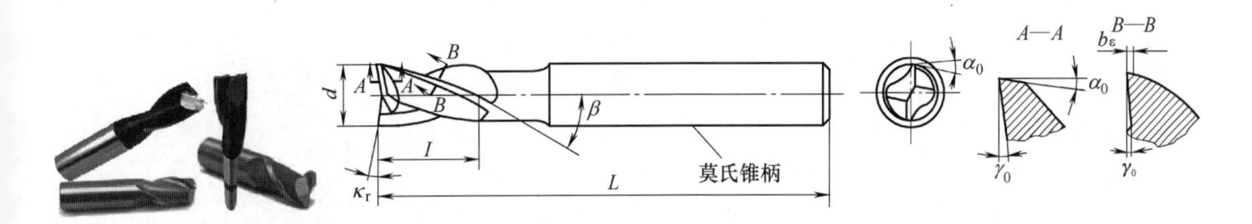

图 7-29　键槽铣刀

直柄键槽铣刀直径一般取 2～22mm，锥柄键槽精铣刀直径一般取 14～50mm。键槽铣刀直径的偏差有 e8 和 d8 两种。键槽铣刀的圆周切削刃仅在靠近端面的一小段长度内发生磨损，重磨时，只需刃磨端面切削刃，因此重磨后铣刀直径不变。

5. 鼓形铣刀

图 7-30（a）所示为一种典型的鼓形铣刀，它的切削刃分布在半径为 R 的圆弧面上，端

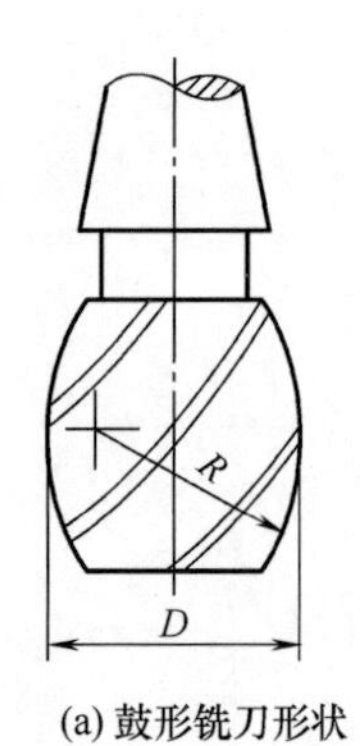

(a) 鼓形铣刀形状

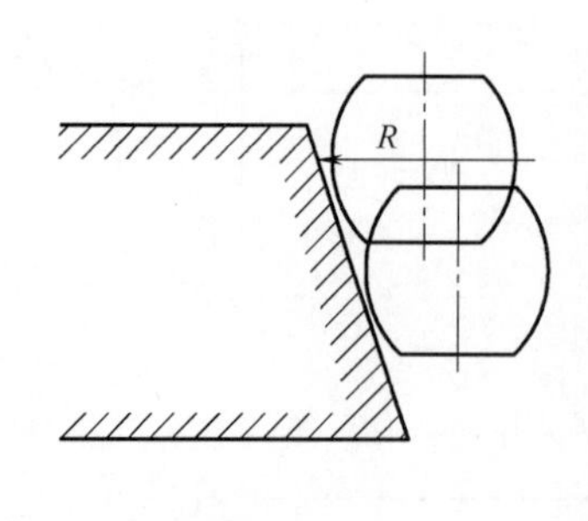

(b) 三坐标鼓形铣刀加工

图 7-30 鼓形铣刀

面无切削刃。鼓形铣刀多用来对飞机结构件等零件中与安装面倾斜的零件表面进行三坐标加工，如图 7-30（b）所示。这种表面最理想的加工方案是多坐标侧铣，在单件或小批量生产中可用鼓形铣刀加工来取代多坐标加工，加工时控制刀具上下位置，相应改变刀刃的切削部位，可以在零件上切出从负到正的不同斜角。R 越小，鼓形铣刀所能加工的斜角范围越广，但所获得的表面质量也越差。这种刀具的缺点是刃磨困难，切削条件差，而且不适合加工有底的轮廓表面。

6. 成形铣刀

如图 7-31 所示，成形铣刀一般是为特定形状的零件或加工内容专门设计制造的，如渐开线齿面、燕尾槽和 T 形槽等。

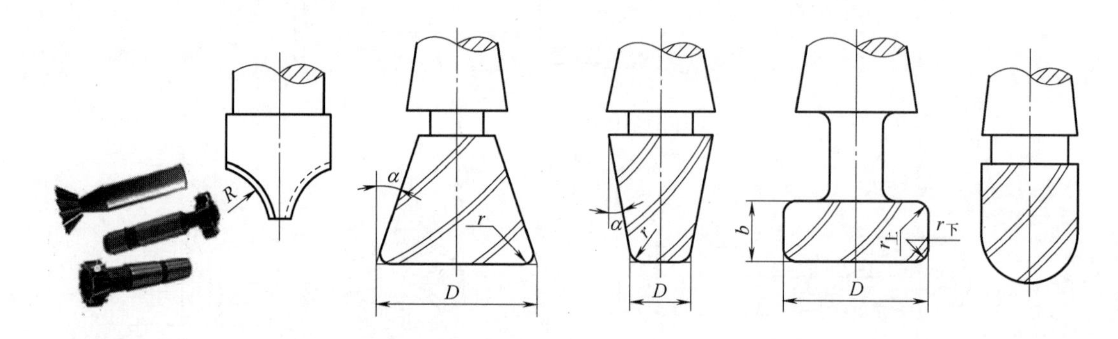

图 7-31 几种常见的成形铣刀

除了上述几种类型的铣刀外，数控铣床也可使用多种通用铣刀。但因不少数控铣床的主轴内有特殊的拉刀装置，或因主轴内锥孔有差别，需配过渡套和拉钉。

7. 锯片铣刀

锯片铣刀可分为中小规格的锯片铣刀和大规格锯片铣刀。数控镗铣床及加工中心主要用中小规格的锯片铣刀，如图 7-32 所示。目前国外有可转位锯片铣刀。锯片铣刀主要用于大多数材料的切断、内外槽铣削、组合铣削、齿轮的粗加工等。

图 7-32 锯片铣刀

总之，选择铣刀时首先要注意根据加工零件材料的热处理状态、切削性能及加工余量，选择刚性好、寿命长的铣刀，同时铣刀类型应与零件表面形状和尺寸相适应。

加工较大的平面应选择面铣刀；加工凹槽、较小的台阶面及平面轮廓应选择立铣刀；加工空间曲面、模具型腔或凸模成形表面等多选用模具铣刀；加工封闭的键槽选择键槽铣刀；加工变斜角零件的变斜角面应选用鼓形铣刀；加工各种直径或圆弧形的凹槽、斜角面、特殊孔等应选用成形铣刀。

二、常用孔加工刀具

常用孔加工刀具如图 7-33 所示。

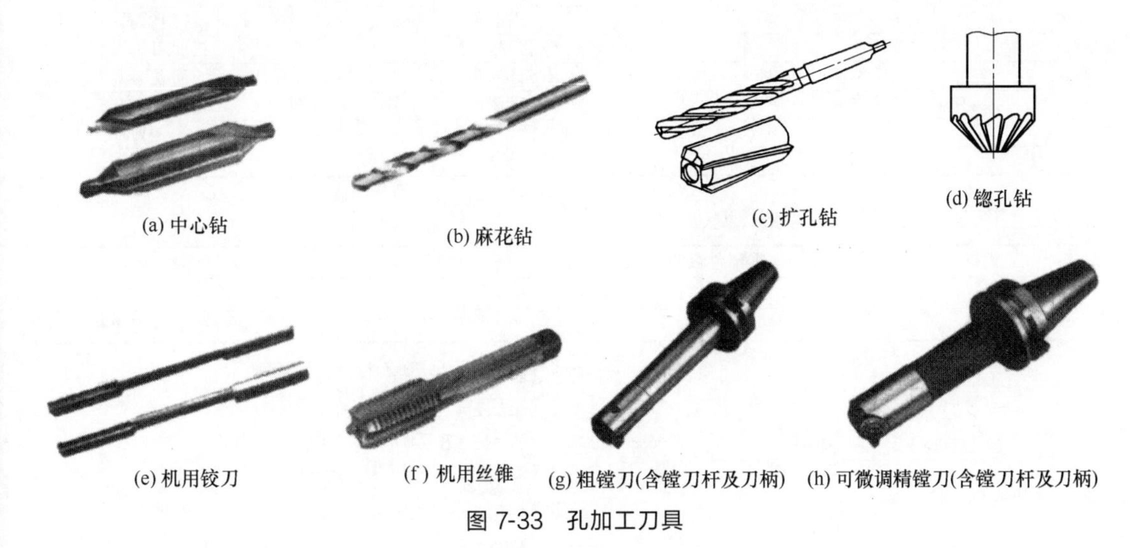

(a) 中心钻　(b) 麻花钻　(c) 扩孔钻　(d) 锪孔钻

(e) 机用铰刀　(f) 机用丝锥　(g) 粗镗刀(含镗刀杆及刀柄)　(h) 可微调精镗刀(含镗刀杆及刀柄)

图 7-33　孔加工刀具

三、镗铣类工具系统

镗铣类工具系统，一般由与机床主轴连接的锥柄、连杆和刀具组成。它们经组合后可实现钻孔、扩孔、铰孔、镗孔、攻螺纹等加工。组合后的刀具在不使用时，通常被放置在机床的刀库里（如机床自带刀库或专用工具架）。镗铣类工具系统有两种：整体式镗铣类工具系统和模块式镗铣类工具系统。

1. 整体式工具系统

整体式工具系统是把锥柄和连杆制成一体，不同工作部分都具有相同结构的刀柄，以便与机床主轴相连。其优点是结构简单、使用方便、可靠性强、调换迅速、整体刚度较强，并且刀具的连接方式和规格与普通机床镗铣类刀具一致，可以互换使用。缺点是工具的品种和数量较多。

镗铣类数控机床用工具系统简称为 TSG 工具系统。目前常用的 TSG82 工具系统见表 7-3、表 7-4、表 7-5 所示，这些表表明了 TSG82 工具系统编码的含义，具体选用时应参见工具生产厂家的系统产品样本。如图 7-34 所示，TSG82 工具系统图表明了工具系统中各种工具的连接组合形式，选用时一定要按图示进行配置。

表 7-3　TSG82 工具系统工具柄部的形式和尺寸代码

柄部的形式		柄部的尺寸	
代码	代码的意义	代码的意义	举例
JT	加工中心机床用锥柄柄部，带机械手夹持槽	ISO 锥度号	50
ST	一般数控机床用锥柄柄部，无机械手夹持槽	ISO 锥度号	40
MTW	无扁锥尾莫氏锥柄	莫氏锥度号	3
MT	有扁锥尾莫氏锥柄	莫氏锥度号	1
ZB	直柄接杆	直径尺寸	32mm
KH	7∶24 锥度的锥柄接杆	锥柄的锥度号	45

注：ISO 锥度有 30、40、45、50 四种锥度号，锥度为 7∶24。

▫ 表 7-4　TSG82 工具系统的代码和意义

代码	代码的意义	代码	代码的意义	代码	代码的意义
J	装接长刀杆用锥柄	KJ	扩、铰刀	TF	浮动镗刀
Q	弹簧夹头	BS	倍速夹头	TK	可调镗刀
KH	7∶24 锥柄快换夹头	H	倒锪端面刀	X	铣削刀具
Z(J)	用于装钻夹头	T	镗孔刀具	XS	三面刃铣刀
MW	装无扁尾莫氏锥柄刀具	TZ	直角镗刀	XM	面铣刀
M	装有扁尾莫氏锥柄刀具	TQW	倾斜式微调镗刀	XDZ	直角铣刀
G	攻螺纹夹头	TQC	倾斜式粗镗刀	XD	端铣刀
C	切内槽工具	TZC	直角形粗镗刀		

▫ 表 7-5　TSG82 工具系统的零部件编码

代码	零部件名称	代码	零部件名称
QH	夹簧	GT	攻螺纹夹套
LQ	螺母与外夹簧	TQW	倾斜微调镗刀组件

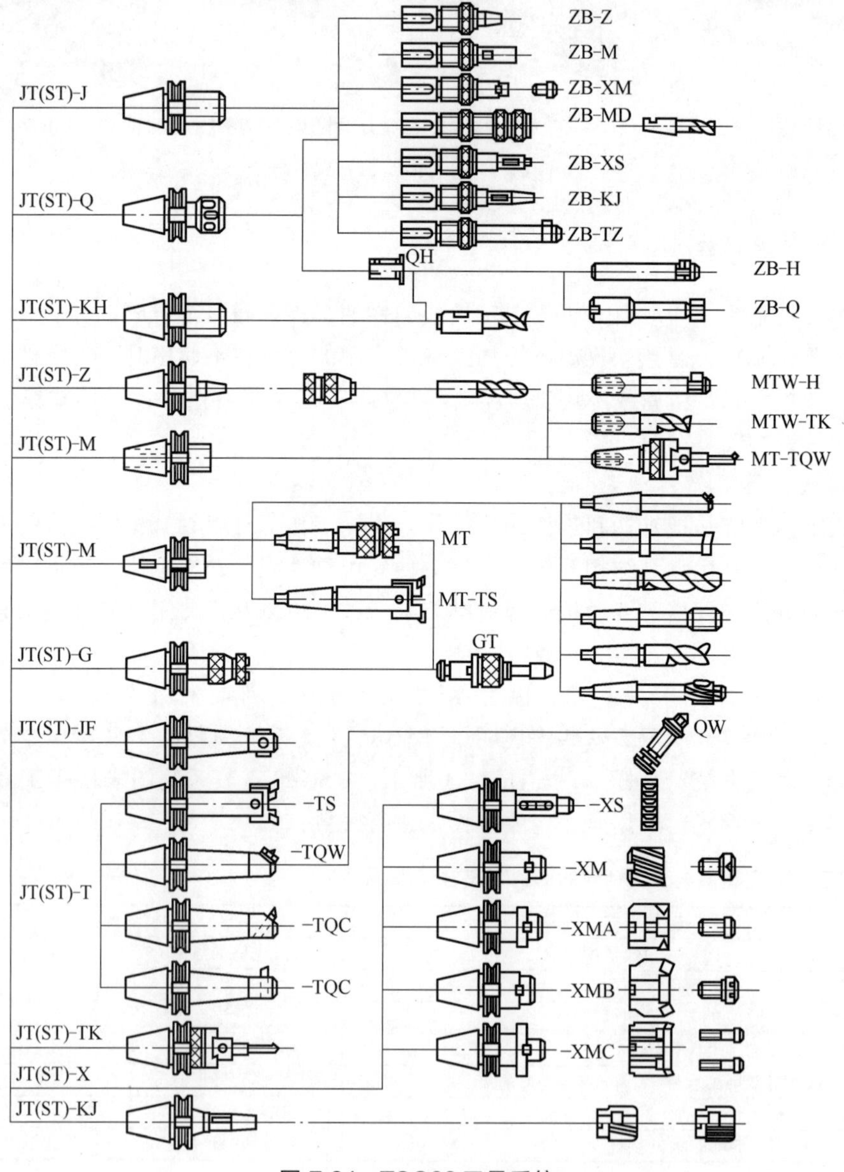

图 7-34　TSG82 工具系统

例如，TSG82 工具系统编码代号 JT45-KH40-80，其中，JT45 表示加工中心、7∶24 锥度的 45 号锥柄刀杆；KH40 表示 7∶24 锥度，40 号锥孔快换夹头；80 表示锥柄大端至螺母端的距离为 80mm。

2. 模块式工具系统

模块式工具系统是把整体式刀具分解，制成主柄模块、中间模块和工作模块，然后通过各种连接结构，在保证刀杆连接精度、强度和刚度的前提下，将三个模块连接成整体，如图 7-35 所示。它的优点是可以根据加工需要，通过中间模块的连接调整刀具的长度。三种模块通过不同组合，可以组装成许多不同用途、不同规格的刀具，方便了制造、使用和管理，减少了工具的规格、品种和数量的储备，对企业有很高的实用价值。

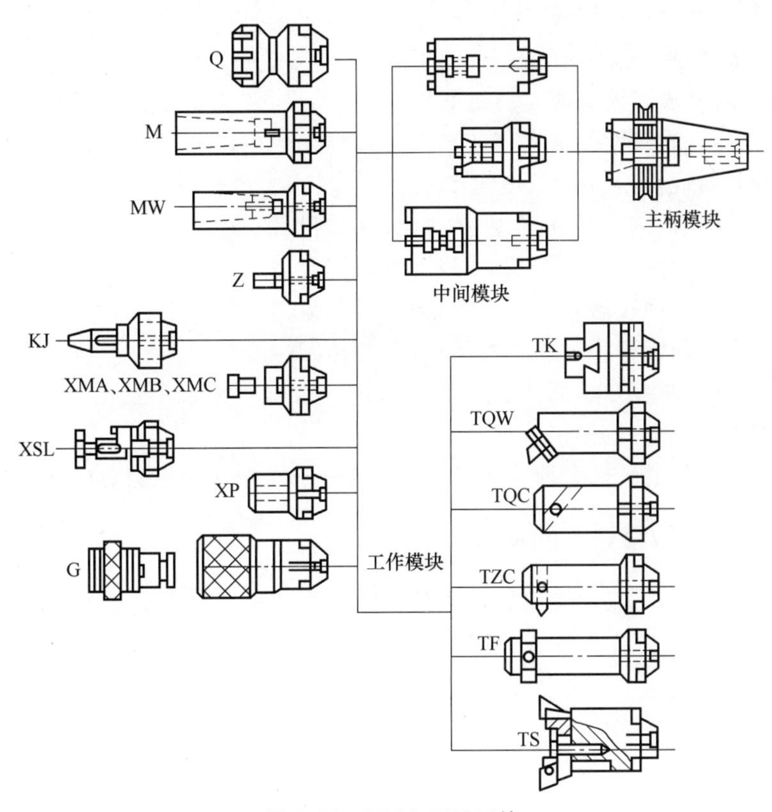

图 7-35　TMG 工具系统

四、刀具、刀柄的装卸

【视频 7-3 刀具、刀柄的装卸】

由于数控铣床没有刀具库，因此在加工零件时往往要用同一个刀柄装不同尺寸的刀具，这样就要进行刀具的更换。

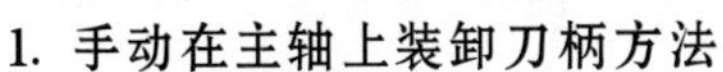

1. 手动在主轴上装卸刀柄方法

① 确认刀具和刀柄的重量不超过机床规定的许用最大重量。

② 清洁刀柄锥面和主轴锥孔。

③ 左手握住刀柄，将刀柄的键槽对准主轴端面键垂直伸入到主轴内，不可倾斜。

④ 右手按下换刀按钮，压缩空气从主轴内吹出以清洁主轴和刀柄，按住此按钮，然后左手往上托一下，直到刀柄锥面与主轴锥孔完全贴合后，松开换刀按钮，刀柄即被自动夹

紧，确认夹紧后方可松手。

⑤ 刀柄装上后，用手转动主轴检查刀柄是否正确装夹。

⑥ 卸刀柄时，先用左手握住刀柄，再用右手按换刀按钮，等夹头松开后，左手取出刀具组，右手松开“刀柄松开、夹紧”键。用左手托住刀具组时用力不可过小，以免松开夹头后刀具组往下掉而损坏刀具、刀具冲击工作台面而损坏台面。

2. 在手动换刀过程中应注意的问题

① 应选择有足够刚度的刀具及刀柄，同时在装配刀具时保持合理的悬伸长度，以避免刀具在加工过程中产生变形。

② 卸刀柄时，必须要有足够的动作空间，刀柄不能与工作台上的工件、夹具发生干涉。

③ 换刀过程中严禁主轴运转。

3. 锥柄刀具的更换

① 用卸刀具的方法，把锥柄刀具卸下。

② 把锥柄刀具组放在锁刀座上（如果没有就放在台虎钳上，使刀柄缺口与台虎钳钳口面相对，轻轻拧紧台虎钳），用扳手把拉钉拧下。

③ 用内六角扳手把内六角吊紧螺钉拧松，用细长圆棒一端与内六角吊紧螺钉头接触（在台虎钳上操作时，拧松台虎钳，取下刀具组，把台虎钳的钳口拧小，使刀柄缺口的下端面与台虎钳钳口的上平面接触），另一端用锤子轻轻敲击，使锥柄锥面与刀柄体分离，然后继续用内六角扳手把内六角吊紧螺钉拧下，取出锥柄刀具。

④ 把需要更换的锥柄刀具插入刀柄体锥孔内，用内六角扳手把内六角吊紧螺钉拧紧，然后把拉钉拧到刀柄体上，并拧紧。

对于斜柄钻夹头等的装卸，取下刀具组后，按普通机床中关于刀具的装卸方法进行。

五、自动换刀装置（ATC）的操作

机床在自动运行中，ATC 换刀的操作是靠执行换刀程序自动完成的。当手动操作机床时，ATC 的换刀是由人工操作完成或用单节程式（MDI）工作方式完成。

1. 刀库装刀的操作

刀库手动操作相关按键如下：

刀库正转键　刀库反转键

注意：刀库正转、反转只能在手动、手轮、增量寸动方式下进行，刀库旋转时一定要刀库定位后再按，否则刀库必乱无疑。

往刀库上装刀：刀夹上的键槽与刀库上的键要相配才能装紧。刀装好后，一定要左右旋转刀夹，看是否装紧。

从刀库上卸刀：两手平稳分别握住刀具的上下端往外平拉。

2. 往主轴装卸刀的操作

立柱上有一个主轴刀具的松开与夹紧按钮（即手动换刀键），在手动、手轮、增量寸动方式下用来装卸刀。

往主轴装刀：

① 把刀柄送入主轴锥孔，要让刀夹上的键槽与主轴上的键相配；

② 按下手动换刀键，可自动把刀具“夹紧”在主轴上。要往下拽一下刀具，看是否装牢了。

从主轴卸刀：

① 用手拿牢主轴上的刀具（不准手托），以免掉落损坏刀具或机床工作台面；

② 按手动换刀键，停几秒，可实现“松开”主轴上的刀具。

3. MDI 方式下的 ATC 操作——自动换刀

在单节程式（MDI）方式下，可完成自动换刀动作。

（1）方法

将操作方式旋钮旋至“单节程式”方式→F4（执行加工）→F3（MDI 输入）→在对话框中输入 TM6→F1（确定）或 ENTER 键→按下循环启动键。

（2）自动换刀执行过程

① 向刀库中放刀；

② 主轴定位；

③ 刀库推进至主轴，将主轴上刀具装至刀库上；

④ 取刀；

⑤ 主轴提起；

⑥ 刀库旋转，将要换的刀转至换刀位处；

⑦ 主轴下降，换上新刀；

⑧ 刀库退回。

（3）刀库混乱的处理

① 用手动方式将刀库的一号刀位旋转至对正主轴中心。

② 将操作方式旋钮旋至“原点复归”。

③ 按住刀库正转键（约 5s），至屏幕上所显示的刀号变为 T1。

④ 执行换 1 号刀的操作：将操作方式旋钮旋至“单节程式”方式→F4（执行加工）→F3（MDI 输入）→在对话框中输入 T1M6→F1（确定）或 ENTER 键→按下循环启动键。

⑤ 这时屏幕右下角会出现“执行加工中”然后消失，代表此主轴的刀号即是 1 号刀。

⑥ 连续更换另一把刀，看是否呼叫 2 号即换成 2 号刀。如果是，则至此刀库混乱调整完毕。

（4）注意事项

① 按刀库正、反转键时，一定要待刀库旋转到位后再按，否则会导致刀库混乱。

② 屏幕上显示的刀号，对应的刀库位上千万不能装有刀。

③ 刀库混乱后调整时，切记 1 号刀库位不能装有刀。

④ 在刀库混乱后调整中，将屏幕当前刀号强制变为“T1”后，切记要执行换 1 号刀的动作。

第三节 常见夹具及工件装夹

在铣床上加工零件时，为了在零件上加工出符合工艺规程和技术要求的表面，零件在加工前需要在铣床上占有一个正确的位置，即定位。在加工过程中，零件受到切削力、重力、振动、离心力、惯性力等作用，所以还需采用一定的机构，让零件在加工过程中一直保持在最先确定的位置上，即夹紧。在铣床上使零件占有正确的加工位置并使其在加工过程中始终保持不变的工艺装备称为铣床夹具。最常用的铣床夹具有平口虎钳和工艺压板。

一、机用平口虎钳

平口虎钳是铣床上常用的装夹零件的夹具。铣削零件的平面、台阶、斜面和铣削轴类零件的键槽等，都可以用平口虎钳装夹零件，如图 7-36 所示。

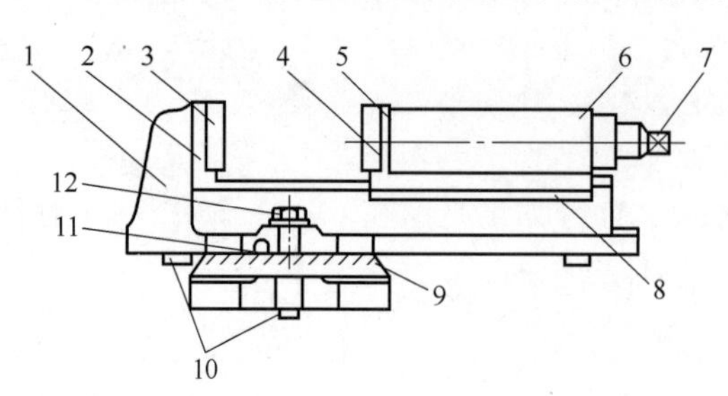

图 7-36 机用平口虎钳结构

1—钳体；2—固定钳口；3—固定钳口铁；4—活动钳口铁；5—活动钳口座；6—活动钳身；7—丝杠方头；8—压板；9—底座；10—定位键；11—钳体零线；12—螺栓

机用平口虎钳规格是按钳口的宽度划分的。机用平口虎钳的钳口可以制成多种形式，更换不同形式的钳口可扩大机用平口虎钳的使用范围，如图 7-37 所示。

用机用平口虎钳装夹工件，如图 7-38 所示。

机用平口虎钳的虎钳体与回转底盘由铸铁制成，使用回转底盘时，各贴合面之间应保持清洁，否则会影响虎钳的定位精度。在使用回转盘上的刻度前，应首先找正固定钳口使其与工作台某一进给方向平行（见图 7-39），然后在调整中使用回转刻度。

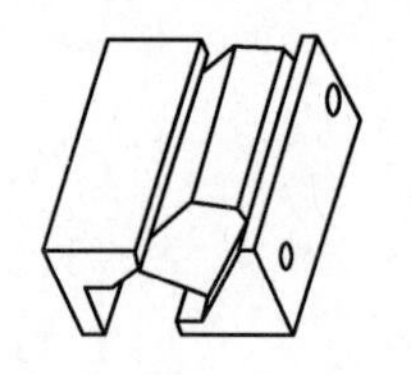
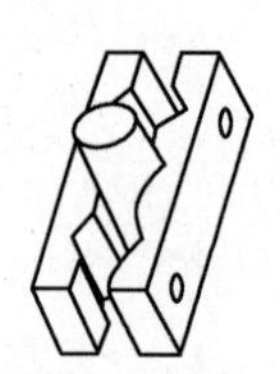
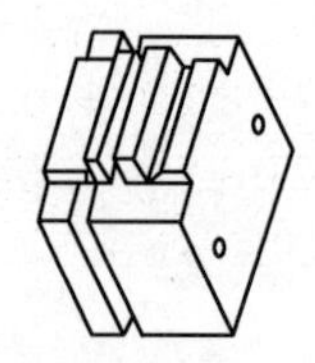
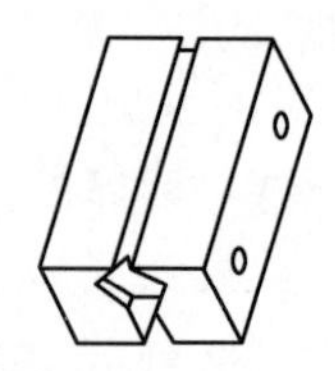

图 7-37 机用平口虎钳钳口的不同形状

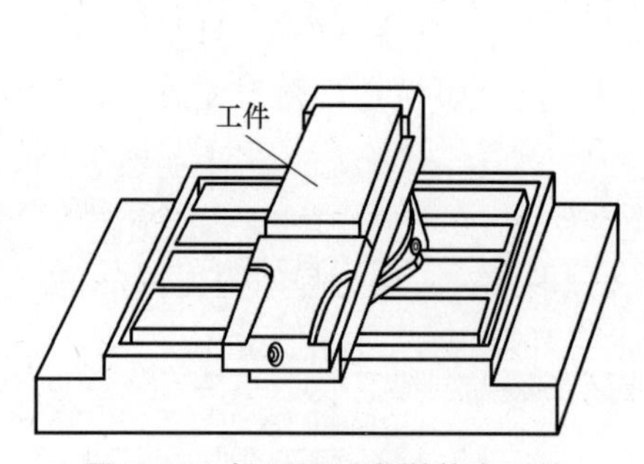

图 7-38 机用平口虎钳装夹工件

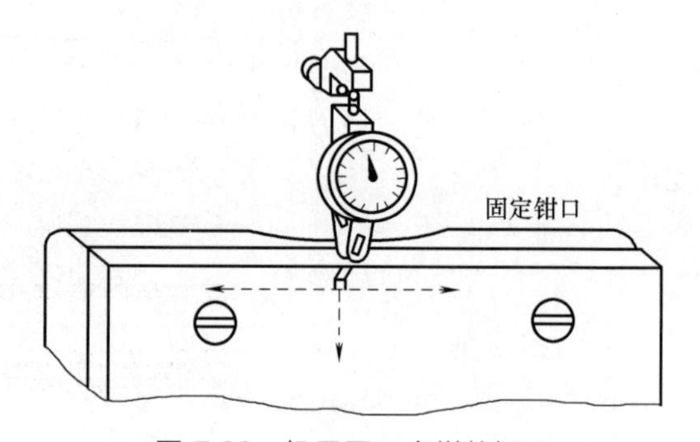

图 7-39 机用平口虎钳的矫正

二、组合压板安装工件

找正装夹：按工件的有关表面作为找正依据，用百分表逐个地找正工件相对于机床和刀具的位置，然后把工件夹紧。利用靠棒确定工件在工作台中的位置，将机器坐标值置于 G54 坐标系中（或其他坐标系），以确定工件坐标零点。

用专用夹具装夹：靠夹具来保证工件相对于刀具及机床所需的位置，并使其夹紧。工件在夹具中的正确定位，是通过工件上的定位基准面与夹具上的定位元件相接触而实现的，不再需要找正便可将工件夹紧。夹具预先在机床上已调整好位置，因此工件通过夹具相对于机床也就有了正确位置。这种装夹方法在成批生产中广泛运用。

1. 直接在工作台上安装工件的找正安装

用压板装夹、百分表找正如图 7-40 所示。将工件直接压在工作台面上，也可在工件下面垫上厚度适当且要求较高的等高垫块后再将其压紧。

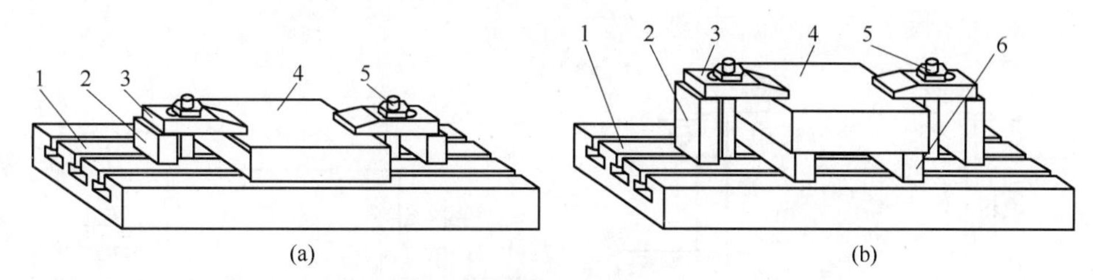

图 7-40 组合压板安装工件的找正方法

1—工作台；2—支撑块；3—压板；4—工件；5—双头螺柱；6—等高垫块

① 根据加工零件的高度，调节好工作台的位置。

② 在工作台面上放上两块等高垫铁（垫铁一般与 Y 轴平行放置，其位置、尺寸大小应不影响工件的切削，且位置尽可能相距远一些），放上工件（由于数控铣床在 X 轴方向的运行范围比在 Y 轴方向的运行范围大，所以编程、装夹时零件纵向一般与 X 轴平行），把双头螺柱的一端拧入 T 形螺母（2 个）内，把 T 形螺母插入工作台面的 T 形槽内，双头螺柱的另一端套上压板（压板一端压在工件上，另一端放在与工件上表面平行或稍微高的垫铁上），放上垫圈，拧入螺母，拧到用手拧不动为止。以上是对零件进行挖槽类加工时的装夹，如果是加工外轮廓，则先插好带双头螺柱的 T 形螺母（1 个），在工作台面上放上两块等高垫铁，放上工件，套上压板，放上垫圈，拧入螺母，拧到用手拧不动为止。

③ 伸出主轴套筒，装上带百分表的磁性表座，使百分表触头与工件的前侧面（即靠近人的侧面）接触，移动 X 轴，观察百分表的指针晃动情况（同样只要观察触头与工件侧面接近两端时的情况即可），根据晃动情况用紫铜棒轻敲工件侧面，调整好，拧紧螺母，然后再移动 X 轴，观察百分表指针的晃动情况，用紫铜棒敲击工件侧面做微量调整，直至满足要求为止，最后彻底拧紧螺母。

④ 取下磁性表座，装入刀具组，调节工作台的位置。

⑤ 对刀操作。

2. 使用压板时注意事项

① 必须将工作台面和工件底面擦干净，不能拖拉粗糙的铸件、锻件等，以免划伤台面。

② 压板的位置要安排得妥当，要压在工件刚性最好的地方，不得与刀具发生干涉，夹紧力的大小也要适当，不然会产生变形，如图 7-41 所示。

③ 支撑压板的支撑块高度要与工件相同或略高于工件，压板螺栓必须尽量靠近工件，并且螺栓到工件的距离应小于螺栓到支撑块的距离，以便增大压紧力。螺母必须拧紧，否则将会因压力不够而使工件移动，以致损坏工件、机床和刀具，甚至发生意外事故，如图 7-42 所示。

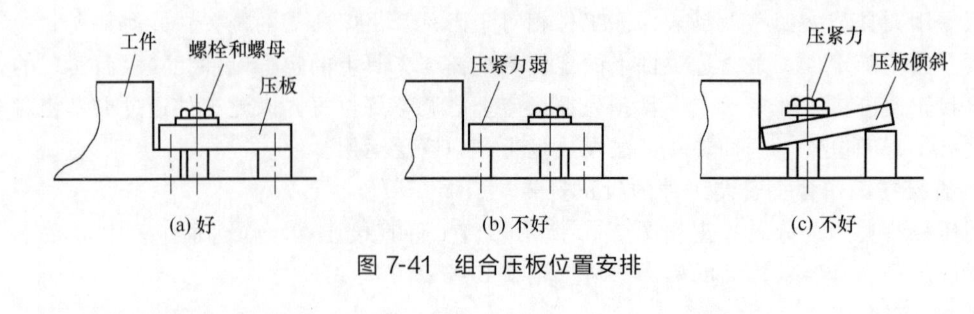

图 7-41　组合压板位置安排

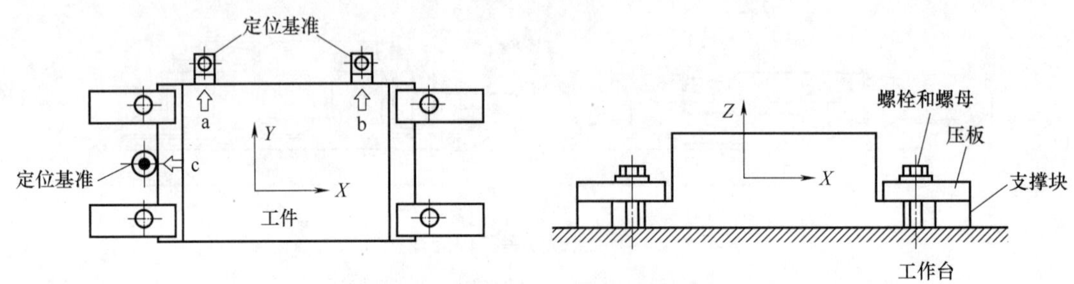

图 7-42　组合压板与定位基准

三、精密夹具和组合夹具

1. 精密夹具板

对于除底面以外的其他表面需要全部加工的情况，一般的装夹方式就无法满足，此时可采用精密夹具板的装夹方式。

精密夹具板具有较高的平面度、平行度与较小的表面粗糙度值，可根据加工零件尺寸大小选择不同的型号或系列，如图 7-43 所示。有些零件在装夹后必须同时完成整个表面、外形、型腔及孔的加工才能保证其精度要求时，须采用 HP、HH、HM 系列精密夹具板安装。

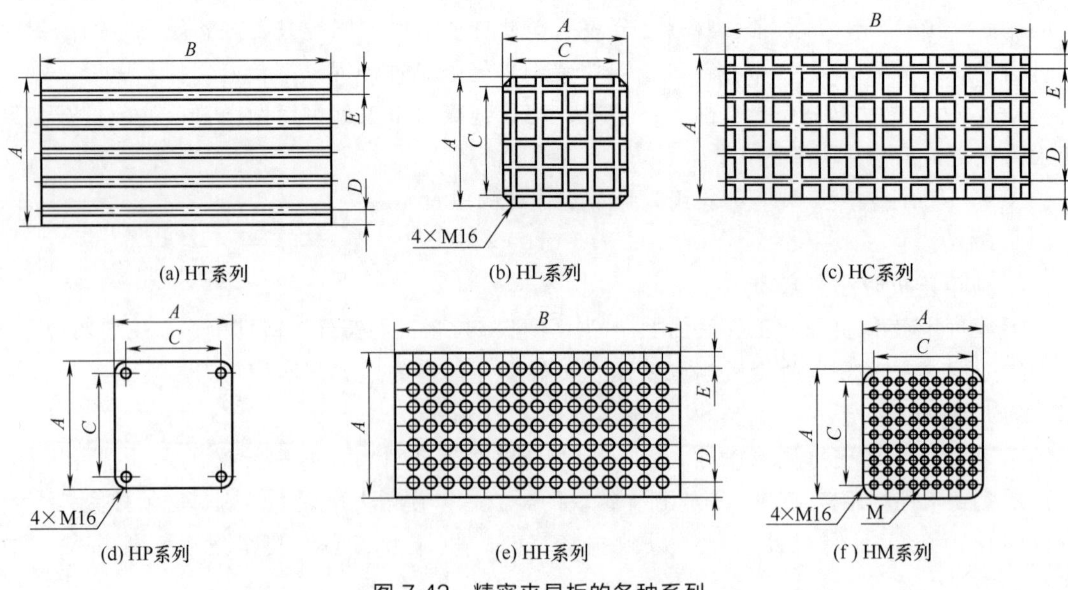

图 7-43　精密夹具板的各种系列

装夹前必须在零件底平面合适的位置加工出深度适宜的工艺螺钉孔（在加工模具零件时，其工艺螺钉孔位置应考虑到模具安装时能被利用）。利用内六角螺钉将零件锁紧在精密夹具板上（在加工贯通的型腔及通孔时，必须在零件与精密夹具板之间合适的位置放入等高垫块），然后再将精密夹具板安装在工作台面上。

一些零件在使用组合压板装夹，工作台面上的 T 形槽不能满足安装要求时，需要用 HT、HL、HC 系列精密夹具板安装，利用组合压板将零件装夹在精密夹具板上，然后再将精密夹具板安装在工作台面上。这些系列的精密夹具板还适用于零件尺寸较小时的多件一次性装夹加工。

2. 精密夹具筒

在加工表面相互垂直度要求较高的零件时，多采用精密夹具筒安装被加工零件。精密夹具筒具有较高的平面度、垂直度、平行度与较小的表面粗糙度值，如图 7-44 所示。

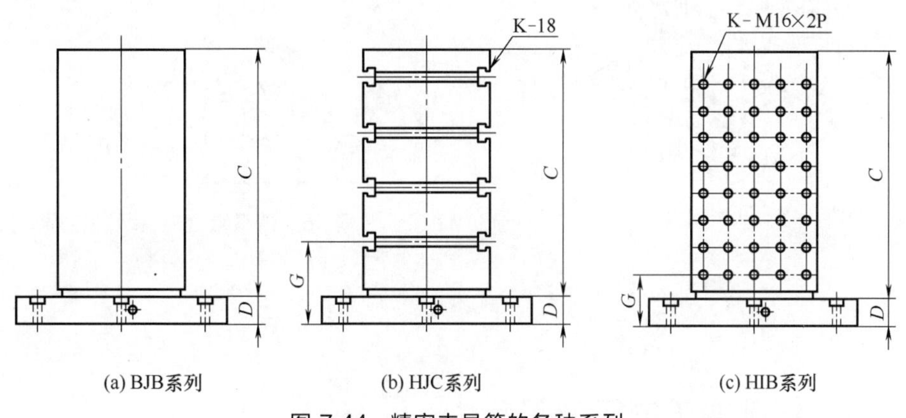

图 7-44　精密夹具筒的各种系列

3. 组合夹具

组合夹具是由一套结构已经标准化、尺寸已经规格化的通用元件、组合元件所构成，可以按零件的加工需要组成各种功用的夹具。组合夹具有孔系组合夹具和槽系组合夹具。图 7-45 所示为孔系组合夹具；图 7-46 所示为槽系组合夹具及其组装过程。

组合夹具具有标准化、系列化、通用化的特点，具有组合性、可调性、模拟性、柔性、应急性和经济性，使用寿命长，能适应产品加工中的周期短、成本低等要求，比较适合在加工中心上应用。在加工中心上应用组合夹具，有下列优点：

① 节约夹具的设计制造成本；

② 缩短生产准备周期；

③ 节约钢材；

④ 提高企业工艺装备系数。

但是，由于组合夹具是由各种通用标准元件组合而成的，各元件间相互配合环节较多，夹具精度、刚度仍比不上专用夹具，尤其是元件连接的接合面刚度，对加工精度影响较大。通常，采用组合夹具时其加工尺寸精度只能达到 IT8～IT9 级，这就使得组合夹具在应用范围上受到一定限制。此外，使用组合夹具首次投资大，总体显得笨重，还有排屑不便等不足。对中小批量、单件（如新产品试制）等或加工精度要求不是很高的零件，在加工中心上加工时，应尽可能选择组合夹具。

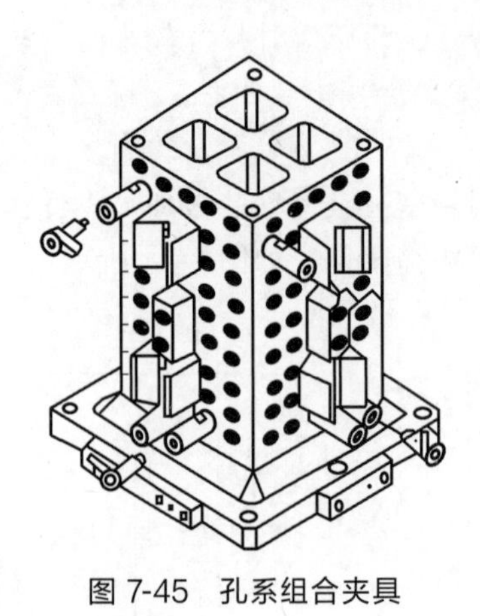

图 7-45　孔系组合夹具

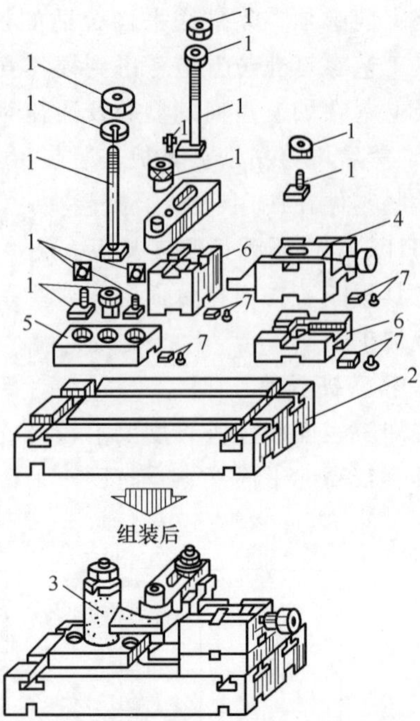

图 7-46　槽系组合夹具组装过程示意图

1—紧固件；2—基础板；3—零件；4—活动 V 形铁组合件；5—支撑板；6—垫铁；7—定位键及其紧定螺钉

第四节　铣削加工的工艺设计

一、数控铣削加工工艺的主要内容

① 分析零件图样，选择确定数控加工的内容。

② 结合零件加工表面的特点和数控设备的功能，对零件进行工艺分析。

③ 进行数控铣削加工工艺设计，确定零件总体加工方案，包括选取零件的定位基准、装夹方案、加工路线的安排、确定工步内容、每一工步所用刀具、切削用量等。

④ 确定数控加工前的调整方案，如对刀方案、换刀点、刀具预调和刀具补偿方案。

二、数控铣削加工工序划分

（1）工序划分的原则

工序划分的原则有工序集中原则和工序分散原则两种。

工序集中原则指每道工序包括尽可能多的加工内容，从而使工序的总数减少，这一原则有利于减少工序数目，缩短工艺路线，简化生产计划和生产组织工作，有利于减少机床数量、操作人数、占地面积和工件装夹次数等。但专用设备和工艺装备投资大，调整维修比较麻烦，生产准备周期较长，不利于转产。工序分散原则是指将工件的加工分散在较多的工序内进行，每道工序的加工内容很少。这一原则下，加工设备和工艺装备结构简单，调整和维修方便，操作简单，转产容易，有利于选择合理的切削用量，减少机动时间，但工艺路线较长，所需设备及工人多，占地面积大。

(2) 工序划分的方法

在数控铣床上加工零件一般按工序集中原则划分工序，划分方法如下。

① 按零件装夹定位方式划分。以一次安装完成的那一部分工艺过程为一道工序。这种方法适用于加工内容较少的零件，加工完成后就能达到待检状态。

② 按所用刀具划分。以同一把刀具加工的那一部分工艺过程为一道工序，这样可以减少换刀时间，节省辅助时间。

③ 按粗、精加工划分工序。对于加工后容易变形的零件，由于粗加工后可能发生较大的变形而需要校形，所以一般要进行粗加工、精加工的都要将工序分开。

④ 按加工部位划分工序。对于加工内容很多的零件，可按其结构特点将加工部位分成几个部分，如内形、外形、曲面或平面等。

(3) 加工顺序的安排

铣削加工零件划分工序后，各工序的先后顺序排定通常考虑以下原则。

① 基准先行原则。用作基准的表面应优先加工。

② 先粗后精原则。各个表面的加工顺序按照粗加工、半精加工、精加工、光整加工顺序依次进行，逐步提高表面的加工精度和表面质量。

③ 先主后次原则。零件的主要工作表面、装配基面应先加工，从而及早发现毛坯的内在缺陷。次要表面可穿插进行，一般在主要表面半精加工之后，精加工之前进行。

④ 先面后孔原则。对于箱体、底座、支架等零件，应先加工用作定位的平面和孔的端面，再加工孔，这样可使工件定位夹紧可靠，有利于保证孔与平面的位置精度，减少刀具的磨损，特别是钻孔，孔的轴线不易偏斜。

三、数控铣削加工工艺设计

(1) 加工方案的确定

数控铣削的零件加工面无非是一些平面、曲面、型腔和孔等。按照反推法原则，首先按照各表面的加工精度和表面粗糙度要求确定最终的加工方法，再确定前面一系列的粗加工方法，即获得各表面的加工方案。

(2) 确定装夹方式

在确定零件的装夹方式时，应力求使设计基准、工艺基准和编程计算基准统一，同时还应力求装夹次数最少。在选择夹具时，一般应注意以下几点：

① 尽量采用通用夹具、组合夹具，必要时才设计专用夹具。

② 工件的定位基准应与设计基准保持一致，注意防止出现过定位干涉现象，同时应便于工件的安装，不允许出现欠定位的现象。

③ 由于在数控铣床上通常一次装夹完成工件的多道工序，因此应防止工件夹紧引起的变形造成对工件加工的不良影响。

④ 夹具在夹紧工件时，应使工件上的加工部位开放，即夹具上的各部件不得妨碍走刀。

⑤ 尽量使夹具的定位、夹紧装置部位无切屑积留，清理方便。

(3) 确定加工工艺

确定工序的先后次序，填写工艺卡。

(4) 进给路线的确定

编程时确定进给路线的原则主要有以下几点：

① 保证被加工工件的加工精度和表面质量。

② 数值计算简单，程序段数量少，简化程序，减少编程工作量。

③ 尽量缩短加工路线，减少空行程时间，提高加工效率。

（5）刀具的确定

选择刀具通常要考虑机床的加工能力、工序内容和工件材料等因素。数控加工不仅要求刀具的精度高、刚度高、耐用度高，而且要求尺寸稳定、安装调整方便。

四、合理选择顺铣与逆铣

在加工中，铣削分为逆铣和顺铣两种，当铣刀的旋转方向和工件的进给方向相同时称为顺铣，相反则称为逆铣，如图 7-47 所示。

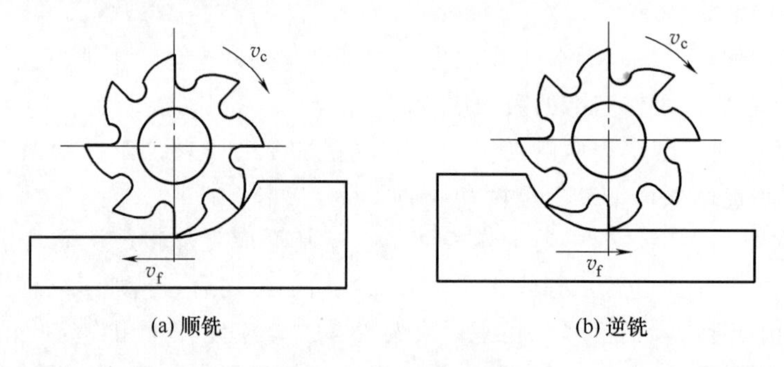

图 7-47 顺铣与逆铣

逆铣时刀齿开始切削工件时的切削厚度比较小，导致刀具易磨损，并影响已加工表面；顺铣时刀具的耐用度比逆铣时提高 2～3 倍，刀齿的切削路径比较短，比逆铣时的平均切削厚度大，而且切削变形较小，但顺铣不宜加工带硬皮的工件。由于工件所受的切削力方向不同，粗加工时逆铣比顺铣要平稳。因此，为了降低表面粗糙度值，提高刀具耐用度，对于铝镁合金、钛合金和耐热合金等材料，尽量采用顺铣加工。但如果零件毛坯为黑色金属锻件或铸件，表皮硬而且余量比较大，这时采用逆铣较为合理。

对于立式数控铣床所采用的立铣刀，装在主轴上相当于悬臂梁结构，在切削加工时刀具会产生弹性弯曲变形，如图 7-48 所示。当用铣刀顺铣时，刀具在切削时会产生“让刀”现

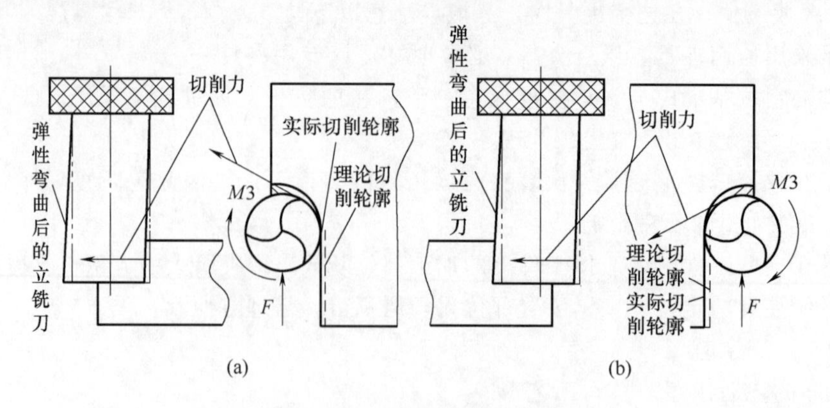

图 7-48 立铣刀的弹性弯曲

象，即切削时出现“欠切”，如图 7-48（a）所示；而用铣刀逆铣时，刀具在切削时会产生“啃刀”现象，即切削时出现“过切”现象，如图 7-48（b）所示。这两种现象在刀具直径越小、刀杆伸出越长时越明显，所以在选择刀具时，从提高生产率、减少刀具弹性弯曲变形的影响这些方面考虑，应选大的直径，但不能大于零件凹圆弧的半径，在装刀时尽量伸出短些。

五、外轮廓铣削走刀路线和加工方法

（1）垂直方向进、退刀

如图 7-49 所示，刀具沿 Z 轴下刀后，垂直接近工件表面，这种方法进给路线短，但工件表面有接刀痕。

（2）直线切向进、退刀

如图 7-50 所示，刀具沿 Z 轴下刀后，从工件外延长直线切向进刀，退刀时沿切向退出，这样切削工件时不会产生接刀痕。

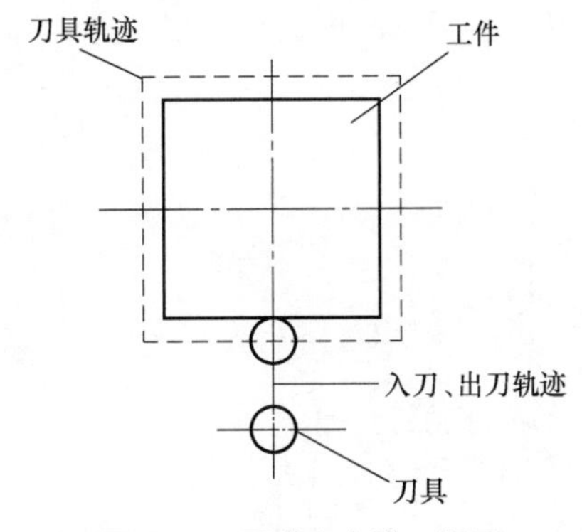

图 7-49 垂直方向进、退刀

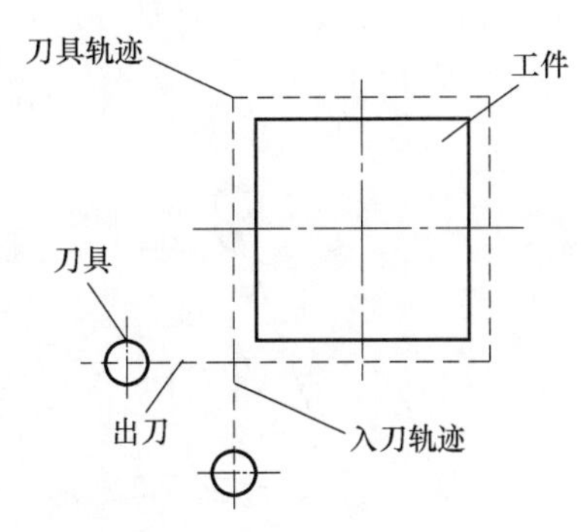

图 7-50 直线切向进、退刀

（3）圆弧切向进、退刀

如图 7-51 所示，刀具沿圆弧切向切入、切出工件，工件表面没有接刀痕。

当零件的外轮廓由圆弧组成时，要注意安排好刀具的切入、切出，要尽量避免交界处重复加工，否则会出现明显的界限痕迹。为了保证零件的表面质量，减少接刀痕迹，对刀具的切入切出程序要精心设计，如图 7-52 所示，铣刀的切入和切出点应沿零件轮廓曲线的延长线切入和切出零件表面，而不应沿法向直线切入零件，以避免加工表面产生划痕，保证零件轮廓光滑。

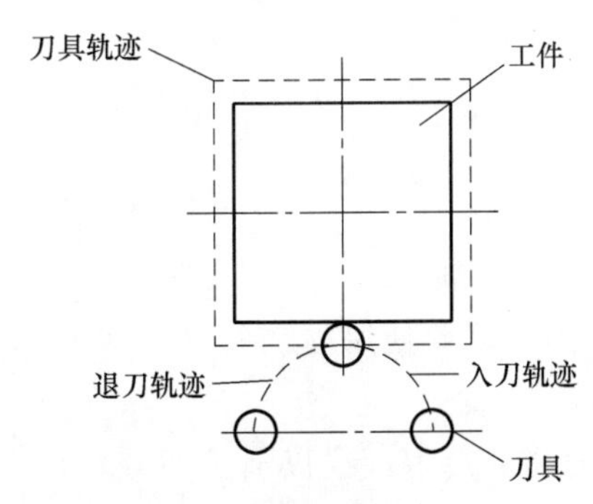

图 7-51 圆弧切向进、退刀

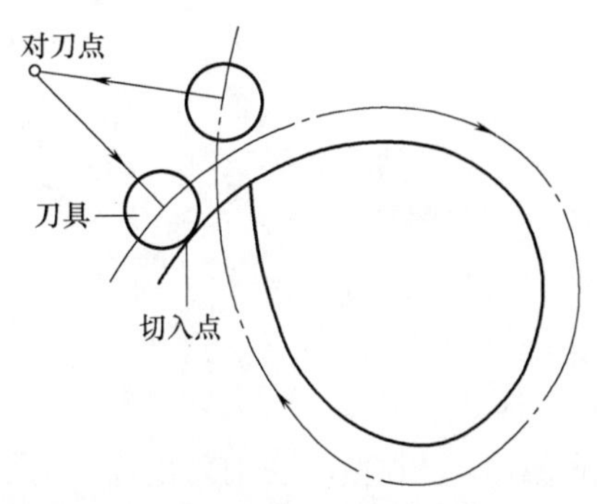

图 7-52 刀具切入、切出时的外延

如在加工整圆时，要安排刀具从切向进入圆周铣削加工，当整圆加工完毕后，不要在切点处直接退刀，而让刀具多运动一段距离，最好沿切线方向退出，以免取消刀具补偿时，刀具与工件表面相碰撞，造成工件报废，如图 7-53 所示。

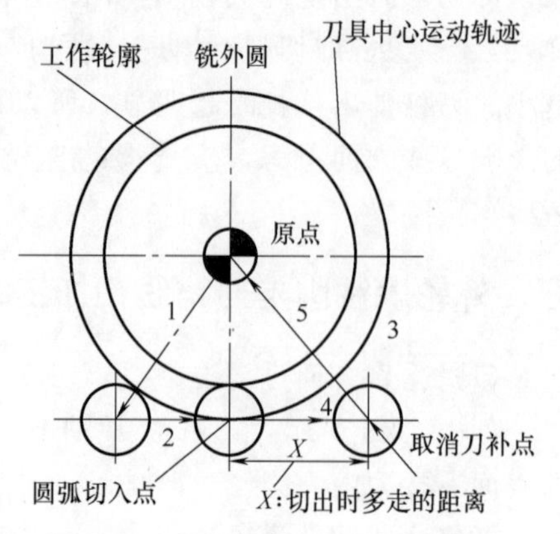

图 7-53　整圆加工切入、切出路径

（4）采用行切加工法加工曲面

铣削曲面时，常用球头刀采用行切加工法。对于边界敞开的曲面加工，可采用两种加工路线。如图 7-54 所示，对于发动机大叶片，当采用图 7-54（a）的加工方案时，每次沿直线加工，刀位点计算简单，程序少，最后得到的加工面由直纹面的形成，可以准确保证母线的直线度；当采用图 7-54（b）所示的加工方案时，符合这类零件表面数据的实际情况，便于加工后检验，叶形的准确度高，但程序较多。由于曲面零件的边界是敞开的，没有其他表面限制，所以曲面边界可以延伸，球头刀应由边界外开始加工。

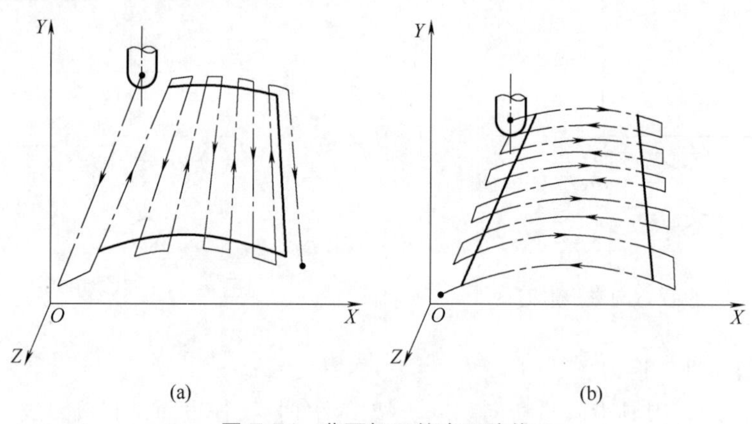

图 7-54　曲面加工的走刀路线

六、型腔走刀路线和加工方法

型腔铣削需要在一个边界线确定的封闭区域内去除材料。该区域由侧壁及底面围成，其侧壁和底面可以是斜面、凸台、球面以及其他形状，型腔内部可以全空或有孤岛。型腔加工分为三步：型腔内部去余量、型腔轮廓粗加工、型腔轮廓精加工。

（1）下刀方法

把刀具引入到型腔有三种方法：

① 使用键槽铣刀沿 Z 向直接下刀，切入工件。

② 先用钻头钻孔，立铣刀通过孔垂直进入再用圆周铣削。

③ 立铣刀的端面刃不过中心，一般不宜垂直下刀，因此使用立铣刀时，宜采用螺旋下刀或者斜插式下刀。

螺旋下刀是在两个切削层之间，刀具从上一层的高度沿螺旋线以渐进的方式切入工件，直到下一层的高度，然后开始正式切削。

（2）走刀路线的选择

常见的型腔走刀路线有行切法、环切法和综合切削法三种，如图 7-55 所示。三种加工方法的特点是：

① 共同特点是都能切净内腔中的全部面积，不留死角，不伤轮廓，同时尽量减少重复进给的搭接量。

② 不同点是行切法［图 7-55（a）］的进给路线比环切法短，但行切法将在两次进给的起点与终点间留下残留面积而达不到所要求的表面粗糙度；用环切法［图 7-55（b）］获得的表面质量要好于行切法，但环切法需要逐次向外扩展轮廓线，刀位点计算要复杂一些。

③ 采用图 7-55（c）所示的进给路线，即先用行切法切去中间部分余量，最后用环切法光整轮廓表面，既能使总的进给路线较短，又能获得较好的表面质量。

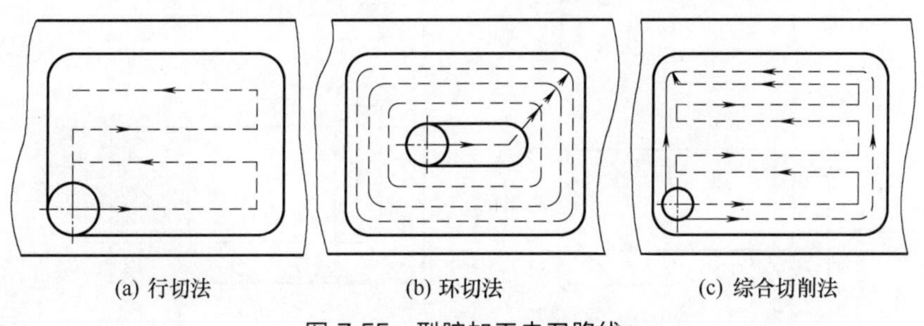

(a) 行切法　(b) 环切法　(c) 综合切削法

图 7-55　型腔加工走刀路线

（3）精加工刀具路径

内轮廓精加工时，切入、切出要和外轮廓一样，也可采用圆弧切入、切出，保证表面粗糙度，如图 7-56 所示。

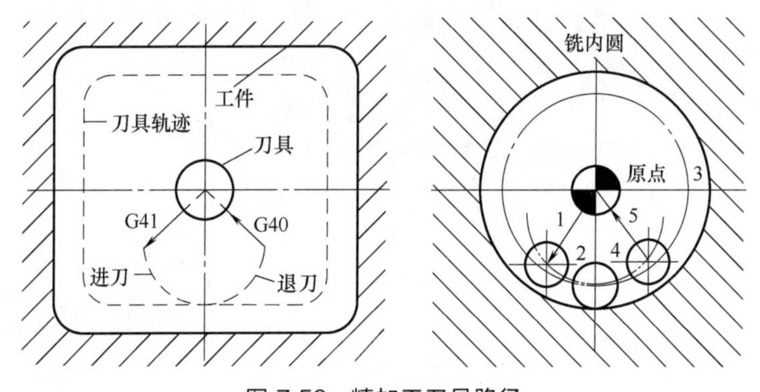

图 7-56　精加工刀具路径

七、内腔、内槽的结构工艺性分析

零件的结构工艺性是指所设计的零件在满足使用要求的前提下制造的可行性和经济性。良好的结构工艺性，可以使零件加工容易，节省工时和材料。而零件结构工艺性较差，会使加工困难，浪费工时和材料，有时甚至无法加工。因此，零件各加工部位的结构工艺性应符合数控加工的特点。

① 零件的内腔与外形应尽量采用统一的几何类型和尺寸，这样可以减少刀具的规格和换刀的次数，方便编程和提高数控机床加工效率。

② 零件内槽及缘板间的过渡圆角半径不应过小。

过渡圆角半径反映了刀具直径的大小，刀具直径和被加工零件轮廓的深度之比与刀具的刚度有关。如图 7-57（a）所示，当 $R \leqslant 0.2H$ 时（H 为被加工零件轮廓面的深度），则判定零件该部位的加工工艺性较差；如图 7-57（b）所示，当 $R > 0.2H$ 时，则刀具切削时刚度较高，零件的加工质量能得到保证。

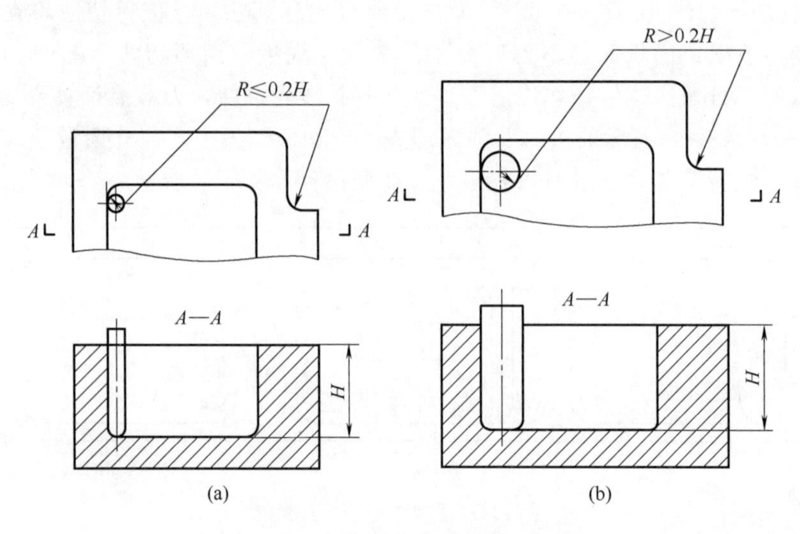

图 7-57　内槽结构工艺性对比

③ 铣零件的槽底平面时，槽底圆角半径 r 不宜过大。

如图 7-58 所示，铣削零件底平面时，槽底的圆角半径 r 越大，铣刀端面刃铣削平面的能力就越差。铣刀与铣削平面接触的最大直径 $d = D - 2r$（D 为铣刀直径），当 D 一定时，r 越大，铣刀端面刃铣削平面的面积越小，加工平面的能力就越差、效率越低、工艺性也越差。当 r 大到一定程度时，甚至必须用球头铣刀加工，这是应该尽量避免的。

此外，还应分析零件所要求的加工精度、尺寸公差等是否可以得到保证，有没有引起矛盾的多余尺寸或影响加工安排的封闭尺寸等。

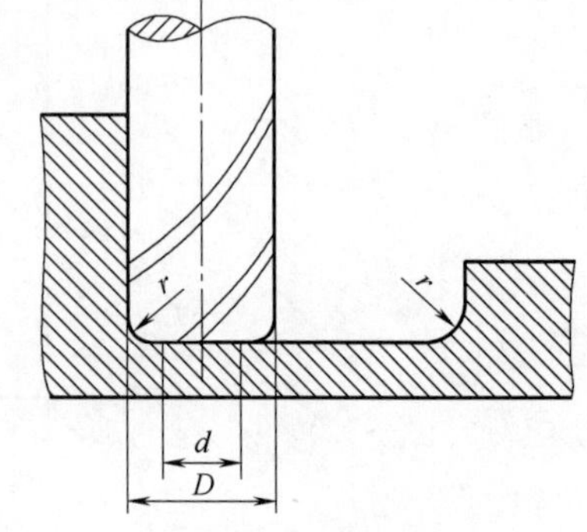

图 7-58　槽底平面圆角对加工工艺的影响

八、槽加工进给路线的确定

槽铣削加工进给路线包括切削进给和 Z 向快速移动进给两种进给路线。Z 向快速移动进给常采用下列进给路线。

1. 铣削开口不通槽

铣刀在 Z 向可直接快速移动到位，不需工作进给，如图 7-59（a）所示。

2. 铣削轮廓及通槽

铣刀应有一段切出距离 Z_0，可直接快速移动到距零件表面 Z_0 处，如图 7-59（c）所示。

3. 铣削封闭槽（如铣键槽）

铣刀需要有一切入距离 Z_a，先快速移动到距工具加工表面一切入距离 Z_a 的位置上（R

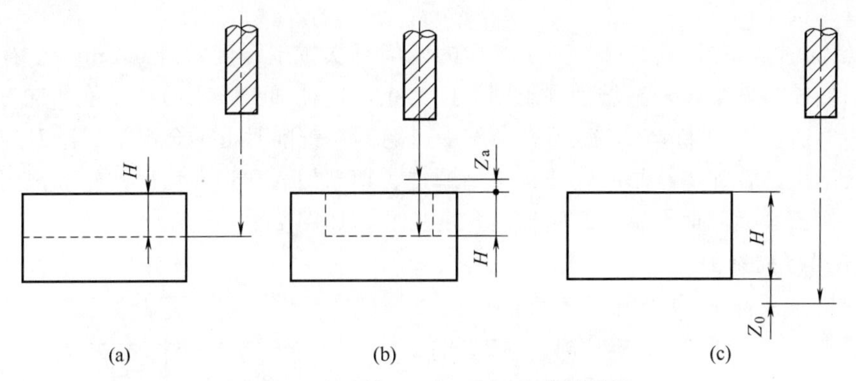

图 7-59　铣削加工时刀具 Z 向进给路线

平面)，然后以工作进给速度进给至铣削深度 H，如图 7-59（b）所示。

（1）下刀方法

① 使用立铣刀斜插式下刀。使用立铣刀时，由于端面刃不过中心，一般不宜垂直下刀，可采用斜插式下刀。所谓斜插式下刀就是在两个切削层之间，刀具从上一层的高度沿斜线以渐进的方式切入工件，直到下一层的高度，然后开始正式切削，如图 7-60 所示。采用斜插式下刀时要注意斜向切入的位置和角度的选择应适当，一般进刀角度为 5°～10°。

② 使用键槽铣刀沿 Z 轴垂直下刀。使用键槽铣刀时，由于端面刃过中心，可以沿 Z 轴直接切入工件，如图 7-61 所示。

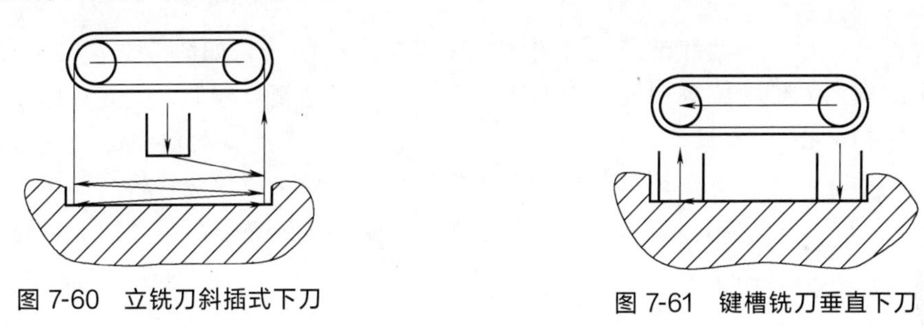
图 7-60　立铣刀斜插式下刀　　图 7-61　键槽铣刀垂直下刀

（2）加工刀路设计

① 一次铣到位。如图 7-62（a）所示，这种加工方法对铣刀的使用较不利，因为铣刀在用钝时，其切削刃上的磨损长度等于键槽的深度。若刃磨圆柱面切削刃，则因铣刀直径被磨小而不能再进行精加工。因此，以磨去端面一段较为合理。但对刃磨的铣刀直径，在使用之

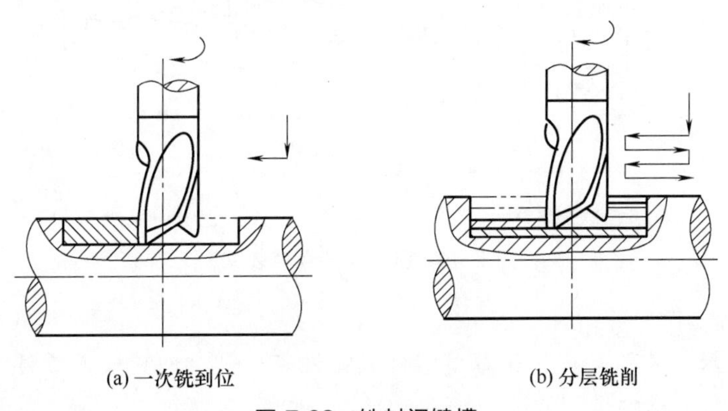

图 7-62　铣封闭键槽

前需用千分尺进行检查。

② 分层铣削。如图 7-62（b）所示，槽的铣削每次铣削深度只有 0.5mm 左右，以较快的进给量往复进行铣削，一直铣到预定的深度为止。这种加工方法的特点是：铣刀用钝后只需磨端面刃（磨削不到 1mm），铣刀直径不受影响，在铣削时也不会产生“让刀”现象。

分层铣削中，精加工键槽时，普遍采用顺铣、切向切入和切向切出的轮廓铣削法来加工键槽侧面，保证键槽侧面粗糙度和键槽的宽度尺寸，如图 7-63 所示。

4. 直角沟槽的铣削

直角沟槽主要用三面刃铣刀来铣削，也可用立铣刀、槽铣刀及合成铣刀来铣削。对封闭的沟槽则都采用立铣刀或键槽铣刀来铣削。

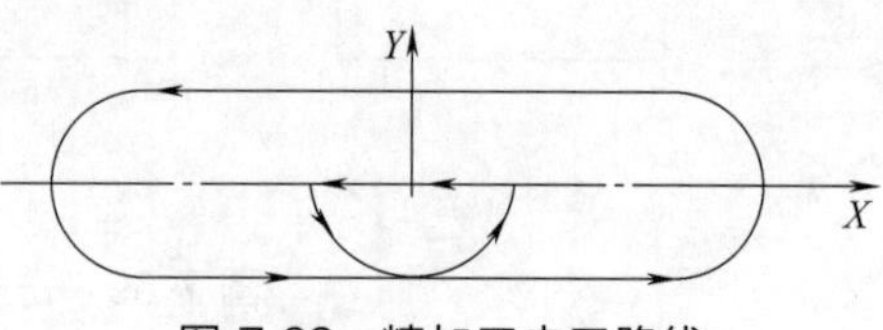

图 7-63 精加工走刀路线

键槽铣刀一般都是双刃的，端面刃能直接切入零件，故在铣封闭槽之前可以不必预先钻孔。键槽铣刀直径的尺寸精度较高，其直径的基本偏差有 d8 和 e8 两种。

立铣刀在铣封闭槽时，需预先钻好落刀孔。宽度大于 25mm 的直角沟槽大都采用立铣刀来加工。对宽度大和深的沟槽也大多采用立铣刀来铣削。

盘形槽铣刀简称槽铣刀，它的特点是刀齿的两侧一般没有刃口。有的槽铣刀齿背做成铲齿形，这种切削刃在用钝以后，刃磨时只能磨前面而不能磨后面，刃磨后的切削刃形状和宽度都不改变，适用于加工大批相同尺寸的沟槽。这种铣刀的缺点是制造复杂，切削性能也较差。

槽铣刀的宽度尺寸精度和键槽铣刀相同，其基本偏差为 k8。如图 7-64（a）所示，零件的封闭槽则必须用立铣刀或键槽铣刀来加工。立铣刀的尺寸精度较低，其直径的基本偏差为 js14，现采用 ϕ16mm 的立铣刀加工图中所示的封闭槽。由于此直角槽底部是贯通的，故装夹时应注意沟槽下面不能有垫铁，以免妨碍立铣刀穿通，而应采用两块较窄的平行垫铁，垫在零件下面，如图 7-64（b）所示。这条封闭槽的长度是 32mm，当用 ϕ16mm 的铣刀切入后，工作台实际只需移动 16mm。

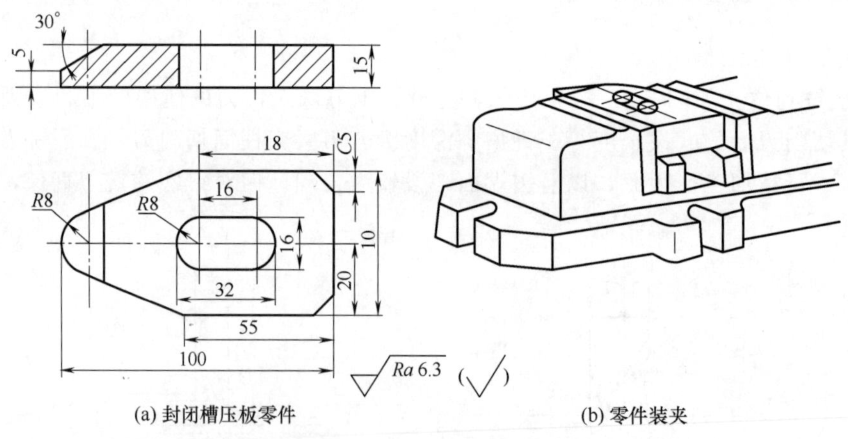

(a) 封闭槽压板零件　　(b) 零件装夹

图 7-64 压板零件及其装夹

5. T 形槽的铣削

如图 7-65 所示，铣削带有 T 形槽的零件，在铣床上装夹时，应使零件侧面与工作台进给方向一致。铣 T 形槽的步骤如下。

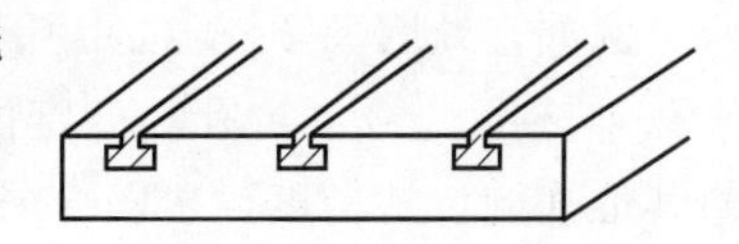

① 铣直角槽。在立式铣床上用键槽铣刀（或在卧式铣床上用槽铣刀）铣出一条宽 18mm（H7）、深 30mm 的直角槽，如图 7-66（a）所示。

② 铣 T 形槽。拆下键槽铣刀，装上 ϕ32mm、厚 15mm 的 T 形槽铣刀，接着把 T 形槽铣刀的端面调整到与直角槽的槽底相接触，然后开始铣削，如图 7-66（b）所示。

③ 槽口倒角。如果 T 形槽在槽口处有倒角，可拆下 T 形槽铣刀，装上倒角铣刀倒角，如图 7-66（c）所示。倒角时应注意两边对称。

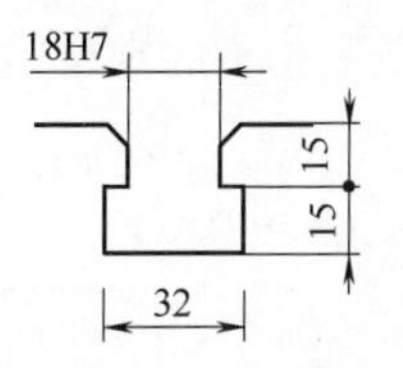

图 7-65　T 形槽零件

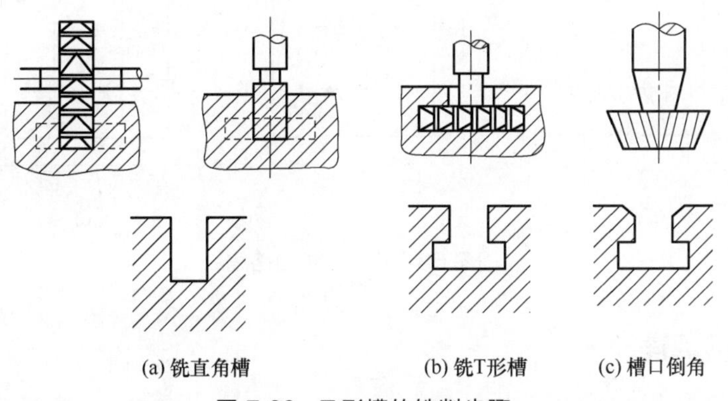

图 7-66　T 形槽的铣削步骤

铣 T 形槽应注意的事项：

① T 形槽铣刀在切削时切屑排出非常困难，经常把容屑槽填满而使铣刀失去切削能力，以致铣刀折断，所以应经常清除切屑。

② T 形槽铣刀的颈部直径较小，要注意避免铣刀因受到过大的铣削力和突然的冲击力而折断。

③ 由于排屑不畅，切削时热量不易散失，铣刀容易发热，在铣钢件时，应充分喷注切削液。

④ T 形槽铣刀不能用得太钝，用钝的刀具的切削能力将大大减弱，铣削力和切削热会迅速增加，所以用钝的 T 形铣刀铣削是铣刀折断的主要原因之一。

⑤ T 形槽铣刀在切削时工作条件较差，所以要采用较小的进给量和较低的切削速度，但铣削速度不能太低，否则会降低铣刀的切削性能和增加每齿的进给量。

⑥ 为了改善切屑的排出条件以及减少铣刀与槽底面的摩擦，在设计和工艺条件许可的情况下，可把直角槽稍铣得深些，这时铣好的 T 形槽形状如图 7-67 所示。这种形状的 T 形槽对实际应用没有多大影响。

槽类零件的加工一般是进给路线简单，但重复次数较多，其编程一般采用子程序来完成。

九、相互位置精度高的孔系的加工路线

对于位置精度要求较高的孔系加工，特别要注意孔的加工顺序的安排，避免将坐标轴的反向间隙带入，影响位置精度。

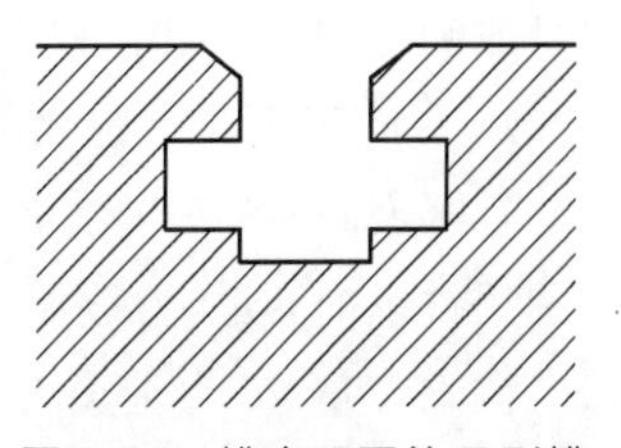

图 7-67　槽底不平的 T 形槽

例如，镗削图 7-68（a）所示零件上的 4 个孔。若按图 7-68（b）所示进给路线加工，由于孔 4 与孔 1、孔 2、孔 3 的定位方向相反，Y 向反向间隙会使定位误差增加，从而影响孔 4 与其他孔的位置精度。按图 7-68（c）所示进给路线加工，在加工完孔 3 后往上移动一段距离至 P 点，然后再折回来在孔 4 处进行定位加工，这样方向一致，就可避免反向间隙的引入，提高了孔 4 的定位精度。

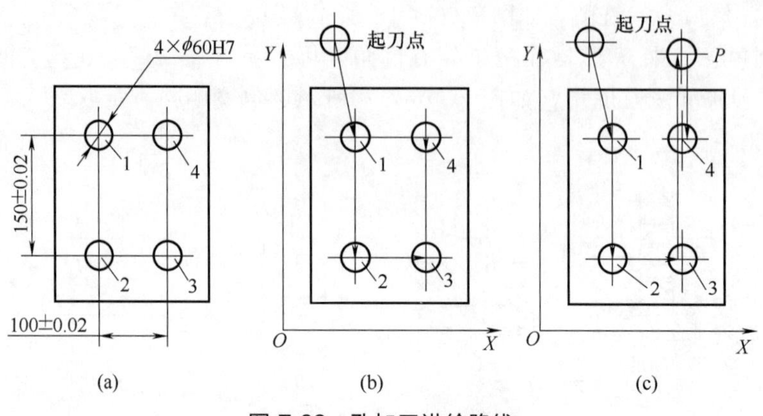

图 7-68　孔加工进给路线

十、切削用量的选择

如图 7-69 所示，铣削加工切削用量包括主轴转速（切削速度）、进给速度、背吃刀量和侧吃刀量。切削用量的大小对切削力、切削速度、刀具磨损、加工质量和加工成本均有显著影响。数控加工中选择切削用量的原则，就是在保证加工质量和刀具耐用度的前提下，充分发挥机床性能和刀具切削性能，使切削效率最高，加工成本最低。

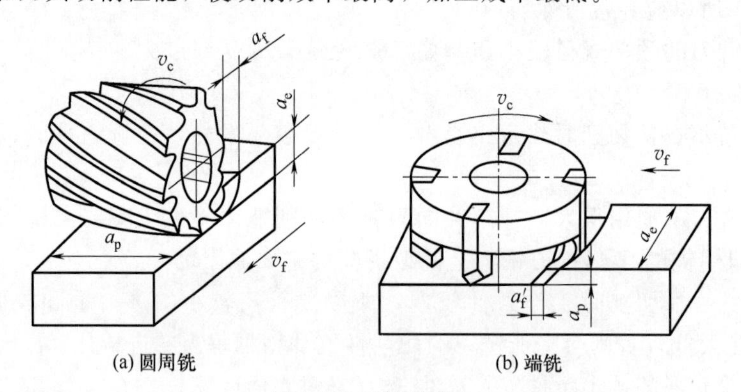

图 7-69　铣削用量

依照切削用量的选择原则，为保证刀具的耐用度，铣削用量的选择方法是：先选择背吃刀量或侧吃刀量，其次确定进给速度，最后确定切削速度。

1. 背吃刀量（端铣或圆周铣侧吃刀量）的选择

背吃刀量 a_p 为平行于铣刀轴线测量的铣切尺寸（mm）。端铣时，a_p 为切削层深度；而圆周铣削时，a_p 为被加工表面的宽度。

侧吃刀量 a_e 为垂直于铣刀轴线测量的切削层尺寸（mm）。端铣时，a_e 为被加工表面宽度；而圆周铣削时，a_e 为切削层的深度。

背吃刀量或侧吃刀量的选取主要由加工余量和被加工表面的质量要求决定。

① 被加工表面的表面粗糙度要求为 $Ra=3.2\sim25\mu m$ 时，如果圆周铣削的加工余量小于端铣的加工余量，则粗铣一次进给就可以达到要求。但在余量较大，工艺系统刚性较差或机床动力不足时，可分两次进给完成。

② 零件表面粗糙度要求为 $Ra=1.5\sim3.2\mu m$ 时，可分粗铣和半精铣两步进行。粗铣后留 0.5～1mm 余量，在半精铣时切除。

③ 零件表面粗糙度要求为 $Ra=0.8\sim1.5\mu m$ 时，可分粗铣、半精铣、精铣三步进行。半精铣时背吃刀量或侧吃刀量取 1.5～2mm，精铣时圆周铣侧吃刀量取 0.3～0.5mm，端铣刀背吃刀量取 0.5～1mm。

2. 进给量与进给速度的选择

铣削加工的进给量 f（mm/r）是指刀具转一周，零件与刀具沿进给运动方向的相对位移量；进给速度 v_f（mm/min）是单位时间内零件与铣刀沿进给方向的相对位移量。进给量与进给速度是数控铣床加工切削用量中的重要参数，根据零件的表面粗糙度、加工精度要求、刀具及零件材料等因素，参考切削用量手册选取或参考表 7-6 选取。零件刚性差或刀具强度低时，应取小值。铣刀为多齿刀具，其进给速度 v_f、刀具转速 n、刀具齿数 Z 及每齿进给量 f_z 的关系为：

$$v_f=nZf_z$$

表 7-6　铣刀每齿进给量

零件材料	每齿进给量 f_z(mm/z)			
	粗铣		精铣	
	高速钢铣刀	硬质合金铣刀	高速钢铣刀	硬质合金铣刀
钢	0.10～0.15	0.10～0.25	0.02～0.05	0.10～0.15
铸铁	0.12～0.20	0.15～0.30		

3. 切削速度的选择

切削速度 v_c（m/min）的选择：根据已经选定的背吃刀量、进给量及刀具耐用度选择切削速度，可用经验公式计算，也可根据生产实践经验，在机床说明书允许的切削速度范围内查阅有关手册或参考表 7-7 选取。

表 7-7　切削速度参考值

零件材料	硬度(HBS)	切削速度 v_c(m/min)	
		高速钢铣刀	硬质合金铣刀
钢	<225	18～42	66～150
	225～325	12～36	54～120
	325～425	6～21	36～75
铸铁	<190	21～36	66～150
	190～260	9～18	45～90
	260～320	4.5～10	21～30

实际编程中，切削速度 v_c 确定后，还要按式 $v_c=\pi dn/1000$ 计算出铣床主轴转速 n（r/min），对有级变速的铣床，须按铣床说明书选择与所计算转速 n 接近的转速，并填入程序单中。

对于高速铣削机床（主轴转速在 10000r/min 以上），为发挥其高速旋转的特性、减少主轴的重载磨损，其切削用量的选择顺序是 v_c→v_f（进给速度）→a_p（a_e）。

第八章　数控铣削的编程指令及应用

第一节　铣削基本指令

【视频 8-1　常用辅助功能指令和 F、S、T 指令】

一、常用辅助功能 M 代码

辅助功能由地址字 M 和其后的一位或两位数字组成，主要用于控制零件程序的走向以及机床各种辅助功能的开关动作。M 功能有模态和非模态两种功能形式。

FANUC 数控系统的数控铣床上常用的 M 功能代码如表 8-1 所示。

表 8-1　辅助功能（M 代码）

代码	功能开始时间 在程序段指令运动之前执行	功能开始时间 在程序段指令运动之后执行	功能	附注
M00		√	程序暂停	非模态
M01		√	选择停止	非模态
M02		√	程序结束	非模态
M03	√		主轴顺时针旋转	模态
M04	√		主轴逆时针旋转	模态
M05		√	主轴停止	模态
M07	√		2 号冷却液打开	模态
M08	√		1 号冷却液打开	模态
M09		√	冷却液关闭	模态
M30		√	程序结束并返回	非模态
M98	√		子程序调用	模态
M99		√	子程序调用返回	模态

1. 程序暂停（M00）

当 CNC 执行到 M00 指令时将暂停执行当前程序，以方便操作者进行刀具和零件的尺寸测量、零件调头、手动变速等操作。暂停时，机床的主轴进给及冷却液停止，而全部现存的模态信息保持不变，要继续执行后续程序只需按操作面板上的循环启动键即可。

2. 选择停止（M01）

与 M00 类似，在含有 M01 的程序段执行后，自动停止运行，但需将机床操作面板上的任选停机的开关置为有效。

3. 程序结束（M02）

该指令用在主程序的最后一个程序段中。当该指令执行后，机床的主轴进给、冷却液全部停止，加工结束。使用 M02 的程序结束后，不能自动返回到程序头，若要重新执行该程序就得重新调用该程序。

4. 程序结束并返回到零件程序头（M30）

M30 与 M02 功能相似，只是 M30 指令还兼有控制返回到零件程序头的作用。使用 M30

的程序结束后，若要重新执行该程序只需再次按操作面板上的循环启动键即可。

5. 主轴控制指令（M03、M04、M05）

M03 指令：主轴顺时针方向（从 Z 轴正向向 Z 轴负向看）旋转。

M04 指令：主轴逆时针方向旋转。

M05 指令：主轴停止旋转，是机床的缺省功能。

M03、M04、M05 可相互注销。

6. 与冷却液的开关有关的指令（M07、M08、M09）

M07 指令为打开 2 号冷却液；M08 指令为打开 1 号冷却液；M09 为关闭冷却液，是缺省功能。

二、主轴转速功能指令（S）

主轴功能 S 控制主轴转速，其后的数值表示主轴转速，单位为 r/min。

S 是模态指令，S 功能只有在主轴转速可调时有效。

三、进给速度（F）

F 指令表示加工时刀具相对于零件的合成进给速度。F 的单位取决于 G94 或 G95 指令，具体说明如下：

G94 F_;　　每分钟进给量，尺寸为公制或英制时，单位分别为 mm/min 或 in/min;

G95 F_;　　每转进给量，尺寸为公制或英制时，单位分别为 mm/r 或 in/r。

例如：N10 G94 F100;　　进给速度为 100mm/min

……

N100 S400 M3;　　主轴正转，转速为 400r/min

N110 G95 F0.5;　　进给速度为 0.5mm/r

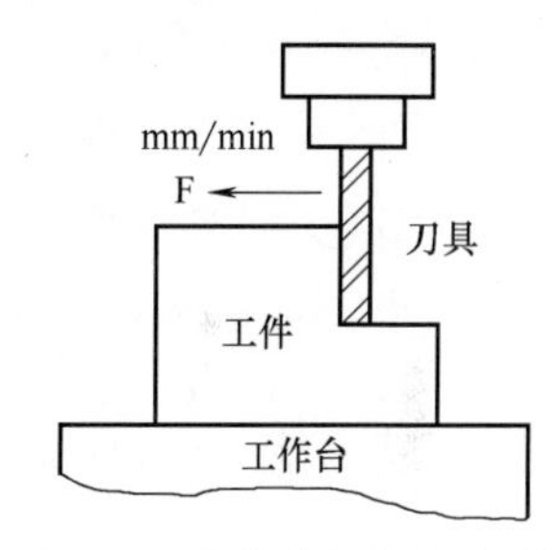

图 8-1　进给速度指令（F）

每分钟进给量与每转进给量的关系：

$$v_f = nf$$

式中　v_f——每分钟进给量，mm/min；

n——主轴转速，r/min；

f——每转进给量，mm/r。

例如，进给量为 0.15mm/r，主轴转速为 1000r/min，则每分钟进给速度：

$$v_f = 0.15\text{mm/r} \times 1000\text{r/min} = 150\text{mm/min}$$

指令使用说明如下：

① 数控铣床中常默认 G94 有效。

② G95 指令中只有主轴为旋转轴时才有意义。

③ G94、G95 更换时要求写入一个新的地址 F。

④ G94、G95 均为模态有效指令。

当工作在 G01、G02、G03 方式下时，编程中 F 一直有效直到被新的 F 值所取代，而工作在 G00、G60 方式下时，快速定位的速度是各轴的最高速度，与 F 无关。操作面板上有进给速度 F 的倍率修调开关，F 可在一定范围内进行倍率修调。

当执行攻螺纹循环 G84、螺纹切削 G33 时，倍率开关无效，进给倍率固定在 100。

四、刀具功能（T）

T 是刀具功能字，后跟两位数字指示更换刀具的编号。在加工中心上执行 T 指令，则刀库转动来选择所需的刀具，然后等待直到 M06 指令作用时自动完成换刀。T 指令同时可调入刀补寄存器中的刀补值（刀补长度和刀补半径）。虽然 T 指令为非模态指令，但被调用的刀补值会一直有效，直到再次换刀调入新的刀补值。如 T0101，前一个 01 指的是选用 01 号刀，第二个 01 指的是调入 01 号刀补值。当刀补号为 00 时，实际上是取消刀补。如 T0100，则是用 01 号刀，且取消刀补。

五、常用准备功能 G 代码

【视频 8-2 基础指令】

准备功能 G 指令是由 G 后加一或两位数值组成。G 指令是用于建立机床或控制系统工作方式的一种指令。

G 功能有非模态和模态之分。非模态 G 功能只在所规定的程序段中有效，程序段结束时被注销。模态 G 功能是一组可相互注销的 G 功能，这些功能一旦被执行则一直有效直到被同一组的 G 功能注销为止。

模态 G 功能组中包含一个缺省 G 功能，上电时将被初始化为该功能。没有共同参数的不同组 G 代码可以放在同一程序段中，而且与顺序无关。例如：G90、G17 可与 G01 放在同一程序段，但 G00、G02、G03 等不能与 G01 放在同一程序段。

六、尺寸单位设定指令

G21：公制尺寸单位设定指令。

G20：英制尺寸单位设定指令。

① G20、G21 必须在设定坐标系之前，在程序的开头以单独程序段指定。

② 在程序段执行期间，均不能切换公制、英制尺寸输入指令。

③ G20、G21 均为模态有效指令。

④ 在公制/英制转换之后，将改变程序中数值的单位制。

七、坐标尺寸指令（G90、G91）

指令格式：

绝对值编程：G90 X_ Y_ Z_;

增量值编程：G91 X_ Y_ Z_;

说明如下：

① G90 指令规定在编程时按绝对值方式输入坐标，即移动指令终点的坐标值 X、Y、Z 都是以零件坐标系坐标原点（程序零点）为基准来计算。

② G91 指令规定在编程时按增量值方式输入坐标，即移动指令终点的坐标值 X、Y、Z 都是以起始点为基准来计算，再根据终点相对于始点的方向判断正负，与坐标轴同向取正，反向取负。

如图 8-2 所示，从起点到终点，绝对值指令编程和增量值指令编程的对比如下：

绝对值指令编程：G90 X20 Y120;

增量值指令编程：G91 X-70 Y80;

八、平面选择指令（G17、G18、G19）

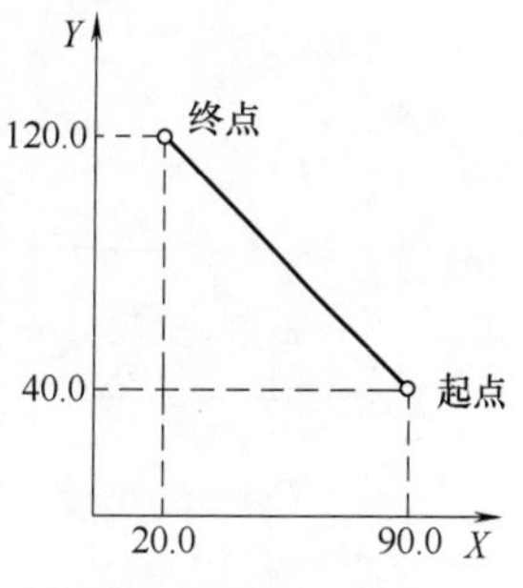

图 8-2 绝对值编程和增量值编程对比

平面选择指令 G17、G18、G19 分别用来指定程序段中刀具的圆弧插补平面和刀具补偿平面，其中：

G17：选择 *XY* 平面；

G18：选择 *XZ* 平面；

G19：选择 *YZ* 平面。

一般数控铣床开机后，缺省设定为 G17。

九、参考点指令（G27、G28、G29、G30）

1. 返回参考点检查指令（G27）

数控机床通常是长时间连续运转的，为了提高加工的可靠性及保证零件尺寸的正确性，可用 G27 指令来检查零件原点的正确性。指令格式为：

```
G90(G91) G27 X_ Y_ Z_;
```

在 G90 方式下 X、Y、Z 后面为机床参考点在零件坐标系的绝对值坐标；在 G91 方式下 X、Y、Z 后面为机床参考点相对刀具目前所在位置的增量坐标。

当加工完成一个循环，在程序结束前，执行 G27 指令，则刀具将以快速定位（G00）移动方式自动返回机床参考点。如果刀具到达参考点位置，则操作面板上的参考点返回指示灯会亮；若零件原点位置在某一轴向上有误差，则该轴对应的指示灯不亮，且系统将自动停止执行程序，发出报警提示。

使用 G27 指令时，若先前建立了刀具半径或长度补偿，则必须先用 G40 或 G49 将刀具补偿撤销后，才可使用 G27 指令。例如，对于加工中心可编写如下程序：

```
……
M06 T01;                       换 1 号刀
G40 G49;                       撤销刀具补偿
G27 X385.6 Y210.8 Z226.0;      返回参考点检查
……
```

2. 自动返回参考点指令（G28）

该指令可使坐标轴自动返回参考点。指令格式为：

```
G28 X_ Y_ Z_;
```

其中，X、Y、Z 后面为返回机床参考点时所经过的中间点坐标。

指令执行后，所有受控轴都将快速定位到中间点，然后再从中间点到机床参考点，如图 8-3（a）所示。

G91 方式编程如下：

```
G91 G28 X100.0 Y150.0;
```

G90 方式编程如下：

```
G90 G54 G28 X300.0 Y250.0;
```

对于加工中心，G28 指令一般用于自动换刀，在使用该指令时应首先撤销刀具的补偿功能。如果需要坐标轴从目前位置直接返回参考点，一般用增量方式指令，如图 8-3（b）所示，其程序编制如下：

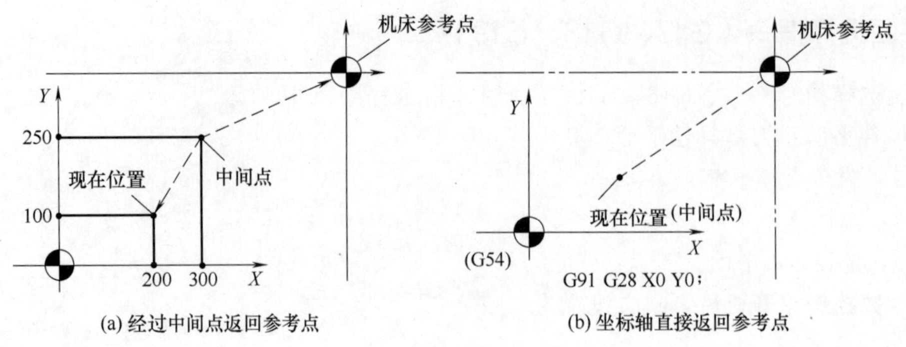

图 8-3　G28 指令图标

```
G91 G28 X0 Y0;
```

3. 从参考点返回指令（G29）

该指令的功能是使刀具由机床参考点经过中间点到达目标点。

指令格式：G29 X_Y_Z_;

这条指令一般紧跟在 G28 指令后使用，指令中 X、Y、Z 后面的坐标值是执行完 G29 后，刀具应到达的坐标点。它的动作顺序是从参考点快速到达 G28 指令的中间点，再从中间点移动到 G29 指令的点定位，其动作与 G00 动作相同，如图 8-4 所示。

可编写如下程序：

```
M06 T02;
……
G90 G28 Z50.0;
M06 T03;
G29 X35 Y30 Z5;
……
```

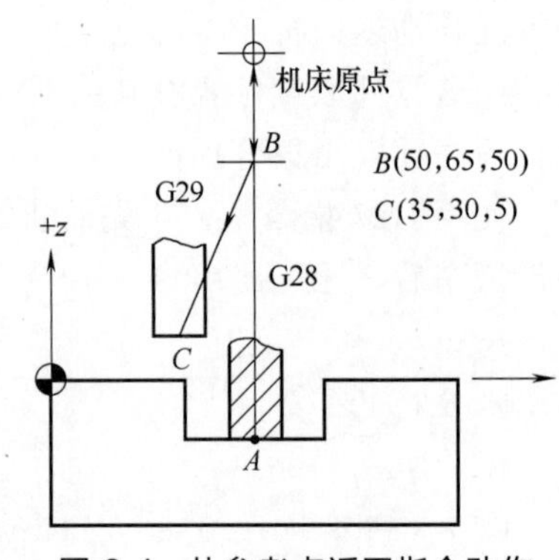

图 8-4　从参考点返回指令动作

4. 第 2、3、4 参考点返回（G30）

此指令的功能是由刀具所在位置经过中间点回到参考点。与 G28 类似，差别在于 G28 是回归第一参考点（机床原点），而 G30 是返回第 2、3、4 参考点。

指令格式为：

```
G30 P1 X_Y_Z_;
G30 P2 X_Y_Z_;
G30 P3 X_Y_Z_;
```

其中，P2、P3、P4 即选择第 2、第 3、第 4 参考点；X、Y、Z 后面的坐标值是指中间点位置。

第 2、3、4 参考点的坐标位置在参数中设定，其值为机床原点到参考点的向量值。

十、加工中心换刀指令（M06）

刀具交换是指刀库上位于换刀位置的刀具与主轴上的刀具进行自动换刀。这一动作的实现是通过换刀指令 M06 来实现的。

一般立式加工中心规定换刀点的位置在机床 *Z* 轴原点处，即加工中心规定了固定的换刀点（定点换刀），主轴只有走到这一位置，换刀机构才能执行换刀动作。

1. 无机械手的加工中心换刀程序

指令格式：

T××M06；或 M06 T××；

其含义是将××号刀具安装到主轴上。

例如，指令 T02 M06（或 M06 T02）为先把主轴上的旧刀具送回到它原来所在的刀座，刀库回转寻刀，将 2 号刀转换到当前换刀位置，再将 2 号刀装入主轴。无机械手换刀中，刀库选刀时，机床必须等待，因此换刀将浪费一定时间。

2. 带机械手的加工中心换刀程序

这种换刀方法，选刀动作可与前一把刀具的加工动作相重合，换刀时间不受选刀时间长短的影响，因此换刀时间较短。例如，以下程序表示 2 号刀的选择、更换和 5 号刀的选择。

```
……
T02;            刀库选刀(选 2 号刀)
……              使用当前主轴上的刀具切削
M06;            实际换刀,将当前刀具与 2 号刀进行位置交换(2 号刀到主轴)
……              使用当前主轴上的刀具切削
T05;            下一把刀准备(选 5 号刀)
```

十一、刀具简单运动指令（G00～G03）

1. 快速定位指令（G00）

指令格式：G00 X_ Y_ Z_;

参数说明如下：

① X、Y、Z 后面的值对于绝对指令是指终点的坐标，对于相对指令是指刀具相对于前一点的向量。本书中以下进给功能 G 指令中的 X、Y、Z 含义相同，以后省略。

② 该指令命令刀具的刀位点快速移动到 X、Y、Z 所指定的坐标位置。其移动速率可由执行操作面板上的“快速进给率”旋钮调整，并非由 F 功能指定。

③ 刀具轨迹通常不是一条直线，如图 8-5 所示。

注意：G00 用于加工前快速定位或加工后快速退刀，为避免干涉，通常不三轴同时移动。

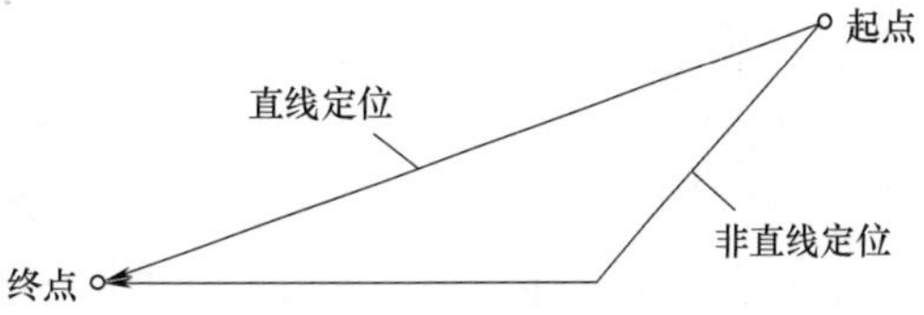

图 8-5　G00 快速定位

2. 直线插补指令（G01）

指令格式：G01 X_ Y_ Z_;

参数说明如下：

① X、Y、Z 后面的值表示终点坐标，在 G90 时为终点在零件坐标系中的坐标；在 G91 时为终点相对于起点的位移量。

② 刀具以指定的进给速度 F 沿直线移动到指定的位置。

③ 进给速度 F 有效直到赋予新值，不需要在每个单段都指定。F 代码指定的进给速度是沿刀具轨迹测量的。如果不指定 F 值，则认为进给速度为零。

注意：实际加工时，实际进给速度等于指令速度 F 与进给速度修调倍率的乘积。

例如，下列程序段：

```
G01 X10 Y20 Z20 F80;
```

使刀具从当前位置以 80mm/min 的进给速度沿直线运动到（10，20，20）的位置。

例如，假设当前刀具所在点为（X−50 Y−75），则下列程序段：

```
N1 G01 X150 Y25 F100;
N2 X50 Y75;
```

将使刀具走出图 8-6 所示轨迹。

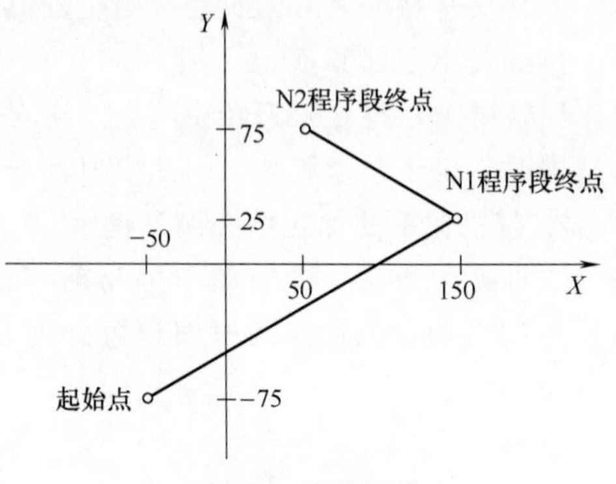

图 8-6 直线插补

3. 圆弧插补指令（G02、G03）

G02 表示按指定速度进给的顺时针圆弧插补，G03 表示按指定速度进给的逆时针圆弧插补。

顺时针圆弧、逆时针圆弧的判别方法是：沿着不在圆弧平面内的坐标轴由正方向向负方向看去，顺时针方向为 G02，逆时针方向为 G03，如图 8-7 所示。

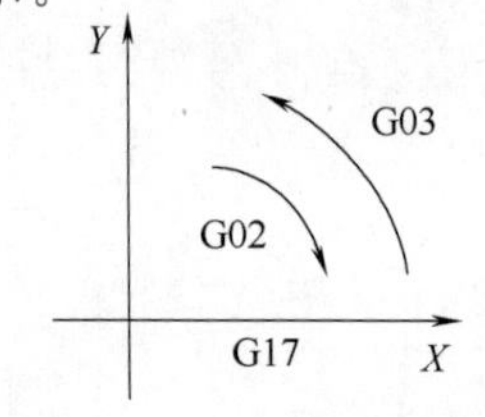

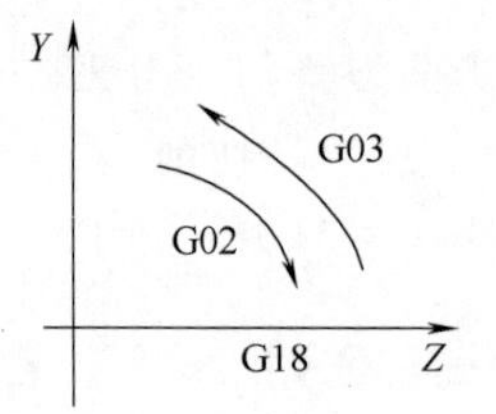

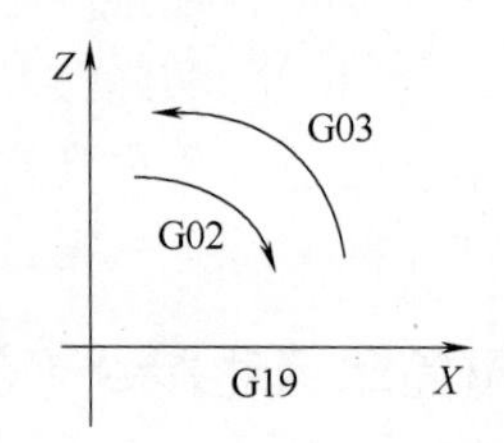

图 8-7 圆弧插补 G02 与 G03 的判别

指令格式：

$$\left\{\begin{matrix} G17 \\ G18 \\ G19 \end{matrix}\right\}\left\{\begin{matrix} G02 \\ G03 \end{matrix}\right\}\left\{\begin{matrix} X\_Y\_ \\ X\_Z\_ \\ Y\_Z\_ \end{matrix}\right\}\left\{\begin{matrix} I\_J\_ \\ I\_K\_ \\ J\_K\_ \end{matrix}\right\}F\_;$$

$$\left\{\begin{matrix} G17 \\ G18 \\ G19 \end{matrix}\right\}\left\{\begin{matrix} G02 \\ G03 \end{matrix}\right\}\left\{\begin{matrix} X\_Y\_ \\ X\_Z\_ \\ Y\_Z\_ \end{matrix}\right\}R\_F\_;$$

系数说明如下：

① X、Y、Z 后面为圆弧的终点坐标值。在 G90 状态下，X、Y、Z 中的两个坐标字为零件坐标系中的圆弧终点坐标；在 G91 状态下，则为圆弧终点相对于起点的距离。

② I、J、K 后面的值表示圆心相对于圆弧起点在 X、Y、Z 轴方向上的增量值，某项为零时可以省略。

③ R 后面的值为圆弧半径。当圆弧圆心角小于 180°时，R 后面为正值，当圆弧圆心角大于 180°时，R 后面为负值。整圆编程时不可以使用 R，只能用 I、J、K。

④ F 后面的值为编程的两个轴的合成进给速度。

如图 8-8 所示，设刀具起点在原点，则 $A \to B \to C \to A$ 圆弧编程如表 8-2 所示。

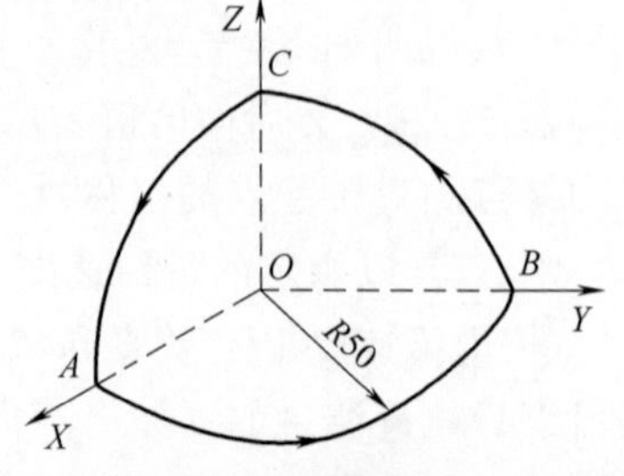

图 8-8 圆弧加工

□ 表 8-2　圆弧编程

以 I、J、K 方式编程		以圆弧半径 R 方式编程	
G17 G03 X0 Y50.0 I−50.0 J0 F100；	$A \to B$	G17 G03 X0 Y50.0 R50 F100；	$A \to B$
G19 G03 Y0 Z50.0 J−50.0 K0；	$B \to C$	G19 G03 Y0 Z50.0 R50；	$B \to C$
G18 G03 X50.0 Z0 I0 K−50.0；	$C \to A$	G18 G03 X50.0 Z0 R50；	$C \to A$

第二节　刀具补偿指令

【视频 8-3　刀具半径补偿 G41 指令】

【视频 8-4　刀具半径补偿 G42 指令】

一、刀具半径补偿指令（G40、G41、G42）

铣削刀具的刀位点在刀具主轴中心线上。编程是以刀位点为基准编写的走刀路线，但实际加工中生成的零件轮廓是由切削点形成的。以立铣刀为例，刀位点位于刀具底端面中心，切削点位于外圆，相差一个半径值。以零件轮廓为编程轨迹，在实际加工时将过切一个半径值。为了加工出合格的零件轮廓，刀具中心轨迹应该偏移零件轮廓表面一个刀具半径值，即进行刀具半径补偿，如图 8-9 所示，采用半径补偿功能，用 T1 和 T2 两把不同直径的刀具加工零件，刀具路径都是正确的，偏移零件的距离至少为该刀具的半径。

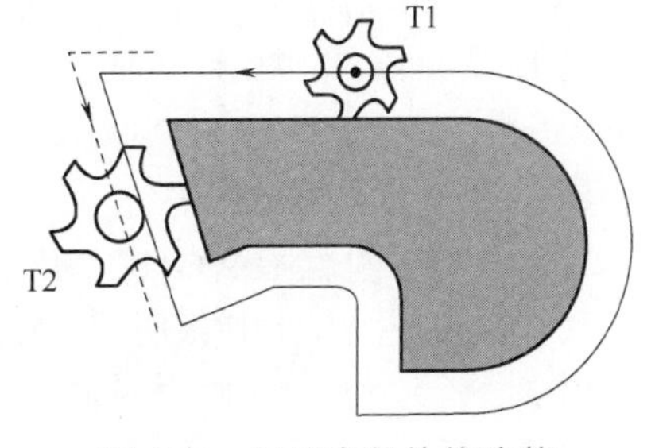

图 8-9　刀具半径补偿功能

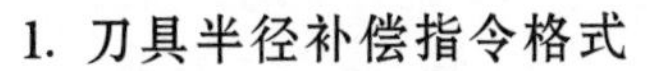

1. 刀具半径补偿指令格式

G41 是相对于刀具前进方向左侧进行补偿，称为左偏刀具半径补偿，简称左刀补，如图 8-10（a）所示（这时相当于顺铣）。G42 是相对于刀具前进方向右侧进行补偿，称为右偏刀具半径补偿，简称右刀补，如图 8-10（b）所示（这时相当于逆铣）。就刀具寿命、加工精度、表面粗糙度而言，顺铣效果较好，因此 G41 使用较多。G40 指令为取消刀具半径补偿。

指令格式：

$$\left\{\begin{matrix}G17\\G18\\G19\end{matrix}\right\}\left\{\frac{G01}{G00}\right\}\left\{\begin{matrix}G41\\G42\\G40\end{matrix}\right\}\left\{\begin{matrix}X\_\ Y\_\\X\_\ Z\_\\Y\_\ Z\_\end{matrix}\right\}Dxx;$$

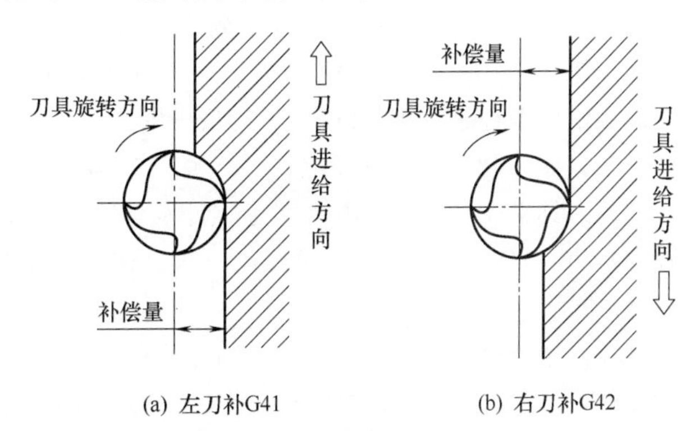

图 8-10　刀具半径补偿方向

参数说明如下：

① D 是刀补号地址，是系统中记录刀具半径的存储器地址，后面的整数是刀补号，用来调用内存中刀具半径补偿的数值。每把刀具的刀补号地址可以有 D01～D09 共 9 个地址，其值可以用 MDI 方式预先输入在内存刀具表中相应的刀具号内。

② G40 是取消刀具半径补偿功能，所有平面取消刀具半径补偿的指令均为 G40。

③ G40、G41、G42 都是模态代码，可以互相注销。

2. 刀具半径补偿的过程

刀具半径补偿可分为刀补建立、进行、取消三个过程，如图 8-11 所示。下面以 G41 指令为例进行说明。

（1）刀补建立

为使刀具从无半径补偿运动到所希望的半径补偿起点，必须用 G00 或 G01 指令来建立半径补偿。设铣刀起点为 O 点，从 A 点切入加工外轮廓。若在 $O \rightarrow A$ 运动程序段中刀补指令为 G41，数控系统将在 A 点处形成一个与 AB 轮廓垂直的新矢量 AO_1，且 O_1 为相对 A 点向左偏置一个刀具半径所得，铣刀实际切入路线是 $A \rightarrow O_1$。

（2）刀补进行

刀具半径补偿是模态指令，没有取消前一直持续有效。

（3）刀补取消

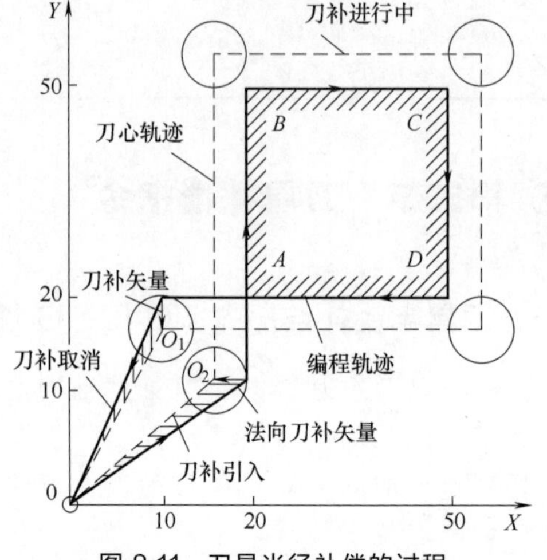

图 8-11　刀具半径补偿的过程

当加工不再需要半径补偿时应取消刀补，如返回起点、换刀之前等均应取消刀补。用 G40 取消。

3. 应用中应注意的问题

① 刀具半径补偿指令 G41、G42 必须结合 G00、G01 使用，不能使用在 G02、G03 程序段中。

② 刀补的建立应在切入所需轮廓之前，刀补的取消应在切出所需轮廓之后，否则有可能发生过切或欠切的情况。

③ 刀具半径补偿建立后，在其作用范围内，不能连续出现两段或两段以上的非补偿平面内的移动指令或其他指令（如 M 代码和 Z 向移动等）。

④ 在实际生产中，为了保证零件的加工精度，常采用刀具半径补偿功能实现粗、精加工。如在上例中，若零件轮廓需粗、精加工，采用 ϕ10mm 的立铣刀，精加工余量为 0.5mm。粗加工时，刀补存储号为 D01，补偿值设置为 5.5mm；精加工时存储号为 D02，补偿值设置为 5.0mm。

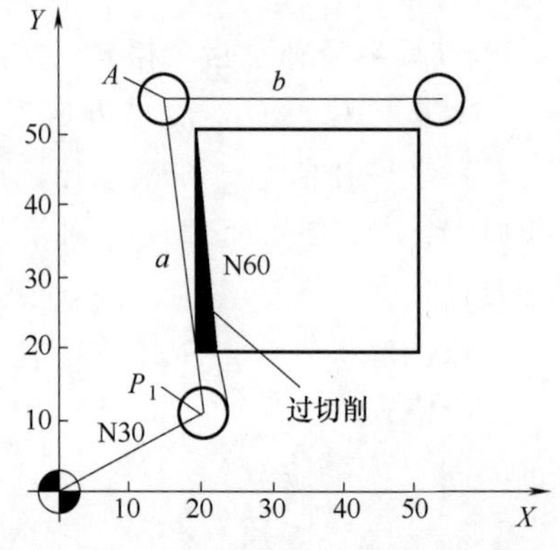

图 8-12　刀具半径补偿的过切削现象

例如，图 8-12 所示，起始点在（0，0），高度在 50mm 处，使用刀具半径补偿时，由于接近零件及切削零件要有 Z 轴的移动，如果执行如下程序的 N40、N50 连续 Z 轴移动，这时容易出现过切削现象。

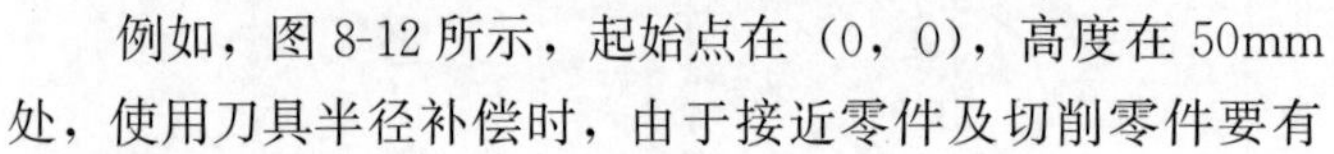

```
O5002;
N10 G90 G54 G00 X0 Y0 M03 S500;
N20 G00 Z50;                    安全高度
N30 G41 X20 Y10 D01;            建立刀具半径补偿
N40 Z10;
N50 G01 Z-10.0 F50;             连续 Z 轴移动,会产生过切削
N60 Y50;
N70 X50;
```

```
N80 Y20;
N90 X10;
N100 G00 Z50;                        抬刀到安全高度
N110 G40 X0 Y0 M05;                  取消刀具半径补偿
N120 M30;
```

以上程序在运行 N60 时，产生过切现象，如图 8-12 所示。其原因是当从 N30 刀具补偿建立，进入刀具补偿进行状态后，系统只能读入 N40、N50 两段，但由于 Z 轴是非刀具补偿平面的轴，而且又读不到 N60 以后程序段，也就做不出偏移矢量，刀具确定不了前进的方向，此时刀具中心未加上刀具补偿而直接移动到了无补偿的 P_1 点。当执行完 N40、N50 后，再执行 N60 段时，刀具中心从 P_1 点移至交点 A，于是发生过切。

为避免过切，可将上面的程序改成下述形式来解决。

```
O5003;
N10 G90 G54 G00 X0 Y0 M03 S500;
N20 G00 Z50;                    安全高度
N30 Z10;
N40 G41 X20 Y10 D01;            建立刀具半径补偿
N50 G01 Z-10.0 F50;
N60 Y50;
……
```

4. 刀具半径补偿的应用

刀具半径补偿除方便编程外，还可利用改变刀具半径补偿值的大小的方法，实现利用同一程序进行粗、精加工，即：

粗加工刀具半径补偿=刀具半径+精加工余量

精加工刀具半径补偿=刀具半径+修正量

① 因磨损、重磨或换新刀而引起刀具半径改变后，不必修改程序，只需在刀具参数设置中输入变化后的刀具半径。如图 8-13 所示，1 为未磨损刀具，2 为磨损后刀具，只需将刀具参数表中的刀具半径 r_1 改为 r_2，即可适用于同一程序。

② 同一程序中，同一尺寸的刀具，利用半径补偿，可进行粗、精加工。如图 8-14 所示，刀具半径为 r，精加工余量为 Δ。粗加工时，输入刀具半径 $r+\Delta$，则加工出点画线轮廓；精加工时，用同一程序，同一刀具，但输入刀具半径 r，加工出实线轮廓。

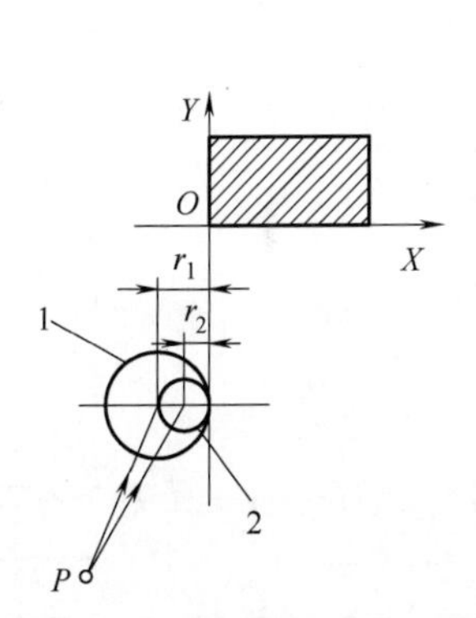

图 8-13　刀具半径变化，加工程序不变

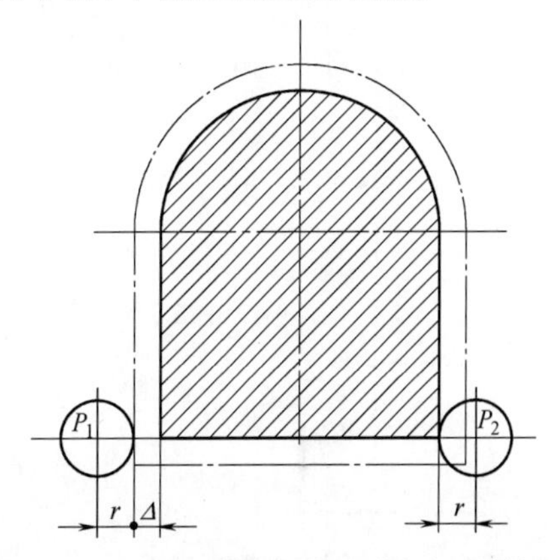

图 8-14　利用刀具半径补偿进行粗、精加工

二、刀具长度补偿指令（G43、G44、G49）

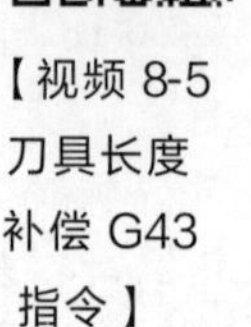

【视频 8-5 刀具长度补偿 G43 指令】

【视频 8-6 刀具长度补偿 G44 指令】

1. 长度补偿的目的

刀具长度补偿功能用于在 Z 轴方向的刀具补偿，它可使刀具在 Z 轴方向的实际位移量大于或小于编程给定位移量。

有了刀具长度补偿功能，当加工中刀具因磨损、重磨、换新刀而发生长度变化时，可不必修改程序中的坐标值，只要修改存放在寄存器中刀具长度补偿值即可。

其次，若加工一个零件需用几把刀，各刀的长度不同，编程时不必考虑刀具长短对坐标值的影响，只要把其中一把刀设为标准刀，其余各刀相对标准刀设置长度补偿值即可。

2. 长度补偿指令

指令格式：

```
C43 G00(G01)  Z_ H××;
G44 G00(G01)  Z_ H××;
G49 G00(G01)  Z_;
```

参数说明如下：

① G43 为刀具长度正向补偿指令；G44 为刀具长度负向补偿指令；G49 为刀具长度补偿撤销指令；

② Z 后数值为指令终止位置值；H 为长度补偿号地址，用 H00 到 H99 来指定。

③ 当数控装置读到该程序段时，数控装置会到 H 所指定的刀具长度补偿地址内读取长补偿值，并参与刀具轨迹的运算。G43、G44、G49 均为模态指令，可相互注销。

图 8-15、图 8-16 所示为 G43、G44 指令的实际 Z 值的变化情况。其中，H××指定的刀具长度补偿量可以是正值也可以是负值。当刀具长度补偿量取负值时，G43 和 G44 的功效将互换。

3. 使用刀具长度补偿功能的注意事项

① 使用 G43 或 G44 指令进行刀具长度补偿时，只能有 Z 轴的移动量，若有其他轴向的移动，则会出现报警。

② G43、G44 为模态代码，如欲取消刀具长度补偿，除用 G49 外，也可以用 H00，这是因为 H00 的偏置量固定为 0。

例如，设在编程时以主轴端部中心作为基准刀的刀位点钻孔。钻头安装在主轴上后，测得刀尖到主轴端部的距离为 100mm，刀具起始位置如图 8-16 所示。

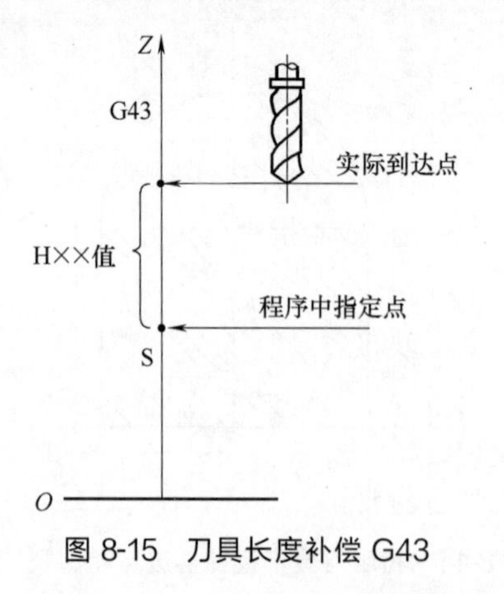

图 8-15 刀具长度补偿 G43

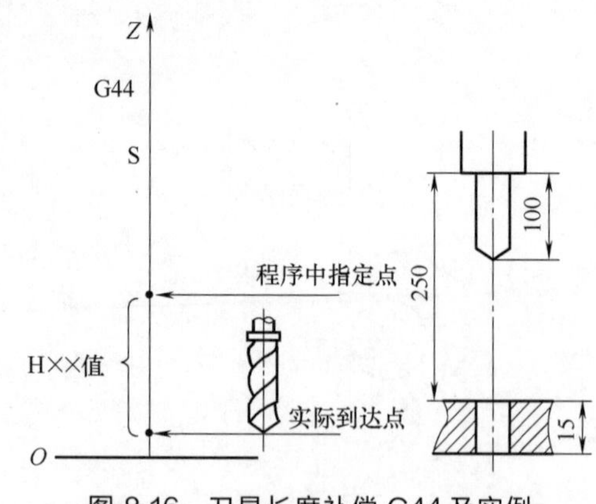

图 8-16 刀具长度补偿 G44 及实例

钻头比基准刀长 100mm，将 100mm 作为长度偏置量存入 H01 地址单元中，加工程序为：

```
N10 G92 X0 Y0 Z0;                坐标原点设在主轴端面中心
N20 S300 M03;                    主轴正转
N30 G90 G43 G00 Z-245 H01;       钻头快速移动到离零件表面 5mm 处
N40 G01 Z-270 F60;               钻头钻孔并超出零件下表面 5mm
N50 G49 G00 Z0;                  取消长度补偿,快速退回
```

在 N30 程序段中，通过 G43 建立了刀具长度补偿。由于是正补偿，基准刀刀位点（主轴端部中心）到达 Z 轴终点坐标值为 $-245\text{mm}+\text{H01}=-145\text{mm}$，从而确保钻头刀尖到达 -245mm 处。同样，在 N40 程序段中，确保了钻头刀尖到达 -270mm 处。在 N50 中，通过 G49 取消了刀具长度补偿，基准刀刀位点（主轴端部中心）回到 Z 轴原点，钻头刀尖位于 -100mm 处。

4. 刀具长度补偿量的确定

方法一：

① 依次将刀具装在主轴上，利用 Z 向设定器确定每把刀具 Z 轴返回机床参考点时刀位点相对零件坐标系 Z 向零点的距离，如图 8-17 所示，图中 A、B、C（A、B、C 均为负值）即为各刀具刀位点刚接触零件坐标系 Z 向零点处时显示的机床坐标系 Z 坐标，并记录下来。

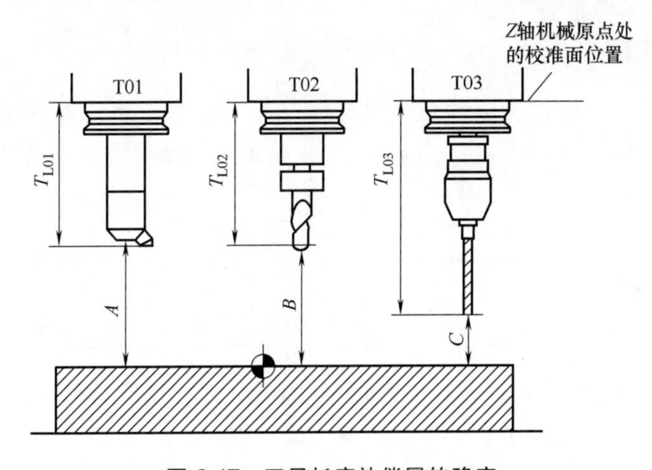

图 8-17　刀具长度补偿量的确定

② 选择一把刀作为基准刀（通常为最长的刀具），如图 8-17 中的 T03，将其对刀值 C 作为零件坐标系中 Z 向偏置值，并将长度补偿值 H03 设为 0。

③ 确定其他刀具的长度补偿值，即 $\text{H01}=\pm|A-C|$，$\text{H02}=\pm|B-C|$。当用 G43 指令时，若该刀具比基准刀长则取正号，比基准刀短取负号；用 G44 指令时则相反。

方法二：

① 零件坐标系中 Z 向偏置值设定为 0，即基准刀为假想的刀具且足够长，刀位点接触零件坐标系 Z 向零点处时显示的机床坐标系 Z 值为 0。

② 通过机内对刀，确定每把刀具刀位点刚接触零件坐标系 Z 向零点处时显示的机床坐标系 Z 坐标（为负值），G43 时就将该值输入到相应长度补偿号中即可，G44 时则需要将 Z 坐标值取反后再设定为刀具长度补偿值。

▶ 第三节　子程序指令（M98、M99）

如果程序包含固定的加工路线或多次重复的图形，则此加工路线或图形可以编成单独的程序作为子程序。这样可在零件上不同的部位实现相同的加工，或在同一部位实现重复加工，可大大简化编程。

子程序作为单独的程序存储在系统中时，任何主程序都可调用，最多可达 999 次调用。

当子程序被主程序调用时它被认为是一级子程序，在子程序中可再调用下一级的另一个子程序，子程序调用可以嵌套四级，如图 8-18 所示。

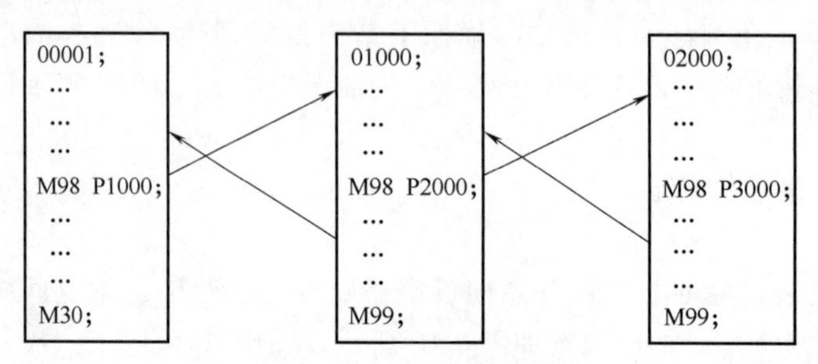

图 8-18　子程序的嵌套

一、子程序调用功能

【视频 8-7 子程序调用功能】

数控系统必须将子程序作为独特的程序类型（而不是主程序）进行识别，这一区分可通过两个辅助功能完成，分别是 M98 和 M99（表 8-3），它们通常只应用于子程序。

⊡ 表 8-3　子程序功能

M98	子程序调用功能
M99	子程序结束功能

子程序调用功能 M98 后必须跟有子程序号“P ____”，子程序结束功能 M99 终止子程序并从它所定位的地方（主程序或子程序）继续执行程序。虽然 M99 大多用于结束子程序，但有时也可以替代 M30 用于主程序，这种情况下程序将永不停歇地执行下去，直到按下复位键为止。

M98 指令在另一个程序中调用前面已经存储的子程序，如果在单独程序段中使用 M98 将会出现错误。M98 不是一个完整的功能，需要两个附加参数使其有效：

① 地址 P：识别所选择的子程序号。

② 地址 L 或 K：识别子程序重复次数（L1 或 K1 是缺省值）。

例如常见的子程序调用程序段包括 M98 功能和子程序号：

```
N22 M98 P0915;
```

程序段 N22 中从数控存储器中调用子程序 O0915 并且重复执行一次 L1（K1），子程序在被另一个程序调用前必须存储在数控系统中。

调用子程序的 M98 程序段也可能包含附加指令，如快速运动、主轴转速、进给速度、刀具半径偏置等。大多数数控系统中，与子程序调用位于同一程序段中的数控代码会在子程序中得到应用。下列子程序调用程序段包含快速移动功能：

```
N22 G00 X10Y13 M98 P0915;
```

程序段先执行快速移动，然后调用子程序。程序段中代码的先后顺序对程序运行没有影响，例如以下程序段：

```
N22 M98 P0915 G00 X10 Y13;
```

该程序段会得到相同的运行结果，快速移动在调用子程序之前进行。

二、子程序结束功能

主程序和子程序在数控系统中必须由不同的程序号进行区别，它们在运行时会作为一个连续的程序进行处理，所以必须对程序结束功能加以区别。主程序结束功能用 M30，有时也使用 M02，子程序一般使用 M99 作为结束功能：

```
O0915;(子程序 1)          子程序开始
……
M99;                      子程序结束
%
```

子程序结束后，系统控制器将返回主程序继续运行程序。附加的数控代码也可以添加到 M99 子程序结束程序段中，例如程序跳选功能、返回上程序号等。子程序结束很重要，必须正确使用，它有两个重要指令传送到控制系统：

① 终止子程序；

② 返回到子程序调用的下一个程序段。

在数控加工中不能使用程序结束功能 M30（M02）终止子程序，它会立即取消所有程序运行并使程序复位，这样就会使主程序中的后续程序不能运行。通常程序在执行子程序结束 M99 后会立即返回子程序调用指令 M98 之后的主程序段继续运行，如图 8-19 所示。

三、返回程序段号

在大多数程序中，M99 功能在单独程序段中使用，并且是子程序的最后指令，通常该程序段中没有其他指令。M99 功能终止子程序，并返回子程序调用之后的程序段继续运行。

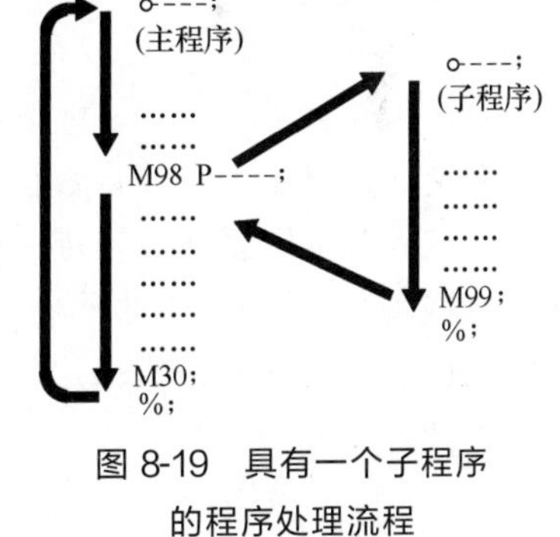

图 8-19　具有一个子程序的程序处理流程

例如：

```
N08 M98 P0915;         调用子程序
N09…                   从 O0915 返回到该程序段
N10…
N11…
```

通过调用子程序执行程序段 N08，当执行完子程序 O0915 后，控制器返回原程序并从程序段 N09 继续执行指令，这就是返回到主程序段。

对于一些特殊应用，有时可能需要指定返回到其他的程序段，未专门指定的情况下是下一个程序段。如果编程人员要专门指定返回到某个程序段，那么程序段 M99 中必须包含 P 地址：M99 P ____；

这种格式中，P 后面的地址代表执行完子程序后返回到的程序段号，程序段号必须与原程序中的程序号一致。例如，主程序包含这些程序段：

O1013;(主程序)

……

N08 M98 P0915;

N09…

N10…

……

N22…

并且子程序 O0915 由以下程序段结束：

O0915;(子程序)

……

……

N11 M99 P22;

%

那么子程序执行完以后将跳过程序段 N09 和 N10，而从主程序中的 N22（本例中主程序的程序段号）继续执行。

四、子程序的重复次数

子程序调用的一个重要特征是不同控制系统中的地址 L 或 K，该地址指定子程序重复次数——在重新回到原程序继续处理以前子程序必须重复的次数。大多数程序中只调用一次子程序，然后返回并继续执行原程序。在返回并继续执行原程序的剩余部分前，需要多次重复子程序的情况也很常见，为了进行比较，原程序调用一次子程序 O0915 可以编写如下：

N22 M98 L1(K1);

该程序段是正确的，但是 L1/K1 可以不写入程序（数控系统控制的默认重复次数是一次）。

N22 M98 P0915 L1 (K1) ; 等同于 N22 M98 P0915;

在上面的例子中，如果数控系统有区别，用 K 代替 L。

数控系统的重复次数范围一般为 L0～L9999，除了 L1 以外的所有 L 地址都必须写入程序，有些编程人员将 L1 也写在程序中。有些 FANUC 系统不能接受 L 或 K 地址作为重复次数，它们使用其他的格式，这些数控系统中的单次子程序调用与前面一样。

例如：

N22 M98 P0915;

该程序段调用一次子程序。为了使子程序重复 4 次，使用下列程序段：

N22 M98 P0915 L4(K4);

有些数控系统也可以使用一条指令，直接在 P 地址后编写所需的重复次数：

N22 M98 P40915; 等同于 N22 P00040915;

得到结果与其他形式相同——子程序重复 4 次，前 4 位数字是重复的次数，后 4 位数字是子程序的程序名，例如：

M98 P0915; 等同于 M98 P00010915;

以上程序段中程序 O0915 只重复一次，要使子程序 O1013 重复 22 次，程序为：

M98 P221013； 或 M98 P00221013；

五、子程序应用实例

1. 同平面内完成多个相同轮廓加工

在一次装夹中若要完成多个相同轮廓形状工件的加工，则编程时只编写一个轮廓形状加工程序，然后用主程序来调用子程序。

【例 1】 如图 8-20 所示，零件上有 4 个相同尺寸的长方形槽，槽深 2mm，槽宽 10mm，未注圆角为 R5mm，铣刀直径为 10mm，试用子程序编程加工该零件。

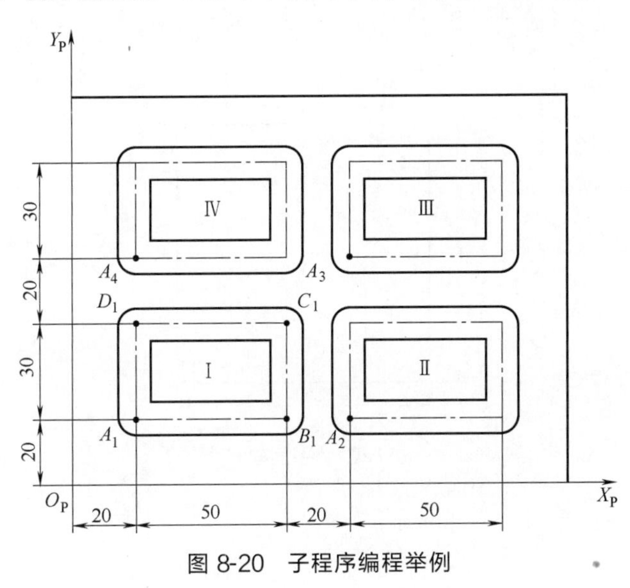

图 8-20 子程序编程举例

参考加工程序（FANUC 系统）如下：

O0001;	主程序名
N10 G17 G21 G40 G54 G80 G90 G94;	程序初始化
N20 G00 Z80.0;	刀具定位到安全平面,启动主轴
N30 M03 S1000;	
N40 G00 X20.0 Y20.0;	
N50 Z2.0;	快速移动到 A_1 点上方 2mm 处
N60 M98 P0002;	调用 2 号子程序,完成槽Ⅰ加工
N70 G90 G00 X90.0;	快速移动到 A_2 点上方 2mm 处
N80 M98 P0002;	调用 2 号子程序,完成槽Ⅱ加工
N90 G90 G00 Y70.0;	快速移动到 A_3 点上方 2mm 处
N100 M98 P0002;	调用 2 号子程序,完成槽Ⅲ加工
N110 G90 G00 X20.0;	快速移动到 A_4 点上方 2mm 处
N120 M98 P0002;	调用 2 号子程序,完成槽Ⅳ加工
N130 G90 G00 X0 Y0;	回到零件原点
N140 Z10.0	
N150 M05;	主轴停
N160 M30;	程序结束

```
O0002;                          子程序名称
N10 G91 G01 Z-4.0 F100;         刀具 Z 向工进 4mm(切深 2mm)
N20 X50.0;                      A→B
N30 Y30.0;                      B→C
N40 X-50.0;                     C→D
N50 Y-30.0;                     D→A
N60 G00 Z4.0;                   Z 向快退 4mm
N70 M99;                        子程序结束,返回主程序
```

【例 2】 请按图 8-21 所示,编写加工此平面的轨迹程序。采用直径 10mm 立铣刀,切深 1mm。

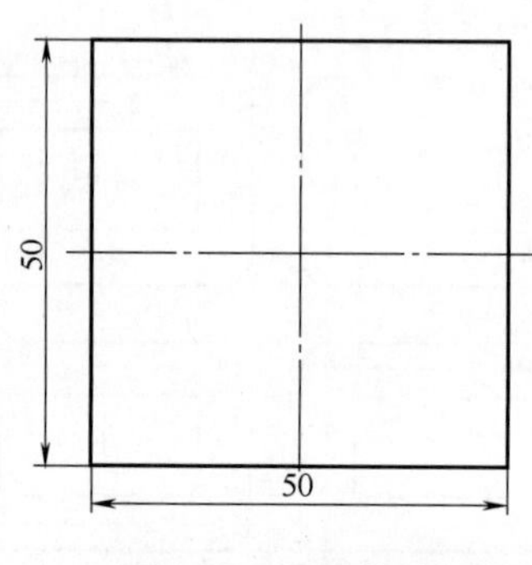

图 8-21 平面轨迹

参考程序如下:

```
O0001;                               程序名
N10 G17 G21 G40 G54 G80 G90 G94;     程序初始化
G90 G54 G00 X30.0 Y25.0 Z100;        刀具定位到初始平面
S600 M03;                            启动主轴
Z5;                                  快速移动到(30.0,25.0)点上方 5mm 处
G01 Z-1.0 F100;                      刀具 Z 向切深 1mm
M 98 P0002 L5;                       调用 2 号子程序 5 次
G00 Z100;                            刀具抬刀到初始平面
M30;                                 程序结束
O0002;                               子程序名称
G91X-60;                             相对值编程,刀具 X 负向运动 60mm
Y-5;                                 Y 负向运行 5mm
X60;                                 X 正向运行 60mm
Y-5;                                 Y 负向运行 5mm
M99;                                 子程序结束,返回主程序
```

2. 实现零件的分层切削

有时零件在某个方向上的总切削深度比较大,要进行分层切削,则编写该轮廓加工的刀具轨迹子程序后,通过调用该子程序来实现分层切削。

如图 8-22 所示,加工零件凸台外形轮廓,*Z* 轴分层切削,每次背吃刀量为 3mm。

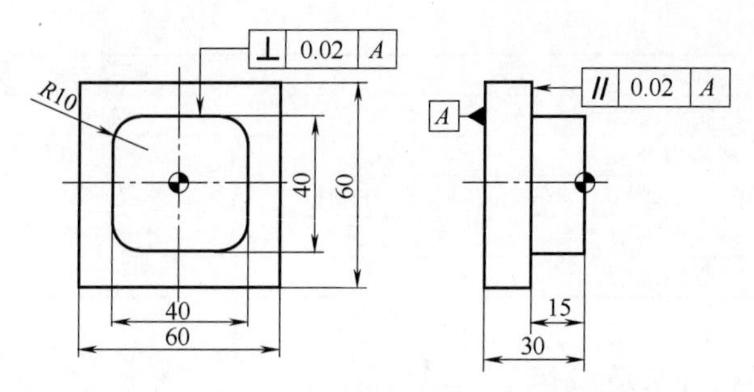

图 8-22　子程序实现零件分层切削

参考加工程序如下：

```
O2008;（主程序）
N1 G90 G80 G40 G21 G17;
N2 G28 Z0;
N3 G54 G90;
N4 G01 X-40 Y-40 F600;
N5 Z20 H01;
N6 S2200 M03;
N7 G01 Z0 F100;
N8 M98 P1013 L5;
N9 G49 G01 Z30;
N10 M05;
N11 M30;
%
```

```
O1013;（子程序）
N1 G91 G01 Z-3;
N2 G90 G41 G01 X-20 Y-20 D11 F200;
N3 Y10;
N4 G02 X-10 Y20 R10;
N5 G01 X10;
N6 G02 X20 Y10 R10;
N7 G01 Y-10;
N8 G02 X10 Y-20 R10;
N9 G01 X-10;
N10 G02 X-20 Y-10 R10;
N11 G40 G01 X-40 Y-40;
N12 M99;
%
```

第四节　孔加工循环指令（G73~G89）

一、孔加工固定循环指令的种类

数控铣床或加工中心加工孔时，采用固定循环功能，能够缩短程序，使某些加工的编程简单、容易，但并不会提高加工效率。

表 8-4 列出了 FANUC 系统孔加工固定循环 G 功能指令。

表 8-4　FANUC 系统孔加工固定循环 G 功能一览表

G 代码	加工动作	孔底动作	返回方式	用途
G73	间歇进给		快速进给	高速深孔加工
G74	切削进给	暂停、主轴正转	切削进给	攻左旋螺纹孔
G76	切削进给	主轴暂停、刀具位移	快速进给	精镗孔
G80				取消固定循环
G81	切削进给		快速进给	钻孔、钻中心孔
G82	切削进给	暂停	快速进给	钻、锪、镗阶梯孔
G83	间歇进给		快速进给	排屑深孔加工
G84	切削进给	暂停、主轴反转	切削进给	攻右旋螺纹孔

续表

G代码	加工动作	孔底动作	返回方式	用途
G85	切削进给		切削进给	精镗孔、铰孔
G86	切削进给	主轴停	快速进给	镗孔
G87	切削进给	刀具位移、主轴正转	快速进给	反镗孔
G88	切削进给	暂停、主轴停	手动进给	镗孔
G89	切削进给	暂停	切削进给	精镗阶梯孔

二、孔加工固定循环动作及顺序

孔加工固定循环由 6 个顺序动作组成，如图 8-23 所示。

动作 1：刀具在安全平面高度，定位孔中心位置。

动作 2：刀具沿 Z 轴快速移动到点 R（即参考平面高度）。

点 R 是刀具进给由快速转变为切削的转换点，从点 R 位置开始，刀具以切削进给速度进给。

通常在已加工表面上钻孔、镗孔、铰孔，切入距离为 2～5mm；在毛坯面上钻孔、镗孔、铰孔，切入距离为 5～8mm；攻螺纹时，切入距离为 5～10mm；铣削时，切入距离为 5～10mm。

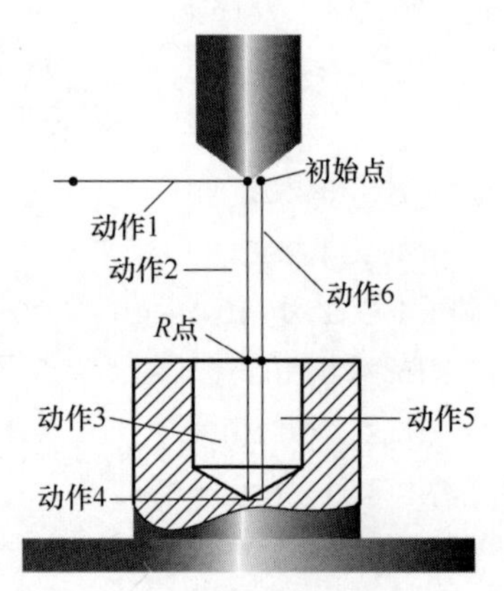

图 8-23 固定循环动作顺序

动作 3：刀具切削进给，加工孔到孔底。

动作 4：在孔底的动作，包括进给暂停、主轴反转（变向、主轴停或主轴定向停止）等。

动作 5：从孔中退出，返回点 R（参考平面）。

动作 6：刀具快速返回初始点（初始平面，循环结束）。

三、孔加工固定循环指令格式

【G90/G91】【G98/G99】【G73～G89】X_ Y_ Z_ R_ Q_ P_ F_ K_;

表 8-5 说明了各地址指令加工参数的含义（参考图 8-24）。

表 8-5 固定循环程序段参数说明

参数	说明
G90，G91	G90 用绝对坐标值编程，G91 用增量坐标值编程
G98，G99	G99 使刀具从孔底返回 R 平面，G98 使刀具从孔底返回安全平面
位置参数 X，Y	指定被加工孔中心的位置
加工参数 Z	绝对值方式指 Z 轴孔底的位置，增量值方式指从点 R 到孔底的增量
加工参数 R	绝对值方式指点 R 的位置，增量值方式指从初始点到点 R 的增量
加工参数 Q	指定 G73 和 G83 中的 Z 向进刀量，G76 和 G87 中退刀的偏移量（无论 G90 或 G91 模态），总是增量值指令
加工参数 P	孔底动作，指定暂停时间，单位为 ms
加工参数 F	切削进给速度。从初始点到点 R 及从点 R 到初始点的运动以快速进给的速度进行，从点 R 到 Z 点的运动以 F 指定的切削进给速度进行
重复次数 K	指定当前定位孔的重复次数，如果不指令 K，系统默认 K 值为 1

注意：孔加工固定循环是模态的，使用 G80 或 G00～G03 指令可以取消固定循环。孔加工参数（除 K 外）也是模态的，在被改变或固定循环被取消之前也会一直保持。

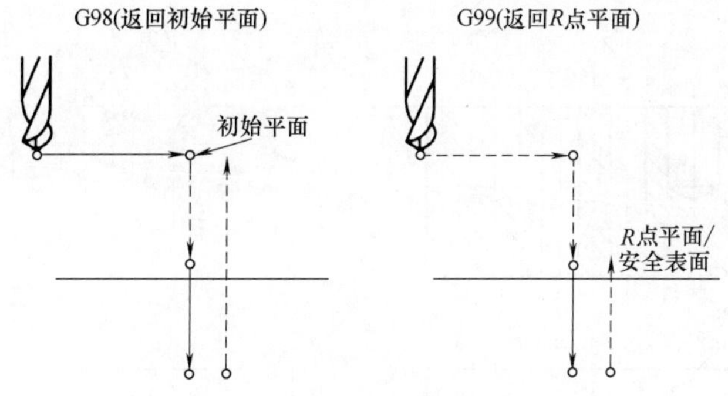

图 8-24　选择返回平面指令 G98、G99

四、钻孔循环（G81）与锪孔循环（G82）

【视频 8-8 G81 指令】

指令格式：

钻孔循环：G81 X_ Y_ Z_ R_ F_;

锪孔循环：G82 X_ Y_ Z_ R_ P_ F_;

G81 加工动作图解如图 8-25 所示，G81 指令用于正常的钻孔，切削进给执行到孔底，然后刀具从孔底快速移动退回。

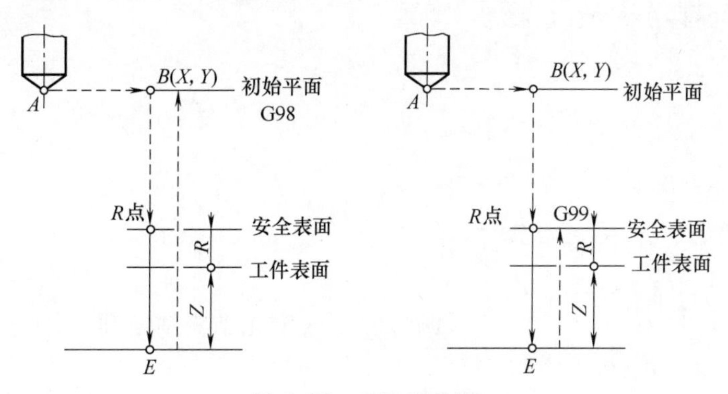

图 8-25　G81 动作图

G82 动作类似于 G81，只是在孔底增加了进给后的暂停动作。因此，在盲孔加工中，可减小孔底表面粗糙度值。该指令常用于加工引正孔和锪孔。

例如，图 8-26 所示，加工零件四个孔，零件坐标系设定如图所示。试用固定循环 G81 或 G82 指令编写孔加工程序。

孔加工设计如下：

引正孔：ϕ4mm 中心孔钻打引正孔，用 G82 孔加工循环，刀具号 T01；

钻孔：用 ϕ10mm 麻花钻头钻通孔，用 G81 孔加工循环，刀具号 T02；

钻孔：用 ϕ16mm 麻花钻头钻盲孔，用 G82 孔加工循环，刀具号 T03。

孔加工参考程序（FANUC 系统）如下：

```
O6301;
G21 G17 G40 G80 T01;            T01,φ4mm 中心孔钻打引正孔
T01M06 S1200 M03;
G90 G54 G00 X-30Y0;
```

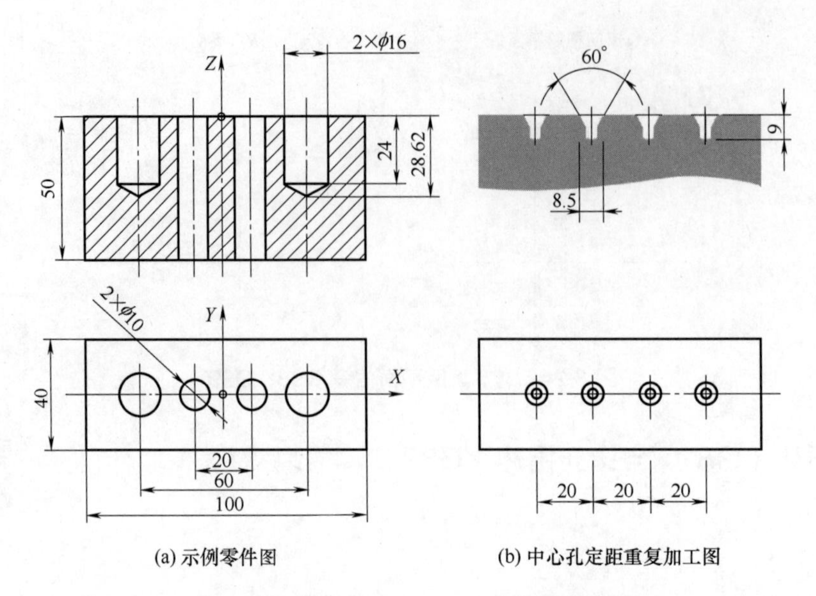

图 8-26　固定循环 G81、G82 应用示例图

```
G43 Z50.0 H01 M08;
G99 G82 R5.0 Z-9.0 P100 F35;
X-10;
X10;
X30;
G80 Z50.0 M09;
G49 G28 M05;
M01;
T02 M06 S650 M03;                T02,ϕ10mm 麻花钻头钻通孔
G90 G54 G00 X-10 Y0;
G43 Z50.0 H02 M08;
G99 G81 R5.0 Z-55.0 F55;
X10;
G80 Z50.0 M09;
G49 G28 M05;
M01;
T03 M06 S300 M03;                T03,用 ϕ16mm 麻花钻头钻盲孔
G90 G54 G00 X-30 Y0;
G43 Z50.0 H03 M08;
G99 G82 R5 Z-29.0 P100 F40;
X30;
G80 Z50.0 M09;
G49 G28 M05;
M30;
```

五、深孔钻削循环（G73、G83）

【视频 8-9 G73 指令】

【视频 8-10 G83 指令】

指令格式：

高速深孔钻循环：G73 X_ Y_ Z_ R_ Q_ F_;

深孔钻循环：G83 X_ Y_ Z_ R_ Q_ F_;

指令应用说明如下：

G73 指令通过 Z 轴方向的间歇进给可以较容易地实现断屑与排屑。指令中的 Q 值是指每一次的加工深度，为正值。G73 中钻头退刀距离很小，为 5～10mm。

如图 8-27 所示，G83 指令同样通过 Z 轴方向的间歇进给来实现断屑与排屑，但与 G73 指令不同的是，刀具间歇进给后快速回退到 R 点，再沿 Z 向快速进给到上次切削的孔底平面上方距离为 d 的高度处，从该点处，快进变成工进，工进距离为 $Q+d$。d 值由机床系统指定，无须用户指定。Q 值指定每次进给的实际切削深度，Q 值越小所需的进给次数就越多，Q 值越大则所需的进给次数就越少。

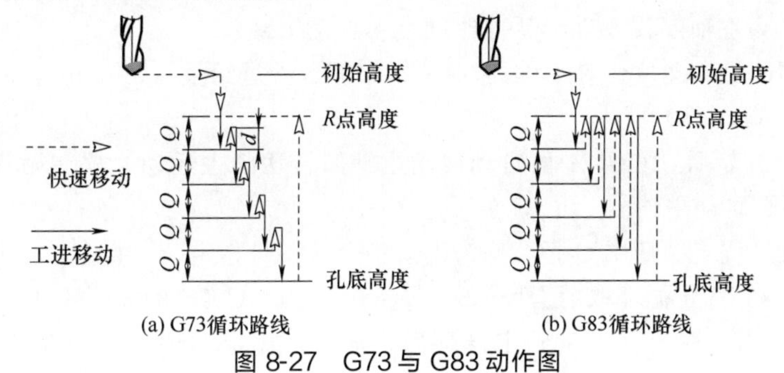

(a) G73循环路线　　(b) G83循环路线

图 8-27　G73 与 G83 动作图

1. 指令应用示例

例如，加工 ϕ10mm 两个孔，试用 G73 或 G83 指令编制啄式深孔加工程序。

加工分析：用 ϕ10mm 麻花钻头钻削 ϕ10mm 深 50mm 的孔，深径比达到 5∶1，用普通孔钻削循环 G81 加工难度较大，改用深孔啄式加工模式，通过间歇进给来实现断屑与排屑，并冷却，可改善加工条件。分别用 G73 和 G83 编制通孔加工程序如下：

麻花钻头钻 ϕ10mm 通孔 G73 编程

```
……
G99 G73 R5.0 Z-55.0 Q5 F80;
X10;
……
```

麻花钻头钻 ϕ10mm 通孔 G83 编程

```
……
G99 G83 R5.0 Z-55.0 Q5 F100;
X10;
……
```

2. 深孔钻削特点及应用

对于太深而不能使用一次进给运动加工的孔，通常使用深孔钻，深孔钻削的加工方法也可以用于改善普通标准钻削的工艺。

深孔钻削可用于加工较硬材料的短孔时断屑；清除堆积在钻头螺旋槽内的切屑；钻头切削刃的冷却和润滑。

六、铰孔循环（G85）

指令格式：G85 X_ Y_ Z_ R_ F_;

【视频 8-11　G85 指令】

指令动作：如图 8-28 所示，执行 G85 固定循环时，刀具以切削进给方式加工到孔底，然后以切削进给方式返回到 R 平面，如果在 G98 模式下，返回 R 点后再快速返回初始点。该指令常用于铰孔和扩孔加工，也可用于粗镗孔加工。

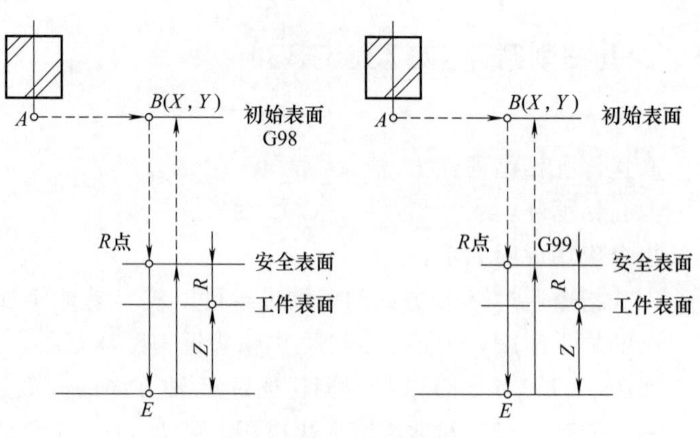

图 8-28　G85 动作图

七、应用孔加工循环的一些注意事项

① 孔加工的数据为模态值，一直保持到被更改或孔加工固定循环被取消为止。

② Q 在 G73、G83 指令中指定每次的切削深度，增量正值。

③ P 指定孔底主轴停转或进给暂停时间，单位为 ms。

④ F 指定切削进给速度。在 G94 指令中指定每分钟进给量（mm/min），在 G95 指令中指定每转进给量（mm/r）。

⑤ 固定循环开始后，在 R 平面自动启动主轴回转切削主运动，故在循环之前只需设定主轴转速，而不必启动主轴。

⑥ 所有孔加工固定循环中 G 指令均为模态指令，一旦指定，一直有效，直到出现其他孔加工固定循环指令、固定循环取消指令 G80 或 G00、G01、G02、G03 等插补指令才失效。

⑦ 在用 G80 指令取消孔加工固定循环后，那些在固定循环之前的插补模态（如 G00、G01、G02、G03）恢复。M05 指令也自动生效（G80 指令可使主轴停转）。

⑧ 在孔加工固定循环中不可进行以下操作：改变插补平面（G17、G18、G19），刀具半径补偿（G41、G42），换刀（M06），回零（G28）。

八、暂停指令（G04）

指令格式：`G04 P_;`

P 指定暂停时间，单位为 s。

G04 在前一程序段的进给速度降到零后才开始暂停动作。在执行含 G04 指令的程序段时，先执行暂停功能。

G04 为非模态指令，仅在其被规定的程序段中有效。

例如，按图 8-29 所示，编制零件的钻孔加工程序如下。

```
……
G43 G01 Z-6 H01;
G04 P5;
G49 G00 Z6;
……
```

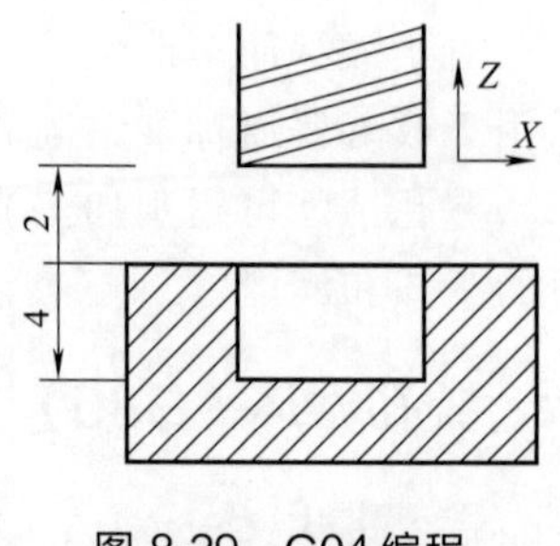

图 8-29　G04 编程

G04 可使刀具短暂停留，以获得圆整而光滑的表面。如对盲孔做深度控制时，在刀具进给到规定深度后，用暂停指令使刀具做非进给光整切削，然后退刀，保证孔底平滑。

第五节 比例及镜像功能（G51、G50）

一、各轴按相同比例编程

指令格式：

```
G51 X_ Y_ Z_ P_;
……
G50;
```

参数说明如下：

X、Y、Z 指定比例中心坐标（绝对方式），P 指定比例系数，最小输入量为 0.001，比例系数的范围为 0.001～999.999。该指令以后的移动指令，从比例中心点开始，实际移动量为原数值的 P（P 指定值）倍。P 值对偏移量无影响。

例如，图 8-30 所示，起刀点为（X10 Y−10），编程如下：

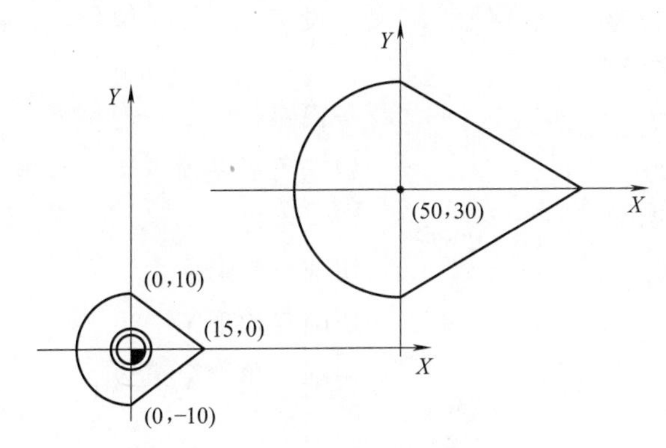

图 8-30 起刀点示意图

```
O0001;                              主程序
N100 G92 X-50 Y-40;
N110 G51 X0 Y0 P2;
N120 M98 P0100;
N130 G50;
N140 M30;
O0100;                              子程序
N10 G00 G90 X0 Y-10 F100;
N20 G02 X0 Y10 I0 J10;
N30 G01 X15 Y0;
N40 G01 X0 Y-10;
N50 M99;                            子程序返回
```

二、各轴以不同比例编程

各个轴可以按不同比例来缩小或放大，当给定的比例系数为−1 时，为镜像加工指令。

指令格式：

```
G51 X_ Y_ Z_I_ J_ K_;
……
G50;
```

参数说明如下：X、Y、Z指示比例中心坐标，I、J、K分别对应X、Y、Z轴的比例系数，在±(0.001～9.999)范围内。本系统设定I、J、K不能带小数点，比例为1时，应输入1000，并在程序中都应输入，不能省略。

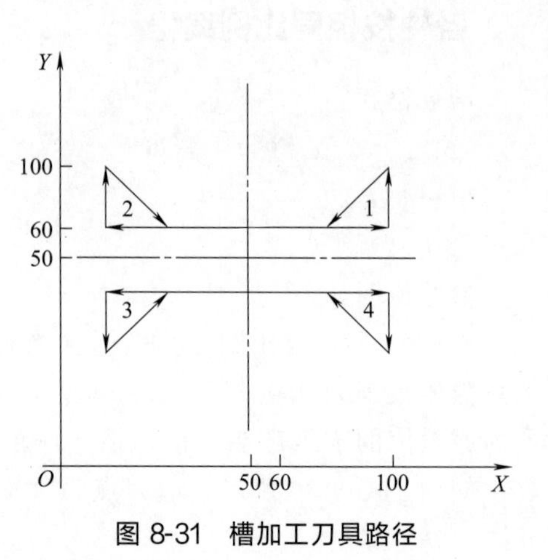

图 8-31　槽加工刀具路径

三、镜像功能

G51指令在比例系数为－1时，为镜像加工指令。

例如，图8-31所示为槽加工刀具路径，其中槽深为2mm，比例系数取为＋1000或－1000。设刀具起始点在O点，程序如下：

```
O9000;                             子程序
N10 G00 X60 Y60;                   到三角形左顶点
N20 G01 Z-2 F100;                  切入零件
N30 G01 X100 Y60;                  切削三角形一边
N40 X100 Y100;                     切削三角形第二边
N50 X60 Y60;                       切削三角形第三边
N60 G00 Z4;                        向上抬刀
N70 M99;                           子程序结束
O100;                              主程序
N10 G92 X0 Y0 Z10;                 建立加工坐标系
N20 G90;                           选择绝对方式
N30 M98 P9000;                     调用9000号子程序切削1#三角形
N40 G51 X50 Y50 I-1000 J1000;      以(X50 Y50)为中心,X比例为-1、Y比例为+1
                                   镜像
N50 M98 P9000;                     调用9000号子程序切削2#三角形
N60 G51 X50 Y50 I-1000 J-1000;     以X50 Y50为中心,X比例为-1、Y比例为-1
                                   镜像
N70 M98 P9000;                     调用9000号子程序切削3#三角形
N80 G51 X50 Y50 I1000 J-1000;      以X50 Y50为中心,X比例为+1、Y比例为-1
                                   镜像
N90 M98 P9000;                     调用9000号子程序切削4#三角形
N100 G50;                          取消镜像
N110 M30;                          程序结束
```

第六节　坐标系旋转功能（G68、G69）

该指令可使图形按照指定旋转中心及旋转方向旋转一定的角度。G68 表示开始坐标系旋转，G69 用于撤销旋转功能。

一、基本编程方法

指令格式：

```
G68 X_ Y_ R_;
……
G69;
```

参数说明如下：

X、Y 指定旋转中心的坐标值（可以是 X、Y、Z 中的任意两个），它们由当前平面选择指令 G17、G18、G19 中的一个确定。当 X、Y 省略时，G68 指令认为当前的位置即为旋转中心。

R 指定旋转角度，逆时针旋转定义为正方向，顺时针旋转定义为负方向。

当在绝对坐标方式下编程时，G68 程序段后的第一个程序段必须使用绝对坐标方式移动指令，才能确定旋转中心。如果这一程序段为增量坐标方式移动指令，那么系统将以当前位置为旋转中心，按 G68 给定的角度旋转坐标。

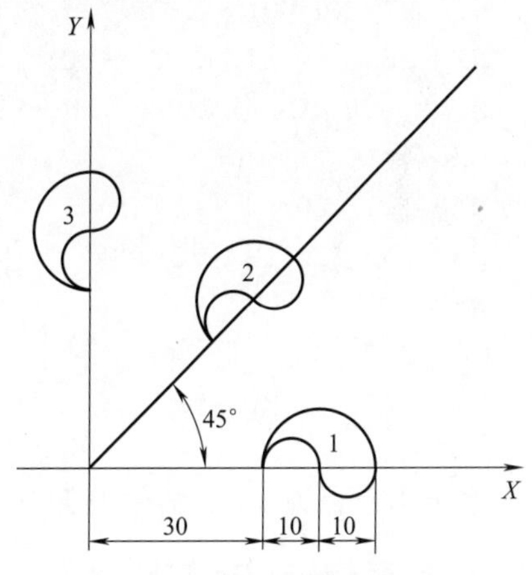

图 8-32　旋转轮廓

例如，图 8-32 所示，编制该轮廓的数控加工程序如下，设刀具起点距零件上表面 50mm，切削深度 3mm。

```
O10;                          子程序(加工图形 1 的程序)
G41 G01 X30 Y-5 D01 F50;
Y0;
G02 X50 I10;
X40 I-5;
G03 X20 I-5;
G0 Y-5;
G40 X0 Y0;
M99;
O20;                          主程序
G54 G90 G17 M03 S600;
G43 G0Z5 H01;
G01 Z-3 F50;
M98 P10;                      加工图形 1
G68 X0 Y0 R45;                旋转 45°
```

```
M98 P10;              加工图形 2
G68 X0 Y0 R90;        旋转 90°
M98 P10;              加工图形 3
G69;
G49 Z50;
M05;
M30;
```

二、坐标系旋转功能与刀具半径补偿功能的关系

镜像旋转时，旋转平面一定要包含在刀具半径补偿平面内。例如，图8-33所示的镜像轮廓，其数控镜像加工程序如下：

```
N10 G92 X0 Y0;
N20 G68 G90 X10 Y10 R-30;
N30 G90 G42 G00 X10 Y10 F100 H01;
N40 G91 X20;
N50 G03 Y10 I-10 J5;
N60 G01 X-20;
N70 Y-10;
N80 G40 G90 X0 Y0;
N90 G69 M30;
```

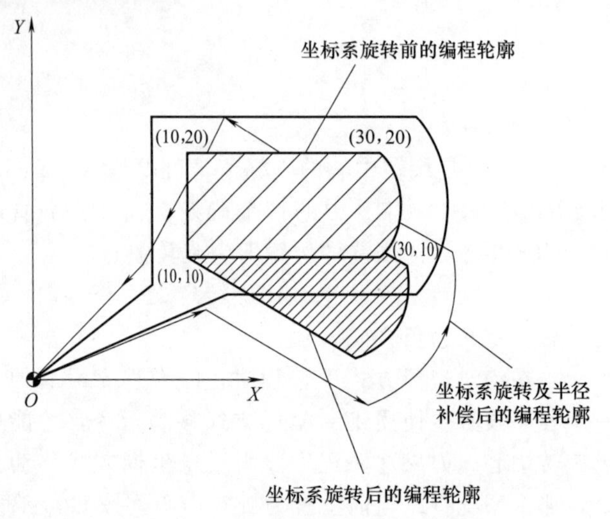

图 8-33　坐标系旋转与刀具半径补偿

当选用半径为5mm的立铣刀时，设置：H01=5。

三、坐标系旋转功能与比例编程方式的关系

数控铣床镜像加工编程执行比例模式时，同时执行坐标旋转指令，则旋转中心坐标也执行比例操作，但旋转角度不受影响。这时各指令的排列顺序如下：

```
G51…
G68…
……
G41/G42…
……
G40…
G69…
G50…
```

第七节　宏程序

宏程序变量和宏程序结构在第二篇第四章第八节宏程序中已经详细分析过，数控车和数控铣削都是一样的。宏程序指令适合抛物线、椭圆、双曲线等没有插补指令的曲线编程；适合图形一样，只是尺寸不同的系列零件的编程；适合工艺路径一样，只是位置参数不同的系

列零件的编程。它可以较大地简化编程，扩展应用范围。

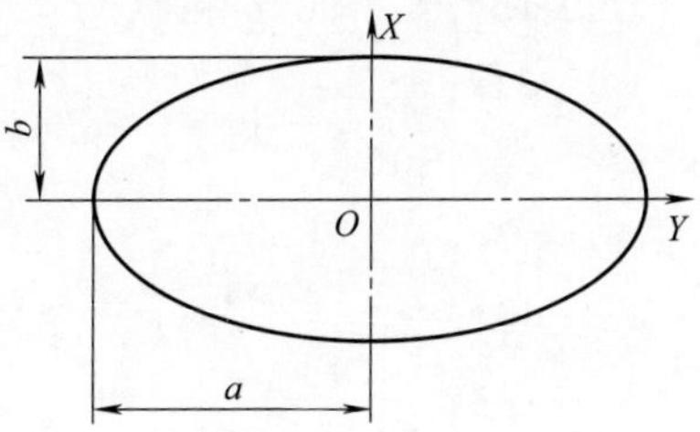

【例 1】 如图 8-34 所示，椭圆长半轴为 40mm，短半轴为 20mm，以椭圆中心点为编程原点，手工编写椭圆程序。

图 8-34 椭圆

根据基本数学知识，椭圆方程有两种格式：

标准方程 $X/a+Y/b=1$

参数方程 $X=a\cos\alpha$　$Y=b\sin\alpha$（中心在原点）

其中，a 为长半轴，b 为短半轴。这里 $a=40$mm，$b=20$mm。参考程序如下：

```
#1=40;                    长半轴初始值是 40mm
#2=20;                    短半轴初始值是 20mm
#3=0;                     变量,表示角度 α,初始值是 0°,变动范围(0°～360°)
G90 G1 X#1 Y0;            刀具走到(X40,Y0)
G43 Z0 H01;               调长度补偿
G01 Z-5;                  刀具 Z 向切深 5mm
WHILE[#3 GT 360] DO 01;
#13=#1* COS#3;            变量,代表 X 的坐标
#14=#1* SIN#3;            变量,代表 Y 的坐标
G01 X#13 Y#14 F1000;      刀具走到(X#13, Y#14)
#3=#3+ 1;                 变量增加 1
END 01;
G0 Z100;                  抬刀
M30;                      程序结束
```

【例 2】 如图 8-35 所示，100mm×80mm×20mm 的 45 钢毛坯，上表面已精加工，其余 5 个面的形状精度和位置精度都比较高。要求对单件平面凸轮廓进行工艺分析并完成程序编制。

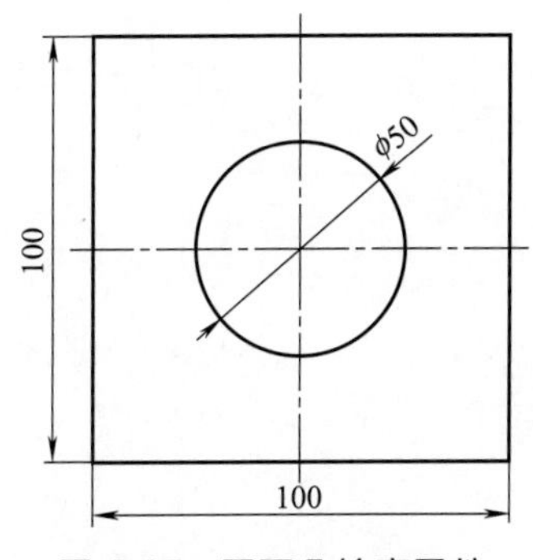

图 8-35 平面凸轮廓零件

参考程序如下：

```
O0055;                    螺旋铣孔程序号
G90 G80 G40 G49;          程序初始化
G28 M06 T6;               换刀
```

```
G90 G54 G00 X0 Y0 Z100;        调用G54坐标系,快速运动到圆心上方的Z100处
M03 S1500;                     主轴正转,转速为1500r/min
G43 Z50 H06;                   建立刀具长度补偿
#1=50;                         圆孔直径
#2=40;                         圆孔深度
#3=30;                         刀具直径
#4=0;                          Z坐标设为自变量,赋值为0
#17=1;                         Z坐标每次递增量
#5=[#1-#3]/2;                  刀具回转直径
G00 X#5;                       刀具快速运动到点上方
Z[-#4+1];                      快速走到安全平面
G01 Z-#4 F200;                 刀具Z向切深-#4
WHILE[#4 LT #2]DO 01;          如果切深小于圆孔深度,就循环
#4=#4+#17;                     #4重新赋值
G03I-#5Z-#4F1000;              螺旋插补
END 01;                        循环结束符
G03 I-#5;                      圆弧插补
G01 X[#5-1];                   往中心退刀1mm
G0 Z100;                       抬刀
M30;                           程序结束
```

第九章　数控铣床/加工中心基本操作

第一节　机床操作面板认识和基本操作

【视频 9-1 机床操作面板认识和基本操作】

数控铣床/加工中心的操作面板与数控车床的操作面板在组成上基本相同。下面以 FANUC 0i 的操作面板为例进行说明。

一、操作面板结构组成

FANUC 0i 系统面板与其他系统的面板结构基本相同。图 9-1 所示为北京机床厂铣床操作面板，其工作界面主要包括显示器、MDI 面板（键盘）、急停按钮、功能键和机床控制面板。而 MDI 面板和机床控制面板是各系统最常用的部分。

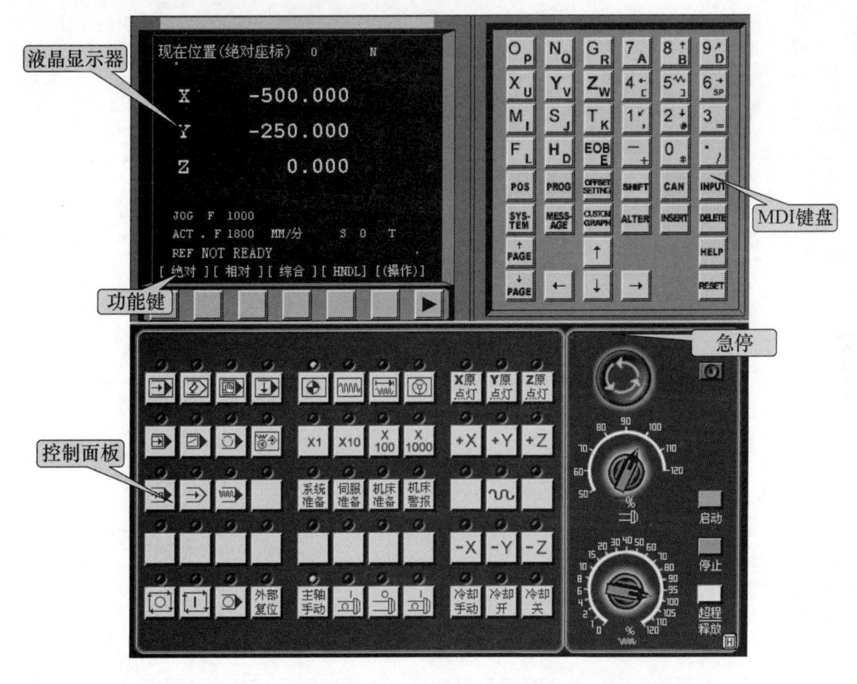

图 9-1　北京机床厂 FANUC 0i 铣床操作面板

① 液晶显示器。显示器位于面板的左上角，主要显示软件的操作界面，以及加工时所需要的相关数据。

② MDI 键盘。MDI 键盘主要作为系统的输入设备，完成程序的输入、参数修改等工作。MDI 键盘区的各按钮功能见表 9-1。

③ 急停按钮。初学者通常对程序的正确性、合理性了解不够，因此在操作过程中或多或少会出现问题。在这种情况下，操作人员应尽量在加工过程中将手靠近急停按钮，出现问

题时按下按钮，以免发生不必要的危险。

④ 功能键。功能键没有确定的功能内容，由于其功能随着显示器显示内容的变化而改变，因此通常被称作软键。

⑤ 机床控制面板。机床控制面板是用手动操作控制其工作状态的，其中主要包括自动、单段、手动、增量、回零等操作。机床控制面板区的各按钮功能见表 9-2。

□ 表 9-1 MDI 键盘各键的功能表

MDI 键	功能
↑PAGE ↓PAGE	软键↑PAGE实现左侧 CRT 中显示内容的向上翻页；软键↓PAGE实现左侧 CRT 显示内容的向下翻页
↑ ← ↓ →	移动 CRT 中的光标位置：软键↑实现光标的向上移动；软键↓实现光标的向下移动；软键←实现光标的向左移动；软键→实现光标的向右移动
OP N Q G R X U Y V Z W M I S J T K F L H D EOB E	实现字符的输入，点击SHIFT键后再点击字符键，将输入右下角的字符。例如：点击OP将在 CRT 的光标所处位置输入“O”字符，点击软键SHIFT后再点击OP将在光标所处位置处输入“P”字符；点击软键EOB E中的“EOB”将输入“;”号表示换行结束
7 A 8 B 9 C 4 [5] 6 SP 1 , 2 # 3 = - + 0 * . /	实现字符的输入，例如：点击软键5将在光标所在位置输入“5”字符，点击软键SHIFT后再点击5将在光标所在位置处输入“]”
POS	在 CRT 中显示坐标值
PROG	CRT 将进入程序编辑和显示界面
OFFSET SETTING	CRT 将进入参数补偿显示界面
SYSTEM	系统参数的设置与修改
MESSAGE	报警信息的显示
CUSTOM GRAPH	在自动运行状态下将数控显示切换至轨迹模式
SHIFT	输入字符切换键
CAN	删除单个字符
INPUT	将数据域中的数据输入到指定的区域
ALTER	字符替换
INSERT	将输入域中的内容输入到指定区域

续表

MDI 键	功能
DELETE	删除一段字符
HELP	帮助信息
RESET	机床复位

□ 表 9-2 机床操作面板各按键及旋钮功能表

按键及旋钮	功能
	编辑方式(EDIT)按钮 按下该键和 MDI 键盘中的 PROG 键后,可以对工件加工程序进行输入、修改、删除、查询、呼叫等
	手动数据输入方式(MDI)按钮 按下该键和 MDI 键盘中的 PROG 键后,可以输入一段较短的程序,然后,通过按循环启动按钮开始执行,执行完成后,程序消失
	自动运行方式(MEM)按钮 该方式是按照程序的指令控制机床连续自动加工的操作方式。自动操作方式所执行的程序在循环启动前已装入数控系统的存储器内,所以,这种方式又称存储器运行方式
	回零按钮 按下该按钮后,再分别按三个坐标轴的正方向,实现机床回零
	手动操作方式(JOG)按钮 在此方式下,按下相应的坐标轴按钮和方向按钮,能将工作台和主轴向所希望的目标位置方向移动。松开按钮,移动即停止。进给轴移动速度由进给倍率开关的位置决定
	手摇脉冲进给方式(HANDLE)按钮 在这种方式下,选择相应的手轮轴及手摇倍率,操作者可以转动手摇脉冲发生器,令工作台和主轴移动
快速	手动快速进给按钮 在手动方式下,选择相应坐标轴,然后同时按下该按钮和 + 或 - 中的一个,进给轴以快速移动。若只按 + 或 - ,进给轴移动恢复成手动连续进给时速度
冷却开 冷却关	冷却液开闭按钮。先按下 冷却手动 ,再按“冷却开”,指示灯亮,冷却泵通电工作。打开冷却液阀门,冷却液喷出。按一下“冷却关”,冷却液泵断电,冷却液关闭 在自动或 MDI 运行时,若执行了冷却液开指令(M08),该指示灯也亮;执行了冷却液关指令(M09),则指示灯灭,冷却液关闭
	机床锁住按钮 按下该按钮,指示灯亮,机床锁住功能有效。再按一次,指示灯灭,机床锁住功能解除 在机床锁住功能有效期间,各伺服轴移动操作都只能使位置显示值变化,而机床各伺服轴位置不变,但主轴、冷却、刀架等其他功能照常
	空运行按钮 试运行操作也称空运行,是在不切削的条件下试验、检查输入的工件加工程序的操作。为了缩短调试时间,在试运行期间的进给倍率被系统强制在最大值上 按下该按钮,指示灯亮,试运行操作开始执行,再次按下该按钮,结束试运行状态

续表

按键及旋钮	功能
	程序跳步按钮 按下该按钮，指示灯亮，程序段跳过功能有效。再按一下该按钮，指示灯灭，程序段跳过功能无效 自动操作方式下，在程序段跳过功能有效期间，凡是在程序段号N前冠以“/”符号的程序段，全部跳过不予执行。在程序段跳过功能无效期间，所有程序段全部照常执行
	单程序段按钮 自动方式下，按一下该按钮，指示灯亮，单程序段功能有效。再按一下该按钮，指示灯灭，单程序段功能撤销。在程序连续运行期间允许切换单程序段功能有效/无效 自动操作方式下，单程序段功能有效期间，每按一次循环启动按钮，仅执行一段程序，执行完就停止，必须再按下循环启动按钮，才能执行下一段程序
	程序选择停按钮 该按钮与程序中的M01指令配合使用，在程序执行到M01指令，且该按钮被按下时，指示灯亮，则程序停止。否则程序继续执行
	循环启动按钮 自动操作方式和手动数据输入方式(MDI)下，都用它启动程序，在程序执行期间，其指示灯亮
	进给保持按钮 自动操作方式和手动数据输入方式(MDI)下，在程序执行期间，按下此按钮，指示灯亮，执行中的程序暂停。再按下循环启动按钮后，进给暂停按钮指示灯灭，程序继续执行
X Y Z + −	手动进给按钮 手动方式下，按X Y Z中的任意键，指示灯亮后，再按+或−按钮，能使工作台或主轴向希望的目标方向移动
F0 25% 50% 100%	快速移动倍率 执行G00快速移动时，按下F0按钮，移动速度最慢，其余三个按钮分别是最快速度的百分数
主轴手动	主轴操作按钮 在开机后输入M03和主轴转速的前提下，按下主轴手动按钮，然后再按主轴正转按钮，指示灯亮，主轴正转；按下主轴反转按钮，指示灯亮，主轴反转；按下主轴停止按钮，主轴正反转指示灯都灭，主轴停止转动 自动或MDI方式下，执行主轴正转指令(M03)后，主轴正转的指示灯亮，主轴正转；执行反转指令(M04)后，主轴反转的指示灯亮，主轴反转；如果执行了主轴停止指令(M05)，正转或反转的指示灯全灭，主轴停止
松紧刀允许 主轴紧刀 主轴松刀	主轴松刀、紧刀按钮 在手动方式下，主轴停止状态按松紧刀允许按钮，指示灯亮，然后按主轴紧刀或主轴松刀可以实现主轴上刀具的夹紧与松开，实现手动换刀

续表

按键及旋钮	功能
	进给倍率旋钮 自动加工方式下，可通过此旋钮来调节进给速度的大小
	主轴倍率旋钮 调节主轴转速的大小
启动	系统电源启动按钮 按下此按钮启动数控系统
停止	系统电源关闭按钮 按下此按钮关闭系统电源
超程释放	超程释放按钮 按住此按钮不放，同时按下相应坐标轴移动按钮，消除超程报警
	程序保护锁 将该锁的钥匙旋到 ON 位置，可对程序进行输入、修改、删除等操作。将该锁钥匙旋到 OFF 位置，无法对程序进行输入、修改、删除等操作
	紧急停止按钮 自动加工过程中，如果发生危险情况，应立即按下该按钮，此时机床的全部动作停止，且该按钮能自锁。当险情或故障排除后，将该按钮顺时针旋转一个角度即可复位弹开

二、操作面板基本操作

1. 电源通/断

(1) 系统通电步骤

① 在通电之前，首先检查机床的外观是否正常。

② 如果正常，先将总电源合上。

③ 再将机床上的电源开关旋至 ON 的位置。

④ 按下机床操作面板上的绿色启动按钮启动，数控系统启动，数秒后显示屏亮，显示有关位置和指令信息，此时机床通电完成。

(2) 系统断电步骤

① 在加工结束之后，按下红色按钮停止，数控系统即刻断电。

② 将机床的电源开关旋至 OFF 处。

③ 断开总电源开关。

2. 手动操作

(1) 回零

采用增量式测量的数控机床开机后，都必须做回零操作，即返回参考点操作。通过该操作建立起机床坐标系。采用绝对测量方式的数控机床开机后，不必做回零操作。

首先检查各轴坐标读数，确保各轴离机械原点 100mm 以上，否则，不能进行原点回归，系统出现报警，如果距离不够，则需要在手动模式下移动机床各轴，使得满足以上要求。回零步骤如下：

① 按下回零按钮。

② 按下 Z 向移动按钮 Z 。

③ 再按下手动正向进给按钮 + 。

④ 分别按下 X Y 和相应的手动正向进给按钮 + 。

⑤ 当机床原点指示灯 X原点灯 Y原点灯 Z原点灯 亮后，表示回零成功。

（2）手动连续进给

在手动操作模式下，持续按下操作面板上的 X Y Z 及其方向选择按钮 + − ，会使刀具沿着所选方向连续移动。同时按下快速按钮 快速 ，使各轴实现快速移动。

（3）手轮进给

在手轮进给方式中，刀具或工作台可以通过旋转手摇脉冲发生器实现微量移动。使用手轮进给轴选择旋钮，选择要移动的轴，手摇脉冲发生器旋转一个刻度时，刀具移动的最小距离与最小输入增量相等。手摇脉冲发生器旋转一个刻度时，刀具移动的距离可以放大 1 倍、10 倍、100 倍。

操作步骤：

① 按下手轮方式选择按钮。

② 旋转手摇脉冲发生器上的移动轴旋钮和倍率旋钮，使之处于相应的位置。

③ 以手轮转向对应的移动方向来旋转手轮，手轮旋转 360°，刀具移动的距离相当于 100 个刻度的对应值。

（4）自动运行

用编程程序运行 CNC 机床，称为自动运行。自动运行分为存储器运行、MDI 运行、DNC 运行、程序再启动、利用存储卡进行 DNC 运行等。

① 存储器运行。程序事先存储到存储器中，当选择了这些程序中的一个，并按下机床操作面板上的循环启动按钮后，启动自动运行。在自动运行中，机床操作面板上的进给保持按钮被按下后，自动运行被临时终止，当再次按下循环启动按钮后，自动运行又重新进行。

当 MDI 面板上的复位键 RESET 被按下后，自动运行被终止，并且进入复位状态。

运行步骤：在按下 PROG 和编辑键后，显示程序屏幕，输入程序号，按下软键“O 搜索”，打开所要运行的程序；按下机床操作面板上的循环启动按钮便可启动自动运行。

② MDI 运行。在 MDI 运行方式中，通过 MDI 面板，可以编制最多 10 行的程序并执行，程序格式和通常程序一样。在 MDI 方式中编制的程序不能被存储，MDI 运行用于简单的测试操作。

运行步骤：按下 MDI 方式按钮，按下 MDI 操作面板上的 PROG 功能键，屏幕显示如 9-2

所示。界面中自动加入程序号 O0000；用通常的程序编辑方式，编制一个要执行的程序，在程序段的结尾处加上 M99，用以在程序执行完毕后，将控制返回到程序头；为了执行程序，需将光标移到程序头（从中间点启动也是可以的），按下循环启动按钮，程序启动运行；当执行程序结束语句（M02 或 M30）或者执行 ER（%）后，程序自动清除并结束运行；通过指令 M99，控制自动回到程序的开头。

```
PROGRAM(MDI)                              0010    00002
 O0000;


 G00  G90  G94  G40  G80  G50  G54  G69
 G17  G22  G21  G49  G98  G67  G64  G15
        B    H M
   T           D
   F      S

 >_
 MDI  ....     ...    ...          20:40:05
〔PRGRM〕〔 MDI 〕〔CURRNT〕〔 NEXT 〕〔(OPRT)〕
```

图 9-2　MDI 界面

要在中途停止或结束 MDI 操作，有如下两种方法：

停止 MDI 操作：按下操作面板上的进给保持按钮，进给保持按钮指示灯亮，程序暂停，再次按下循环启动按钮，机床的运行被重新启动。

结束 MDI 操作：按下 MDI 面板上的复位按钮，自动运行结束，并进入复位状态。

3. 程序管理操作

（1）程序的创建

按下编辑按钮，然后按下程序按钮，屏幕将显示程序内容页面。输入以字母 O 开头后接 4 位数字的程序编号（如 O0010），按插入按钮，即可创建由该程序编号命名的程序。

（2）程序的录入

当创建程序完成后，系统自动进入程序录入状态，此时可按字母、数字键，然后按插入键，即可将字母、数字插入到当前程序的光标之后。

当输入有误，在未按插入键之前，可以按 CAN 键，删除错误输入。

当输入完成一段程序后，按分号键 EOB 后，再按插入键，则之后输入的内容自动换行。

（3）程序的修改

① 程序字的插入。按 PAGE↑ 和 PAGE↓ 用于翻页，按方位键 ↑ ↓ ← → 移动光标。将光标移到所需位置，点击 MDI 键盘上的数字/字母键，将代码输入到缓冲区内，按 INSERT 键，把缓冲区的内容插入到光标所在代码后面。

② 删除字符。先将光标移到所需删除字符的位置，按 DELETE 键，删除光标所在的代码。

③ 字符替换。先将光标移到所需替换字符的位置，将替换成的字符通过 MDI 键盘输入

到缓冲区内，按ALTER键，用缓冲区内的内容替代光标所在处的代码。

④ 字符查找。输入需要搜索的字母或代码，然后按向下键↓，开始在当前数控程序中光标所在位置后搜索（代码可以是一个字母或一个完整的代码，例如："N0010""M"等）。如果此数控程序中有所搜索的代码，则光标停留在找到的代码处；如果此数控程序中光标所在位置后没有所搜索的代码，则光标停留在原处。

（4）程序的删除

按下编辑按钮，然后按下程序按钮PROG，屏幕将显示程序内容页面，然后利用软件LIB查看已有程序列表，利用MDI键盘键入要删除的程序编号（如O0010），按DELETE键，程序即被删除。

删除全部数控程序：利用MDI键盘输入"O-9999"，按DELETE键，全部数控程序即被删除。

（5）打开或切换不同的程序

按下程序按钮PROG，在编辑模式下，键入要打开或切换的程序编号，然后，按向下键↓，或软件上面输入"O"然后按"搜索"键，即可打开或切换。

4. 刀补值的输入

在程序输入完成后，要进行刀补值的输入。

按下MDI操作面板上的设置/偏置键OFFSET SETTING，CRT将进入参数补偿设置界面，如图9-3所示。

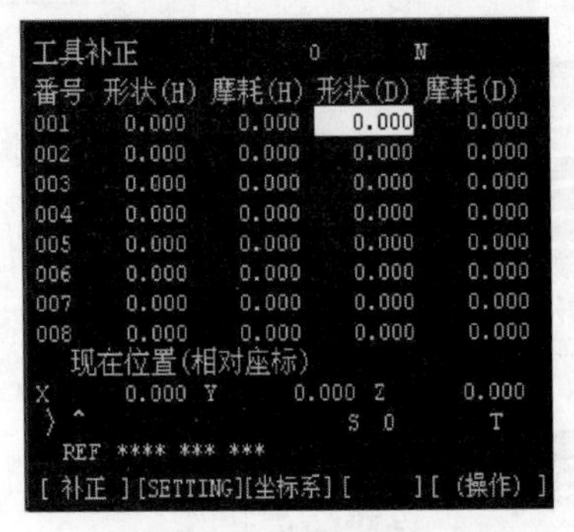

图9-3 参数补偿

对应不同刀号在"形状（H）"一列中输入长度补偿值，在"形状（D）"一列中输入刀具半径补偿值。而在"摩耗（H）"和"摩耗（D）"中，可将刀具在长度和半径方向的磨损量输入其中，以修正刀具的磨损，也可在精加工时，通过调整摩耗量，以保证精加工的尺寸精度。

5. 程序的检查调试

在实际加工之前要对录入的程序进行全面检查，以检查机床是否能按编好的加工程序进行工作。检查调试的方法主要是利用机床锁住功能进行图形模拟、空运行和单段运行。

（1）图形模拟

同时按下机床操作面板上的机床锁住按钮和MDI操作面板上的图形模拟按钮CUSTOM GRAPH，机床进入图形模拟状态。此时，在自动运行模式下按循环启动按钮，刀具、工作台不再移动，但显示器上沿每一轴的运动位移在变化，即在显示器上显示出了刀具运动的轨迹。通过这种操作，可检查程序的运动轨迹是否正确。

（2）空运行

在自动运行模式下，按下空运行按钮，此时，机床进入空运行状态，刀具按参数指定的速度快速移动，而与程序中指令的进给速度无关。该功能可快速检查刀具运动轨迹是否正确。

在此状态下，刀具的移动速度很快，因此，应在机床未装工件或将刀具抬高一定高度的情况下进行。将工件抬高一定的高度，可在机床坐标系设置界面中，将公共坐标系（EXT）的 Z 数据中输入 100.0，如图 9-4 所示。

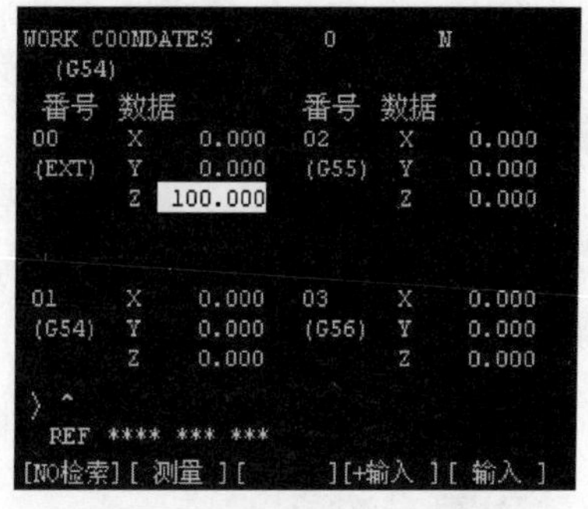

图 9-4　坐标系设置界面

（3）单段运行

按下单段运行按钮，机床进入单段运行方式。在单段运行方式下，按下循环启动按钮后，刀具在执行完程序中的一段程序后停止，再次按下循环启动按钮，执行完下一段程序后，刀具再次停止。通过单段运行方式，使程序一段一段地执行，以此来检查程序是否正确。

第二节　数控铣床/加工中心的对刀操作

【视频 9-2 数控铣床装刀】

【视频 9-3 数控铣床对刀】

所谓对刀，其目的就是确定出工件坐标系原点在机床坐标系中的位置，即将对刀后的数据输入到 G54～G59 坐标系中，在程序中调用该坐标系。G54～G59 是该原点在机床坐标系的坐标值，它储存在机床内，无论停电、关机或者换班，它都能保持不变。同时，通过对刀可以确定加工刀具和基准刀具的刀补，即通过对刀确定出加工刀具与基准刀具在 Z 轴方向上的长度差，以确定其长度补偿值。

对刀点和换刀点的选择主要根据加工操作的实际情况，考虑如何在保证加工精度的同时，使操作简便。

数控铣床/加工中心对刀前需要和车削加工一样明确机床坐标系、编程坐标系、对刀点等。这部分内容参考第四章第一节。

一、铣削对刀点的选择

加工时，零件在机床加工尺寸范围内的安装位置是任意的，要正确执行加工程序，必须确定零件在机床坐标中的确切位置。对刀点是零件在机床上定位装夹后，设置在零件坐标系中，用于确定零件坐标与机床坐标系空间位置关系的参考点。在工艺设计和程序编制时，应以操作简单、对刀误差小为原则，合理设置对刀点。

对刀点可以设置在零件上，也可以设置在夹具上，但都必须在编程坐标系中有确定的位置，如图 9-5 所示的 x_1 和 y_1。对刀点既可以与编程原点重合，也可以不重合，这主要取决于加工精度和对刀的方便性。当对刀点与编程原点重合时，$x_1=0$，$y_1=0$。

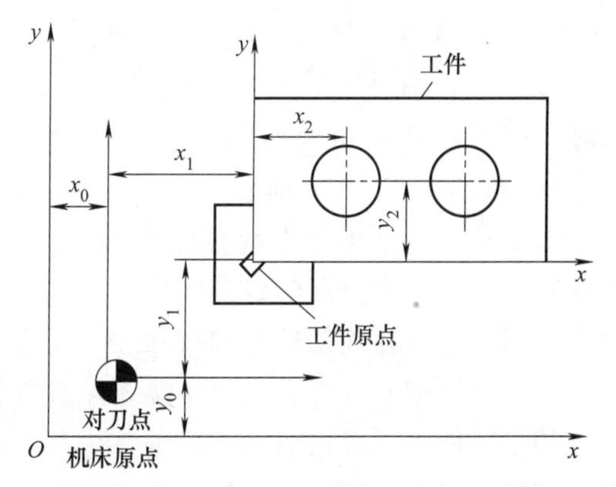

图 9-5　对刀点的选择

为了满足零件的加工精度要求，对刀点应尽可能选在零件的设计基准或工艺基准上。如以零件上孔的中心点或两条相互垂直的轮廓边的交点作为对刀点较为合适，但应根据加工精度对这些孔或轮廓面提出相应的精度要求，并在对刀之前准备好。有时零件上没有合适的部位，也可以加工出工艺孔用来对刀。

确定对刀点在机床坐标系中位置的操作称为对刀。对刀的准确程度将直接影响零件加工的位置精度，因此，对刀是数控机床操作中的一项重要且关键的工作。对刀操作一定要仔细，对刀方法一定要与零件的加工精度要求相适应，生产中常使用一些对刀辅助工具，比如塞尺、寻边器和对刀仪等，具体在后面详细介绍。

无论采用哪种工具，都是使数控铣床主轴中心与对刀点重合，利用机床的坐标显示确定对刀点在机床坐标系中的位置，从而确定零件坐标系在机床坐标系中的位置。简单地说，对刀就是告诉机床：工作台在什么地方。

二、对刀方法

根据工件表面是否已经被加工，可将对刀分为试切法对刀和借助仪器或量具对刀两种方法。

1. 试切法对刀

试切法对刀适用于尚需加工的毛坯表面或加工精度要求较低的场合。具体操作步骤如下：

① 首先启动主轴。按下机床操作面板上的 MDI 按钮和数控操作面板上的程序按钮 PROG，输入“M03 S800”，然后按下循环启动按钮，主轴开始正转。

② 按下手动操作按钮，然后通过操作按钮 X Y Z + -，将刀具移动到工件附近，并在 X 轴方向上使刀具离开工件一段距离，在 Z 轴方向上使刀具移动到工件表面以下，然后换用手轮将刀具慢慢移向工件的左表面，当刀具稍稍切到工件时，停止 X 方向的移动。此时，按下数控操作面板上的位置功能键 POS，显示出机床的机械坐标值，并记录该数值。

将刀具离开工件左边一定距离，抬刀，移至工件的右侧，再下刀，在工件的右表面再进行一次试切，并记录下该处的机械坐标值。将两处的机械坐标值相加再除以 2，就得到该工件的中心坐标的机械坐标值，将所得的值输入到 G54 的 X 后即可。

也可通过测量得到 X 的坐标值。当刀具在工件左边试切后，将相对坐标值中的 X 值归零，然后再在工件右边试切一次。此时，得到 X 轴的相对坐标值，将该值除以 2，就得到了工件在 X 轴上的中点相对坐标值，此时，将刀具抬起，移向工件中点，当到达工件该相对坐标值时，停止移动。将光标移动到 G54 的 X 后，输入“X0”，按下“测量”软键，X 向的机械坐标值就输入到 G54 的 X 中。

③ 用同样方法分别试切工件的前后表面，可得到工件的 Y 坐标值。

④ X、Y 轴对好后，再对 Z 轴。将刀具移向工件上表面，在工件上表面上试切一下，此时，Z 轴方向不动，读取 Z 向的机械坐标值，输入到 G54 的 Z 后，或者输入“Z0”，然后按软键“测量”即可。

以上坐标系是建立在工件的中心。但在实际加工时，通常为了编程的方便和检查尺寸，坐标系建立在某个特定的位置则更加合理。此时，一般过程同样用中心先对好位置，再移到指定的偏心位置，并把此处的机械坐标值输入到 G54 中，即可完成坐标系的建立。为避免出错，最好将中心位置的相对坐标系设置为零，然后再进行移动。

如果工件坐标系设置在工件的某个角上，则在 X、Y 方向对刀时，只需试切相应的一个表面即可。但此时应注意在输入相应的机械坐标值时，应加上或减去刀具的半径值。

2. 借助仪器或量具对刀

【视频 9-4 寻边器使用】

在实际加工中，一些较精密零件的加工精度往往控制在几十微米甚至几微米之内，试切对刀法不能满足精度要求；另外，有的工件表面已经进行了精加工，不能对工件表面进行切削，试切对刀不能满足其要求。因此，常借助仪器或量具进行对刀。

（1）使用光电式寻边器对刀

光电式寻边器如图 9-6 所示。

工作原理：将光电式寻边器安装到刀柄上，然后装到主轴上，利用手轮控制，使光电寻边器以较慢的速度移向工件的测量表面，当顶端上的圆球接触到工件的某一对刀表面时，整个机床、寻边器和工件之间便形成一条闭合的电路，寻边器上的指示灯发光，并发出声音。其具体操作步骤、数值记录和录入与试切法对刀的原理相同，所不同的是这种对刀方法对工件没有破坏作用，并且利用了光电信号，提高了对刀精度。

（2）使用机械式偏心寻边器对刀

机械式偏心寻边器如图 9-7 所示。

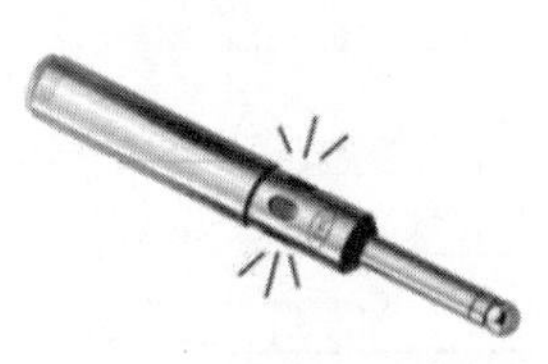
图 9-6　光电式寻边器

图 9-7　机械式偏心寻边器

其结构分为上下两段，中间有孔，内有弹簧，通过弹簧拉力将上下两段紧密结合到一起。

工作原理：将寻边器安装到刀柄上，并装到主轴上，让主轴以 200～400r/min 的转速转动，此时，在离心力作用下，寻边器上下两部分是偏心的，当用寻边器的下部分去碰工件的某个表面时，在接触力的作用下，寻边器的上下两部分将逐渐趋向于同心，同心时的坐标值即为对刀值。具体操作步骤、数值记录和录入与试切对刀法相同。使用机械式偏心寻边器时，主轴转速不宜过高。转速过高，离心力变大，会使寻边器内的弹簧拉长而损坏。

3. 使用对刀块或 Z 轴设定器进行 Z 向对刀

X 和 Y 向可采用以上方法对刀，Z 向可采用对刀块对刀、Z 轴设定器对刀。仪器的灵敏度在 0.005mm 之内，因而，对刀精度可以控制在 0.005mm 之内。对刀块通常是高度为 100mm 的长方体，用热胀系数较小，耐磨、耐蚀的材料制成，Z 轴设定器又分为光电式和指针式两种，如图 9-8 和图 9-9 所示。

图 9-8　光电式 Z 轴设定器

图 9-9　指针式 Z 轴设定器

利用对刀块进行 Z 向对刀时，主轴不转，当刀具移到对刀块附近时，改用手轮控制，沿 Z 轴一点点向下移动。每次移动后，将对刀块移向刀具和工件之间，如果对刀块能够在刀具和工件之间轻松穿过，则间隙太大；如果不能穿过，则间隙过小。反复调试，直到对刀块在刀具和工件之间能够穿过，且感觉对刀块与刀具及工件之间有一定摩擦阻力时，间隙合适。然后读出此时的 Z 轴的机械坐标值，减去 100 后，输入刀偏表的 Z 坐标中，Z 向对刀完成。Z 轴设定器对刀方法和对刀块一样，且精度更高。

除去以上方法外，还可利用塞尺对刀。对于圆柱形坯料，有的还可借助百分表对刀。

第三节 数控刀具下刀过程

铣削刀具的下刀过程如图 9-10 所示。

在加工零件的过程中，刀具首先定位到起始平面，快速下刀至进刀平面，然后以进给速度下刀，进行零件的加工。在一个区域或工位加工完毕后，刀具退至退刀平面，再抬刀至安全平面，然后高速运动到下一个区域或工位再下刀、加工。在零件完全加工完毕后，抬刀至返回平面，进行零件的测量等操作。

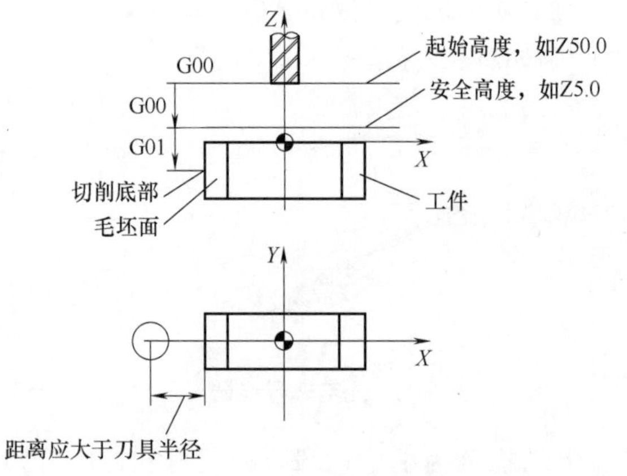

图 9-10 刀具的下刀过程

(1) 起始平面

起始平面是刀具的初始位置所在的平面。起刀点是刀具相对于零件运动的起点，数控程序是从起刀点开始执行，起刀点必须设置在零件的上面，一般称为起始平面或起始高度。一般选距零件上表面 50mm 左右，太高则生产效率降低，太低又不便于操作人员观察零件。另外，为了发生异常现象时便于操作人员紧急处理，起始平面一般高于安全平面，在此平面上刀具以 G00 速度行进。

(2) 进刀平面

刀具以高速（G00）下刀至要切到材料时变成以进刀速度下刀，以免撞刀，此速度转折点的位置即为进刀平面，其高度为进刀高度，也称作安全高度。其一般离加工表面 5mm 左右。

(3) 退刀平面

零件（或零件区域）加工结束后，刀具以切削进给速度离开零件表面一段距离后转为以高速返回到返回平面，此转折位置即为退刀平面，其高度为退刀高度。

(4) 安全平面

安全平面是指刀具在完成零件的一个区域加工，沿刀具轴向返回运动一段距离后，刀尖所在的 Z 平面。它一般被定义为高出被加工零件的最高点 10mm 左右，刀具处于安全平面时是安全的，在此平面上以 G00 速度进行。这样设置安全平面既能防止刀具碰伤零件，又能使非切削加工时间控制在一定的范围内，其对应的高度称为安全高度。

(5) 返回平面

返回平面在零件表面的上方，一般与起始平面重合或者更高，以便在零件加工完毕后，便于人们观察和测量零件，同时保证后续移动机床时能避免零件和刀具发生碰撞。

第十章　数控铣床/加工中心编程典型案例

第一节　平面铣削

【视频 10-1 平面铣削】

平面是组成零件的最基本的要素，平面铣削加工是数控铣削实训中需要首先掌握的最基本的操作技能。平面加工主要保证平面度和表面粗糙度。

如图 10-1 所示，毛坯是 105mm×85mm×35mm 铸铝件，本任务要求加工毛坯的六个表面，保证最后尺寸 100mm×80mm×30mm，同时保证表面粗糙度值。本项目以铣削方形毛坯的六个表面为例，介绍了数控程序的编制、数控铣削刀具材料及选用、基本量具的使用、常用指令的含义及格式等内容，为复杂零件的编程和加工奠定基础。

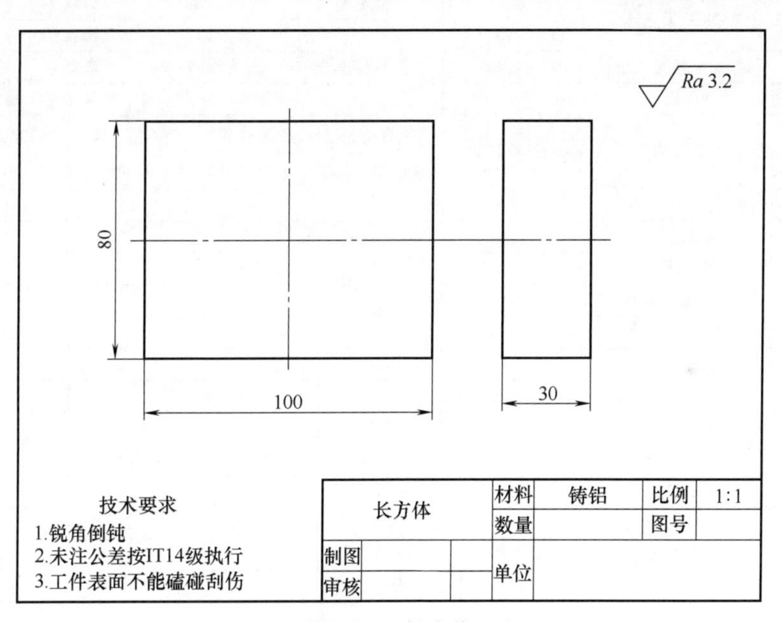

图 10-1　长方体

一、加工工艺设计

1. 加工图样分析

该零件包含了六个平面的加工，尺寸精度是未注公差，表面粗糙度 $Ra=6.3\mu m$，没有形位公差要求，加工精度要求较低。

2. 加工方案确定

根据图样加工要求，六个表面可采用端铣刀粗铣→精铣完成。

3. 装夹方案确定

毛坯为长方体零件，可选平口虎钳装夹，工件加工表面高出钳口 10mm 左右。

4. 确定刀具

加工该零件，可选用面铣刀铣削，加工效率高。刀具及切削参数见表10-1。

表10-1 面铣刀具卡

数控加工刀具卡		工序号	程序编号		产品名称		零件名称		材料	零件图号
		1	O0003				长方体		铸铝	
序号	刀具号	刀具名称	刀具规格		补偿值		刀补号			备注
			直径/mm	长度/mm	半径/mm	长度/mm	半径	长度		
1	T01	面铣刀	80	实测						硬质合金
编制		审核		批准			年 月 日		共 页	第 页

5. 确定加工工艺

该零件精度要求低，对六个表面只需用面铣刀粗铣一次，然后精铣一次即可保证精度。加工工艺见表10-2。

表10-2 面铣工序卡

数控加工工艺卡			产品名称	零件名称		材料	零件图号
				长方体		铸铝	
工序号	程序编号	夹具名称	夹具编号	使用设备		车间	工序时间
1	O0003	平口虎钳		XKA714B/F		实训中心	
工步号	工步内容	刀具名称	主轴转速/(r/min)	进给速度/(mm/min)	背吃刀量/mm	侧吃刀量/mm	备注
1	粗铣上表面	T01	250	150	2	60	
2	精铣上表面	T01	600	80	0.5	60	
3	粗铣下表面	T01	250	150	2	60	
4	精铣下表面	T01	600	80	0.5	60	
5	粗铣前表面	T01	250	150	2	45	
6	精铣前表面	T01	600	80	0.5	45	
7	粗铣后表面	T01	250	150	2	45	
8	精铣后表面	T01	600	80	0.5	45	
9	粗铣左表面	T01	250	150	2	45	
10	精铣左表面	T01	600	80	0.5	45	
11	粗铣右表面	T01	250	150	2	45	
12	精铣右表面	T01	600	80	0.5	45	
编制	审核		批准		年 月 日	共 页 第 页	

二、程序编制与加工

1. 工件坐标系建立

根据工件特点，以上表面为例，如图10-2所示，编程坐标系原点设置在加工面的左下角。

2. 基点坐标计算

分别计算出 A、B、C 各点的坐标值，如图10-2所示。

3. 编制加工程序

根据前面的工艺分析和坐标计算，编制加工程

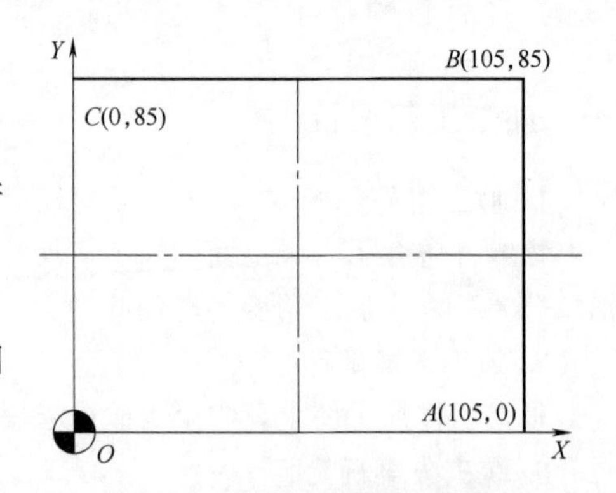

图10-2 坐标原点及特征点坐标

序，并填写加工程序单（该程序单以上表面粗铣为例），如表 10-3 所示。

表 10-3　平面铣削程序单

<table>
<tr><td colspan="3">数控铣削程序单</td><td>刀具号</td><td>刀具名</td><td>刀具作用</td></tr>
<tr><td>单位名称</td><td>零件名称</td><td>零件图号</td><td>T01</td><td>面铣刀</td><td>铣削平面</td></tr>
<tr><td></td><td>长方体</td><td></td><td></td><td></td><td></td></tr>
</table>

<table>
<tr><td>段号</td><td>程序号</td><td>O0003；</td><td></td></tr>
<tr><td>N5</td><td colspan="2">G90 G54 G00 X－45 Y10 Z50；</td><td>建立工件坐标系，刀具快速移动到下刀位置</td></tr>
<tr><td>N10</td><td colspan="2">M03 S250；</td><td>主轴正转，转速 250r/min</td></tr>
<tr><td>N15</td><td colspan="2">Z5；</td><td>快速到达安全高度</td></tr>
<tr><td>N20</td><td colspan="2">G01 Z-2 F150；</td><td>以给定速度下刀至 Z－2</td></tr>
<tr><td>N25</td><td colspan="2">X130；</td><td>直线进给至 X120 处</td></tr>
<tr><td>N30</td><td colspan="2">Y75；</td><td>直线进给至 Y75 处</td></tr>
<tr><td>N35</td><td colspan="2">X-15；</td><td>直线进给至 X－15 处</td></tr>
<tr><td>N40</td><td colspan="2">G00 Z50；</td><td>快速抬刀至 Z100 处</td></tr>
<tr><td>N45</td><td colspan="2">M05；</td><td>主轴停转</td></tr>
<tr><td>N50</td><td colspan="2">M30；</td><td>程序</td></tr>
</table>

编制		审核		批准		年 月 日	共 页	第 页

4. 程序调试与加工

① 将实训学生分组，每组 6 人，每人负责一个面的加工。

② 将程序输入数控系统，先进行图形模拟，然后分别进行粗、精加工，保证最后尺寸和表面粗糙度。

③ 加工完成，卸下工件，清理机床。

第二节　平面外轮廓铣削

【视频 10-2 外轮廓加工】

如图 10-3 所示，100mm×80mm×20mm 的 45 钢毛坯，上表面已精加工，其余 5 个面的形状精度和位置精度都比较高。要求对单件平面凸轮廓进行工艺分析并完成程序编制。

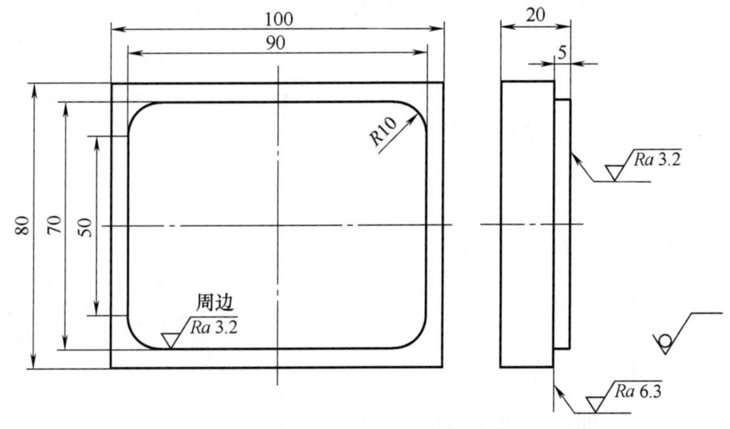

图 10-3　平面凸轮廓零件

一、工艺分析

1. 零件结构工艺性分析

该零件的外形尺寸为 100mm×80mm×20mm，是形状规整的长方形零件。加工内容为

90mm×70mm 凸台轮廓，凸台高 5mm，凸台轮廓的 4 个角均为 R10mm 圆弧光滑连接，其余表面不加工。尺寸精度、形位公差均为自由公差，凸台轮廓的表面粗糙度均为 $Ra=3.2\mu m$。

2. 确定装夹方案

根据图 10-3，平面盘类零件轮廓由“直线＋圆弧”构成，需两轴联动加工。实际加工所需刀具不多，可以选用立式数控镗铣床。由于单件生产，根据毛坯情况，可选用通用夹具中的机用平口虎钳装夹零件，垫平零件底面，零件上表面高出钳口 5mm 以上，防止刀具与虎钳干涉。

3. 确定加工方案

根据零件形状及加工精度要求，一次装夹完成所有加工内容。顶面要求 $Ra=3.2\mu m$，铣削一次可以达到加工要求；凸台轮廓表面粗糙度要求 $Ra=3.2\mu m$，分粗、精加工两次完成。

4. 选择刀具

顶面加工选用 ϕ100mm 端铣刀。粗、精铣凸轮廓，由于是加工外轮廓，应尽量选用大直径刀，以提高加工效率，本项目选用 3 齿 ϕ15mm 高速钢普通立铣刀。

5. 确定加工顺序及进给路线

刀具沿凸轮廓顺时针方向走刀。下刀点可以选择在零件的外部。从下刀点用圆弧切入凸轮廓，在加工完成后再以圆弧轨迹退出凸轮廓。

加工凸轮廓进给路线（见图 10-4）如下：

下刀点(Z 方向下刀)→01(移动过程中建立右刀补)→02(沿圆弧切入)→03→04→05→06→07→08→09→10→02→11(沿圆弧轨迹离开零件轮廓)。

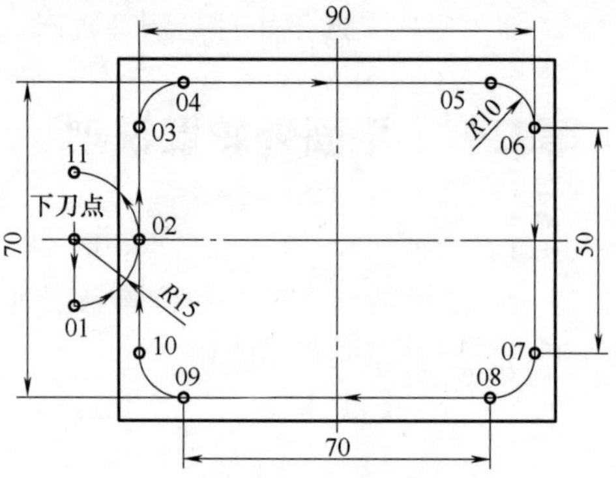

图 10-4　加工凸轮廓进给路线

6. 确定切削用量

铣钢件需加冷却液，采用 ϕ16mm 普通立铣刀，在轮廓方向分粗、精铣削。

粗铣：侧吃刀量 4.8mm，留 0.2mm 精铣余量，背吃刀量的范围为 4.8～11.01mm，四角最大处（11.01mm）也留有 0.2mm 的精铣余量。

精铣：侧吃刀量 0.2mm，背吃刀量 0.2mm。

粗铣取 $v_c=30m/min$，则主轴转速 S 为：

$$S=\frac{1000v_c}{\pi D}=1000\times\frac{30}{3.14\times16}r/min\approx597r/min$$

取 $S=600r/min$。

取每齿进给量 $f=0.1mm/r$，则进给速度 F 为：

$$F=0.1\times3\times600mm/min=180mm/min$$

精铣取 $v_c=40m/min$，则主轴转速 S 为：

$$S=\frac{1000v_c}{\pi D}=1000\times\frac{40}{3.14\times16}r/min\approx796r/min$$

取 $S=800r/min$。

取每齿进给量 $f=0.05mm/r$，则进给速度 F 为：

$$F=0.05\times3\times800mm/min=120mm/min$$

7. 坐标点的计算（见表 10-4）

表 10-4 各坐标点的计算

点	下刀点	01	02	03	04	05	06	07	08	09	10	11
X 坐标	−60	−60	−45	−45	−35	35	45	45	35	−35	−45	−60
Z 坐标	0	−15	0	25	35	35	25	−25	−35	−35	−25	15

8. 确定可能存在的切削剩余部分

可能存在剩余部分的部位在零件的四个角，如图 10-5 所示，在零件的右下角处需加工的最大尺寸是 11.21mm，小于刀具直径 16mm，因此需要加工剩余残料部分。

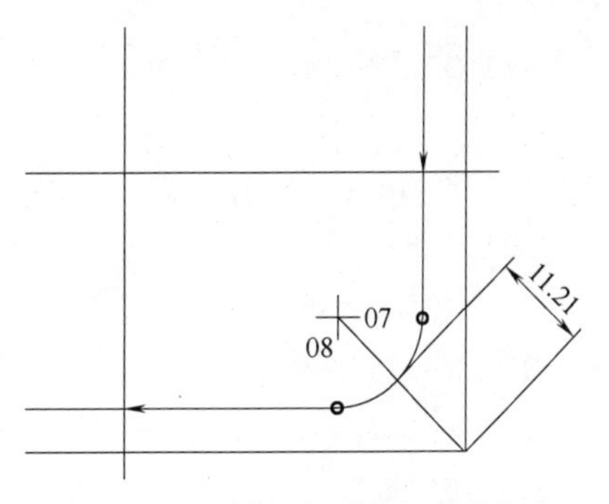

图 10-5 可能存在剩余部分的部位

9. 确定编程方案

一把刀具编一个程序，ϕ100mm 端铣刀铣平面用 O0001 程序，ϕ15mm 立铣刀粗、精铣轮廓用 O0002 程序。

凸台轮廓无内圆弧，刀具半径和刀具半径偏置值不受限制，粗、精铣通过改变不同的刀具半径偏置值来完成。ϕ100mm 端铣刀在零件毛坯顶面对刀，ϕ16mm 立铣刀在铣好的零件顶面对刀。数控加工工序卡和刀具调整卡见表 10-5 和表 10-6。

表 10-5 数控加工工序卡

（厂名）		零件名称	平面凸轮廓零件		零件号		
数控加工工序卡		材料			程序号		
		夹具名称	机用平口虎钳和压板		使用设备	XK5034	
工序号		编制			车间		
工步号	工步内容	刀具编号	刀具规格 /mm	主轴转速 /(r/min)	进给速度 /(mm/min)	被吃刀量 /mm	备注
1	粗铣上表面	T01	ϕ100 端铣刀	380	240	2	
2	粗铣凸轮廓	T02	ϕ15	600	180	2	
3	精铣凸轮廓	T02	ϕ15	1000	120	0.5	

表 10-6 刀具调整卡

（厂名）		零件名称	平面凸轮廓零件	零件号	
数控加工刀具卡		程序号		编制	
序号	刀具编号	刀具规格名称	数量	加工表面	备注
1	T01	ϕ100mm 端铣刀	1	铣削上表面	
2	T02	ϕ15mm 高速钢立铣刀	1	铣削凸轮廓	

二、编写程序

参考程序（FANUC 系统）如下：

```
O0001;                                     φ100 端铣刀铣平面程序
G90 G00 G54 G21 X110 Y0 F240 S380 M03;     建立零件坐标系,主轴正转,上方定位
```

```
G01 Z-3;                                  实际铣削厚度 3mm
G01 X-110 Y0;                             直线走刀,铣削平面
G00 Z200;                                 抬刀
M30;                                      程序结束
O0002;                                    ϕ15 立铣刀粗、精铣轮廓
G90 G00 G55 X-60 Y0 F180 S600 M03;        建立零件坐标系,在下刀点上方定位
G00 Z-4.8;                                下刀(粗铣用程序中的值,精铣 Z 为
                                          -5mm)
G41 G0l X-60 Y-15 D01;                    建立刀补至 01 点(粗加工 D01,偏置
                                          值为 8.2mm)
G03 X-45 Y0 R15;                          圆弧走刀至 02 点
G01 Y25;                                  直线走刀至 03 点
G02 X-35 Y35 R10;                         圆弧走刀至 04 点
G01 X35;                                  直线走刀至 05 点
G02 X45 Y25 R10;                          圆弧走刀至 06 点
G01 Y-25;                                 直线走刀至 07 点
G02 X35 Y-35 R10;                         圆弧走刀至 08 点
G01 X-35;                                 直线走刀至 09 点
G02 X-45 Y-25 R10;                        圆弧走刀至 10 点
G01 Y0;                                   直线走刀至 02 点
G03 X-60 Y15 R15;                         圆弧走刀至 11 点
G40 G01 Y0;                               撤销刀补至下刀点
G0 Z10;                                   抬刀
M03 S1000 G01 Z-5 F0.15;                  下刀(精铣轮廓,转速 1000r/min)
G41 G01 X-60 Y-15 D02;                    建立刀补(精加工用 D02,偏置值为
                                          8mm)
G03 X-45 Y0 R15;                          圆弧走刀至 02 点
G01 Y25;                                  直线走刀至 03 点
G02 X-35 Y35 R10;                         圆弧走刀至 04 点
G01 X35;                                  直线走刀至 05 点
G02 X45 Y25 R10;                          圆弧走刀至 06 点
G01 Y-25;                                 直线走刀至 07 点
G02 X35 Y-35 R10;                         圆弧走刀至 08 点
G01 X-35;                                 直线走刀至 09 点
G02 X-45 Y-25 R10;                        圆弧走刀至 10 点
G01 Y0;                                   直线走刀至 02 点
G03 X-60 Y15 R15;                         圆弧走刀至Ⅱ点
G40 G01 Y0;                               撤销刀补至下刀点
G00 Z100;                                 抬刀
M30;                                      程序结束
```

三、拓展练习

① 完成图 10-6 所示零件的数控加工。

② 利用圆弧插补指令完成图 10-7 所示的圆弧凸台轮廓零件的数控加工。

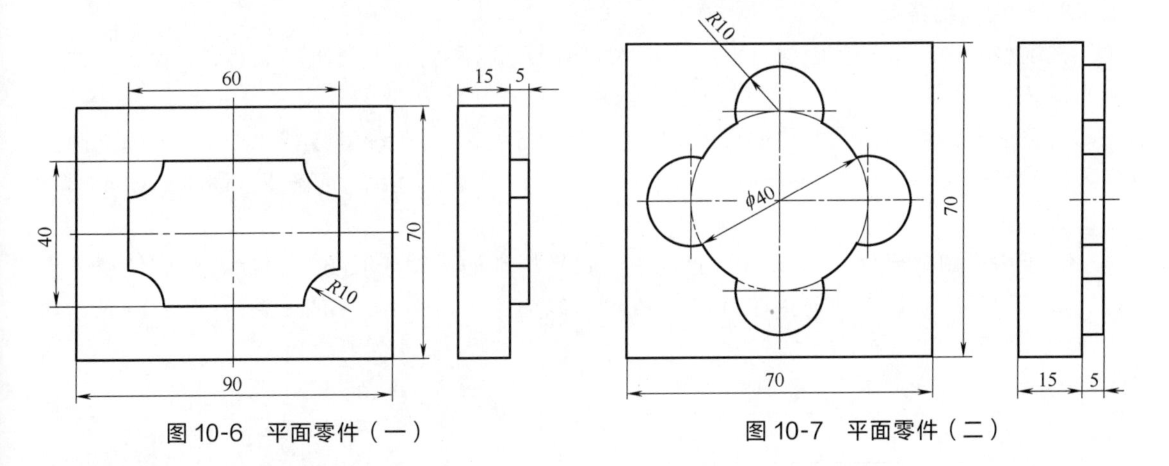

图 10-6　平面零件（一）　　　　图 10-7　平面零件（二）

第三节　平面型腔铣削

如图 10-8 所示，平面型腔零件的毛坯为 45 钢，尺寸为 100mm×80mm×17mm，上、下表面已磨平，四侧面两两平行且与上、下表面垂直，这些面可以作定位基准。请完成零件的铣削加工。

【视频 10-3 内腔加工】

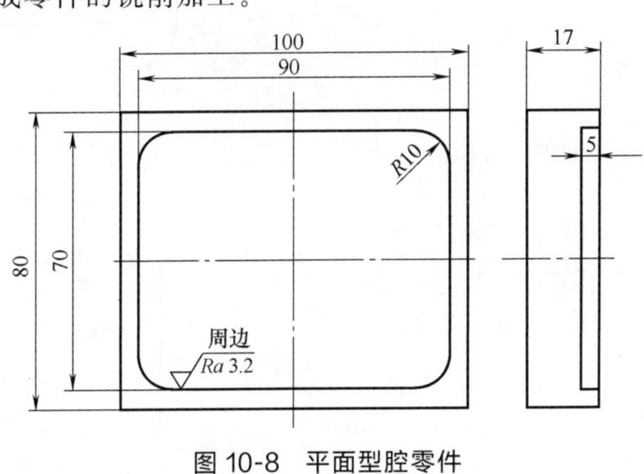

图 10-8　平面型腔零件

一、工艺分析

1. 分析零件工艺性能

该零件外形规整，为盘形型腔，加工轮廓由直线和内圆弧构成。型腔轮廓的表面粗糙度 $Ra=3.2\mu m$，其余加工面没有要求。尺寸标注完整，轮廓描述清楚，所需刀具不多，长有公差要求，用两轴联动立式数控铣床 TK7640 可以完成本项任务。

2. 确定装夹方案

由于单件生产，根据坯料情况，可选用通用夹具（机用平口虎钳）装夹零件，垫平零件底面，零件上表面高出钳口 5mm 左右即可。

3. 确定加工方案

根据零件形状及加工精度要求，一次装夹完成所有加工内容。内轮廓表面粗糙度要求 $Ra=3.2\mu m$，分粗、精加工两次完成。

4. 确定进给路线

铣削型腔时，应沿型腔的过渡圆弧切入和切出，以避免加工表面产生划痕，保证零件轮廓光滑。

内轮廓下刀点选择在对称中心的 01 点，进给路线为：01→02（建立左刀补）→03（圆弧切入）→04→05→06→07→08→09→10→11→03（内轮廓描述结束）→12（圆弧切出轮廓），如图 10-9 所示。

对于中央剩余部分（见图 10-10），考虑到呈规则的类似于长方形形状，可以使用子程序完成。子程序运行起点选择在 A 点，进给路线为：$A\to B\to E\to F\to G\to\cdots\to H\to K$，如图 10-11 所示。

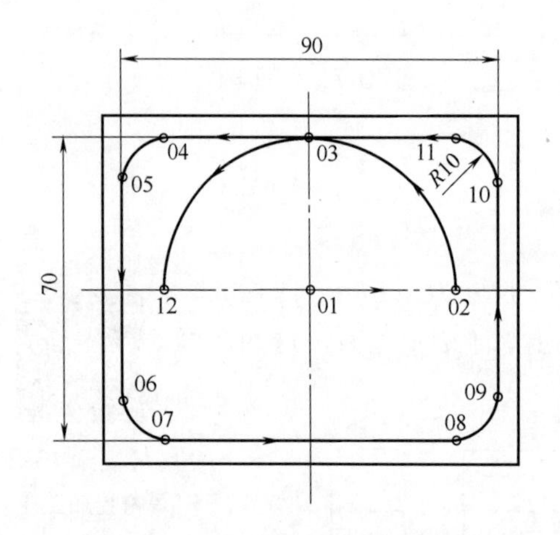

图 10-9　精加工内轮廓时的编程轨迹

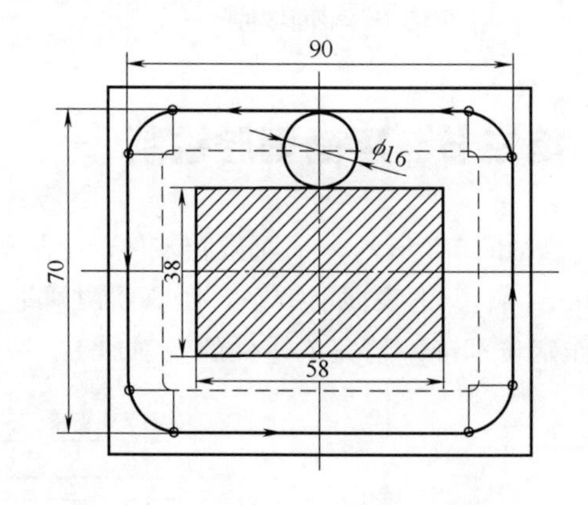

图 10-10　粗加工至少需要完成的部分

注意：带箭头粗线为一个子程序的轨迹 $ABEFG$，粗线表示后续子程序轨迹，直线 CD 表示加工右侧剩余 2mm 宽部分的刀具轨迹。

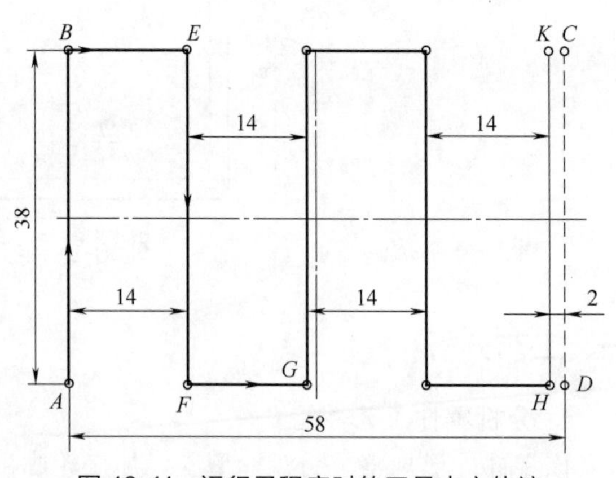

图 10-11　运行子程序时的刀具中心轨迹

5. 刀具选择

由于刀具从零件对称中心处下刀，必须考虑刀具的轴向受力，故不能选用平底立铣刀，可以选择键槽铣刀。

键槽铣刀有两个刀齿，圆柱面上和端面上都有切削刃，兼有钻头和立铣刀的功能。端面刃延伸至圆心，使其可以沿轴向钻孔，切出键槽深度；又可以像立铣刀一样，用圆柱面上刀刃铣削出键槽长度。铣削时，键槽铣刀先对零件钻孔，然后沿零件轴线铣出键槽全长。选用直径为 $\phi 16$mm 的键槽铣刀进行加工。

6. **数控加工程序编制**

先进行各坐标点的计算，如表 10-7 所示。

表 10-7 构成内轮廓进给路线的各点坐标

点	坐标	点	坐标	点	坐标
01	(0,0)	05	(−45,25)	09	(45,−25)
				10	(45,25)
02	(35,0)	06	(−45,−25)	11	(35,35)
03	(0,35)	07	(−35,−35)	03	(0,35)
04	(−35,35)	08	(35,−35)	12	(−35,0)

中间剩余部分子程序的起点：*A*（−29，−19）。

二、程序编写

参考程序（FANUC 系统）如下：

```
O0001;                              主程序
G54 G90 G40 G80 G00 X0 Y0 Z100;     系统初始化,快速到达 01 下刀点的正上方
M03 S550;                           主轴正转,转速 550r/min
Z10;                                快速到达安全点
G01 Z-4.8 F30;                      以 30mm/min 的进给速度下刀
F110;                               粗加工,修正进给速度
M98 P0002;                          调用子程序 O0002,粗加工型腔内轮廓
G01 Z-5 F50 S800;                   以 S=800r/min、F=50mm/min 的速度下刀
M03 S800 F80;                       精加工,修正进给速度
M98 P0002;                          调用子程序 O0002,精加工型腔内轮廓
G00 Z100;                           抬刀
M30;                                程序结束,复位

O0002;                              型腔内轮廓子程序
G90 G01 G41 X35 Y0 D01;             切削到达 02 点,建立刀补
G03 X0 Y35 R35;                     切削到达 03 点
G01 X-35;                           切削到达 04 点
G03 X-45 Y25 R10;                   切削到达 05 点
G01 Y-25;                           切削到达 06 点
G03 X-35 Y-35 R10;                  切削到达 07 点
G01 X35;                            切削到达 08 点
G03 X45 Y-25 R10;                   切削到达 09 点
G01 Y25;                            切削到达 10 点
G03 X35 Y35 R10;                    切削到达 11 点
G01 X0;                             切削到达 03 点
G03 X-35 Y0 R35;                    切削到达 12 点
G01 X-29 Y-19;                      切削到达残料下刀点
```

```
M98 P30003;                调用 3 次残料切削加工子程序
G90 G01 G40 X0 Y0;         结束子程序后,取消刀补返回到起点
M99;                       子程序结束,返回主程序

O0003;                     残料子程序
G91 G01 Y40 F50;           以 50mm/min 的速度沿 Y 轴坐标切削
X10;                       X 轴切削
Y-40;                      Y 轴切削
X10;                       X 轴切削
M99;                       形成循环,子程序结束,返回上级程序
```

三、拓展练习

① 如图 10-12 所示，矩形型腔零件毛坯外形各基准面已加工完毕，已经形成精毛坯。要求完成零件上型腔的粗、精加工，零件材料为 45 钢。

② 如图 10-13 所示，完成零件的加工。要求分粗、精加工，并实现分层加工。

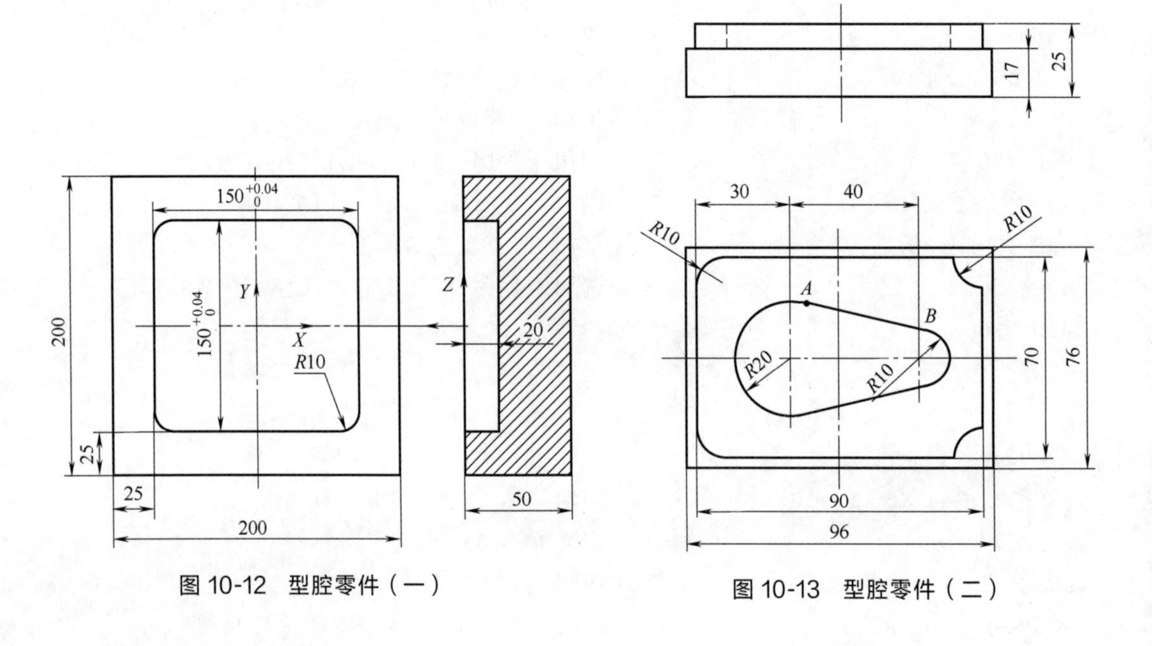

图 10-12　型腔零件（一）

图 10-13　型腔零件（二）

第四节　孔加工

孔加工在金属切削中占有很大的比重，应用广泛。在数控铣床上加工孔的方法很多，根据孔的尺寸精度、位置精度及表面粗糙度等要求，一般有点孔、钻孔、扩孔、锪孔、铰孔、镗孔及铣孔等。本项目以孔类零件加工为例，介绍了孔加工的编程指令、相关量具、工艺知识及编程加工技巧等。

如图 10-14 所示零件。毛坯是 100mm×100mm×30mm 的 45 钢，ϕ60mm 的凸台和其他表面都已加工。本任务要求加工零件上的所有孔，并保证孔的尺寸精度和表面粗糙度值。

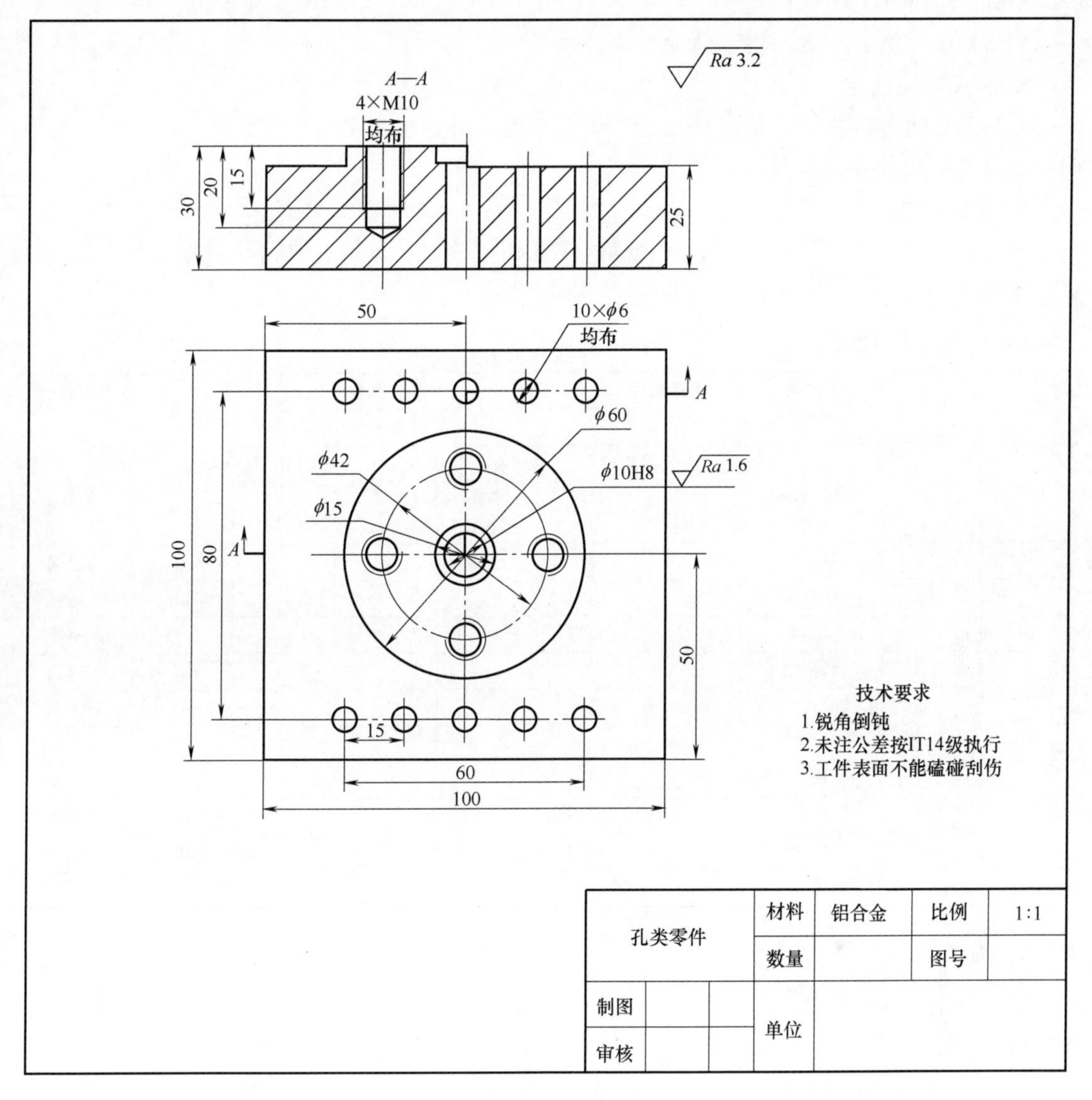

图 10-14 孔类零件

一、工艺分析

1. 加工图样分析

该零件上要求加工 10×ϕ6mm、4×M10、ϕ10mm（H8）及 ϕ15mm 沉孔。其中 ϕ10mm（H8）孔要求尺寸精度 IT8，表面粗糙度 $Ra=1.6\mu m$，加工精度要求较高，其余孔和螺纹为未注公差，表面粗糙度 $Ra=3.2\mu m$，加工要求一般。

2. 加工方案确定

根据各孔加工要求，确定加工方案如下：

① 10×ϕ6mm 加工方案：打中心孔→钻 10×ϕ6mm 底孔至 ϕ5.8mm→铰孔至 ϕ6mm。

② 4×M10 加工方案：打中心孔→钻 4×M10 底孔至 ϕ8.5mm→攻螺纹至 M10。

③ ϕ10mm（H8）加工方案：打中心孔→钻 ϕ10mm（H8）底孔至 ϕ9.0mm→扩孔至

ϕ9.85mm→铰孔至 ϕ10mm。

④ ϕ15mm 加工方案：用锪钻锪至 ϕ15mm。

3. 装夹方案确定

毛坯为长方体零件，上道工序已加工出各平面，可直接用平口虎钳装夹，底部用垫铁垫起，注意要让出通孔的位置。

4. 确定刀具

加工该零件，需用到中心钻、麻花钻、扩孔钻、铰刀、丝锥和锪钻等。所选刀具及参数见表 10-8。

□ 表 10-8 孔加工刀具卡

数控加工刀具卡		工序号	程序编号		产品名称	零件名称		材料	零件图号
		1	O0007			孔类零件		45 钢	
序号	刀具号	刀具名称	刀具规格		补偿值		刀补号		备注
			直径/mm	长度/mm	半径/mm	长度/mm	半径	长度	
1	T01	中心钻	3	实测				H01	高速钢
2	T02	麻花钻	5.8	实测				H02	高速钢
3	T03	麻花钻	8.5	实测				H03	高速钢
4	T04	麻花钻	9.0	实测				H04	高速钢
5	T05	扩孔钻	9.85	实测				H05	高速钢
6	T06	丝锥	M10	实测				H06	高速钢
7	T07	铰刀	6	实测				H07	高速钢
8	T08	铰刀	10	实测				H08	高速钢
9	T09	锪钻	15	实测				H09	高速钢
编制		审核		批准		年 月 日		共 页	第 页

5. 确定加工工艺

加工工艺见表 10-9。

□ 表 10-9 孔加工工艺卡

数控加工工艺卡			产品名称	零件名称	材料	零件图号	
				孔类零件	45 钢		
工序号	程序编号	夹具名称	夹具编号	使用设备	车间	工序时间	
1	O0007～O0010	平口虎钳		XKA714B/F	实训中心		
工步号	工步内容	刀具名称	主轴转速/(r/min)	进给速度/(mm/min)	背吃刀量/mm	侧吃刀量/mm	备注
1	打中心孔	T01	1500	60	1.5		
2	钻 10×ϕ6mm 底孔至 ϕ5.8mm	T02	500	50	2.9		
3	钻 4×M10 底孔至 ϕ8.5mm	T03	500	50	4.25		
4	钻 ϕ10mm(H8)底孔至 ϕ9.0mm	T04	500	50	4.5		
5	扩 ϕ9.0mm 孔至 ϕ9.85mm	T05	600	100	0.425		
6	攻螺纹至 M10	T06	120	180			
7	铰 ϕ5.8mm 孔至 ϕ6mm	T07	120	60	0.2		
8	铰 ϕ9.85mm 孔至 ϕ10mm	T08	120	60	0.75		
9	锪孔锪至 ϕ15mm	T09	600	100	2.5		
编制		审核		批准		年 月 日	共 页 第 页

二、程序编写

1. 工件坐标系建立

根据工件尺寸标注特点，编程坐标系原点设置在上表面对称中心点上，如图 10-15 所示。

2. 基点坐标计算

分别计算出各特征点的坐标值，孔 1 的坐标值（30，40)，孔 6 的坐标值（30，−40)，其余各孔相隔 15mm。孔 11 的坐标值（0，21)，孔 12 坐标值（−21，0)，孔 13 坐标值（0，−21)，孔 14 坐标值（21，0)，中心孔坐标（0，0)，如图 10-15 所示。

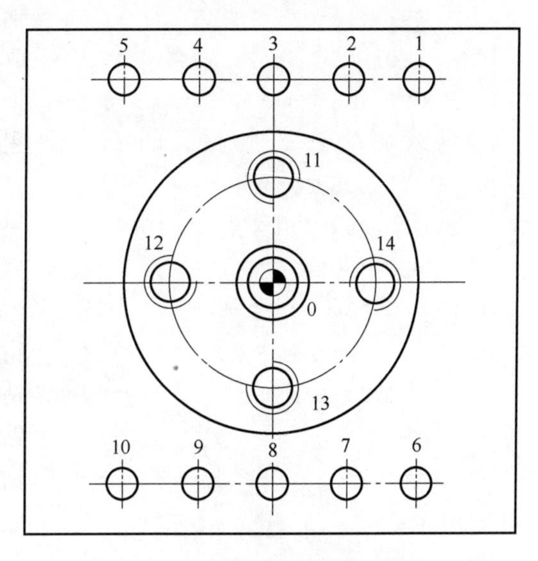

图 10-15　编程原点及加工顺序

3. 编制加工程序

根据前面的工艺分析和坐标计算，编制加工程序。执行程序前，要完成对刀，确定各刀的长度补偿值，并填写加工程序单。

```
O0008;                              程序号
N5 G90 G54 G00 X0 Y0 Z100;          快速移动到(X0,Y0,Z100)点
N10 M03 S1500;                      主轴正转,转速 1500r/min
N15 G43 Z50 H01;                    快速到达安全高度并建立刀具长度补偿
N20 G81 X0 Y0 Z-5 R3 F60;           打中心孔 0
N25 X30 Y40;                        打中心孔 1
N30 G91 X-15 Z0 R0F60 K4;           打中心孔 2～5
N35 G90 X30 Y-40;                   打中心孔 6
N40 G91 X-15 Z0 R0 F60 K4;          打中心孔 7～10
N45 G90 X0 Y21;                     打中心孔 11
N50 X-21 Y0;                        打中心孔 12
N55 X0 Y-21;                        打中心孔 13
N60 X21 Y0;                         打中心孔 14
N65 G80;                            取消固定循环
N70 G90 G00 Z100 M05;               抬刀至 Z100,主轴停
N75 M00;                            程序暂停
N76 G28 M06 T02                     换上 φ5.8mm 麻花钻
N80 G90 G54 G00 X0 Y0 Z100;         快速移动到(X0,Y0,Z100)点
N85 M03 S500;                       主轴正转
N90 G43 Z50 H02;                    主轴到达安全高度,建立刀具长度补偿
N95 G73 X30 Y40 Z-35 R3 Q5 F50;     钻孔 1
N100 G91 X-15 Z0 R0 Q3 K4;          钻孔 2～5
N105 G90 X30 Y-40;                  钻孔 6
```

```
N110 G91 X-15 Z0 R0 Q3 K4;          钻孔 7～10
N115 G80;                           取消固定循环
N120 G90 G00 Z100 M05;              抬刀至 Z100,主轴停
N125 M00;                           程序暂停
N126 G28 M06 T03                    换上 ϕ8.5mm 麻花钻
N130 G90 G54 G00 X0 Y0 Z100;        快速移动到(X0,Y0,Z100)点
N135 M03 S500;                      主轴正转
N140 G43 Z50 H03;                   主轴到达安全高度,建立刀具长度补偿
N145 G73 Y21 Z-23 R3 Q5 F50;        钻孔 11
N150 X21 Y0;                        钻孔 12
N155 X-21 Y0;                       钻孔 13
N160 X0 Y-21;                       钻孔 14
N165 G80;                           取消固定循环
N170 G90 G00 Z100 M05;              抬刀至 Z100,主轴停
N180 M00;                           程序暂停
N182 G28 M06 T04                    换上 ϕ9.0mm 麻花钻
N185 G90 G54 G00 X0 Y0 Z100;        快速移动到(X0 Y0 Z100)点
N190 M03 S500;                      主轴正转
N195 G43 Z50 H04;                   主轴到达安全高度,建立刀具长度补偿
N200 G73 Z-35 R3 Q5 F50;            钻 ϕ10mm 孔
N205 G80;                           取消固定循环
N210 G90 G00 Z100 M05;              抬刀至 Z100,主轴停
N215 M00;                           程序暂停
N217 G28 M06 T05                    换上 ϕ9.85mm 扩孔钻
N220 G90 G54 G00 X0 Y0 Z100;        快速移动到(X0,Y0,Z100)点
N225 M03 S600;                      主轴正转
N230 G43 Z50 H05;                   主轴到达安全高度,建立刀具长度补偿
N235 G81 X0 Y0 Z-35 R3 F100;        扩中心孔至 ϕ9.85mm
N240 G80;                           取消固定循环
N245 G90 G00 Z100 M05;              抬刀至 Z100,主轴停
N250 M00;                           程序暂停
N251 G28 M06 T06                    换上 M10 丝锥
N255 G90 G54 G00 X0 Y0 Z100;        快速移动到(X0,Y0,Z100)点
N260 M03 S120;                      主轴正转
N265 G43 Z50 H06;                   主轴到达安全高度,建立刀具长度补偿
N270 G84 Y21 Z-15 R3 F180;          11 孔攻螺纹
N275 X-21 Y0;                       12 孔攻螺纹
N280 X0 Y-21;                       13 孔攻螺纹
N285 X21 Y0;                        14 孔攻螺纹
```

```
N290 G80;                        取消固定循环
N295 G00 Z100 M05;               抬刀至 Z100,主轴停
N300 M00;                        程序暂停
N301 G28 M06 T07                 换上 φ6mm 铰刀
N305 G90 G54 G00 X0 Y0 Z100;     快速移动到(X0,Y0,Z100)点
N310 M03 S120;                   主轴正转
N315 G43 Z50 H07;                主轴到达安全高度,建立刀具长度补偿
N320 G85 X30 Y40 Z-35 R3 F60;    铰孔 1
N325 G91 X-15 Z0 R0 K4;          铰孔 2～5
N330 G90 X30 Y-40;               铰孔 6
N335 G91 X-15 Z0 R0 Q3 K4;       铰孔 7～10
N340 G80;                        取消固定循环
N345 G90 G00 Z100 M05;           抬刀至 Z100,主轴停
N350 M00;                        程序暂停
N351 G28 M06 T08                 换上 φ10mm 铰刀
N355 G90 G54 G00 X0 Y0 Z100;     快速移动到(X0,Y0,Z100)点
N360 M03 S120;                   主轴正转
N365 G43 Z50 H08;                主轴到达安全高度,建立刀具长度补偿
N370 G85 Z-35 R3 F60;            铰孔 0
N375 G80;                        取消固定循环
N380 G90 G00 Z100 M05;           抬刀至 Z100,主轴停
N385 M00;                        程序暂停
N387 G28 M06 T09                 换上 φ15mm 锪孔钻
N390 G90 G54 G00 X0 Y0 Z100;     快速移动到(X0,Y0,Z100)点
N395 M03 S600;                   主轴正转
N400 G43 Z50 H09;                主轴到达安全高度,建立刀具长度补偿
N405 G81 Z-5 R3 F100;            锪孔至-5mm
N410 G00 Z100;                   抬刀至 Z100
N415 M30;                        程序结束
```

三、拓展练习

① 如图 10-16 所示，批量生产该零件，已知该零件的毛坯为 160mm×160mm×20mm 的方形半成品，材料为 45 钢，且底面和四周轮廓均已加工好，要求完成 *B* 面及各孔的加工。

② 如图 10-17 所示，完成零件的定位销孔、螺栓孔的加工，并完成工序卡片的填写。零件上下表面、ϕ80mm 外轮廓等部位已在前面工序（步）完成，零件材料为 45 钢。

③ 如图 10-18 所示，端盖零件底平面、两侧面和 ϕ40mm（H8）型腔已在前面工序加工完成。本工序加工端盖的 4 个沉头螺钉孔和 2 个销孔，试编写其加工程序。零件材料为 HT150，加工数量为 5000 个。

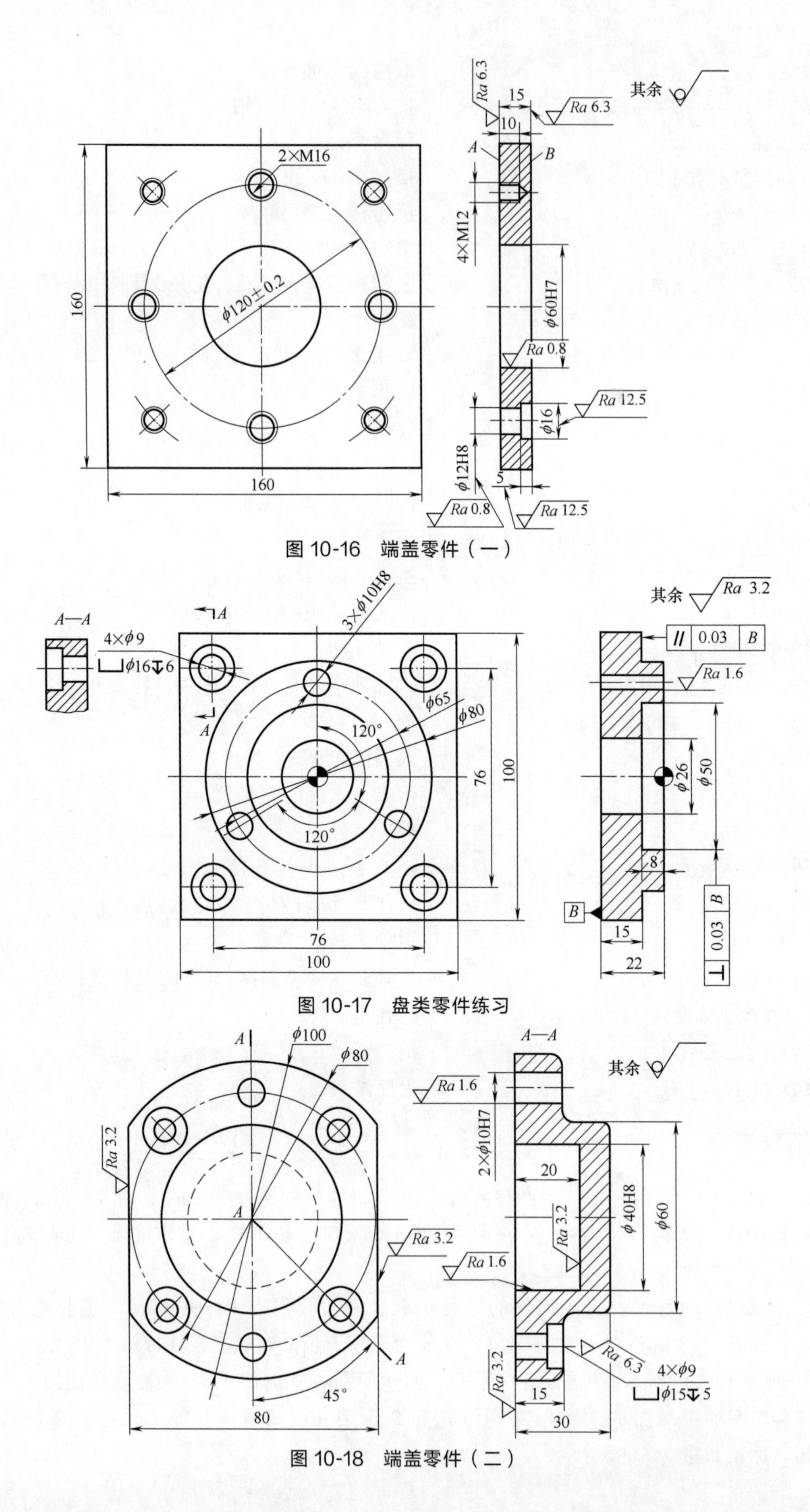

图 10-16　端盖零件（一）

图 10-17　盘类零件练习

图 10-18　端盖零件（二）

▶ 第五节 铣削综合件练习一

如图 10-19 所示，单件生产该零件，零件毛坯为 100mm×120mm×26mm 的长方体，长方体 100mm×120mm 四边轮廓及底面已加工，材料为 45 钢，编程用加工中心加工该零件。

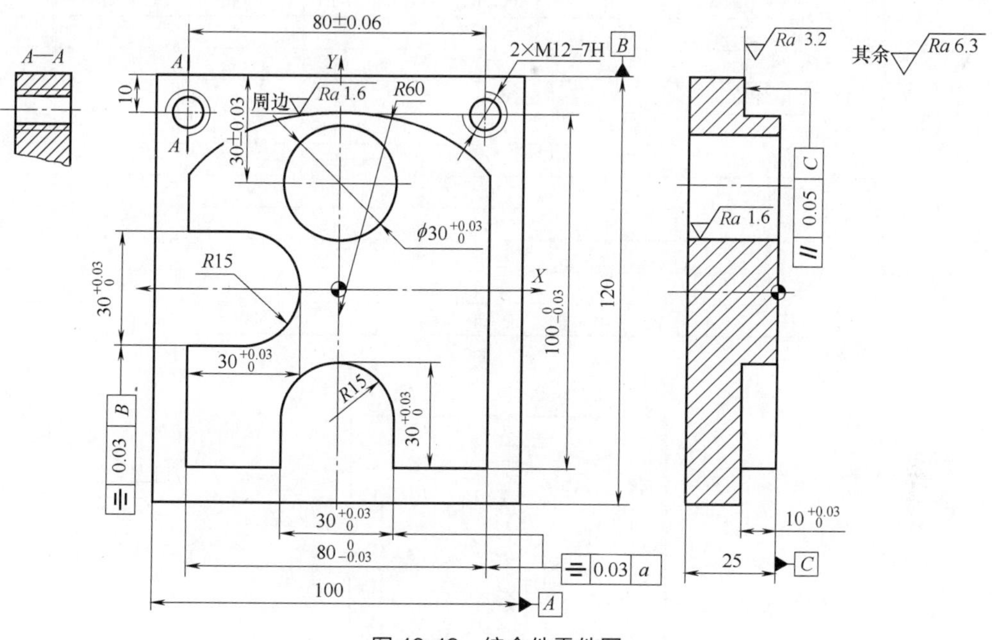

图 10-19 综合件零件图

一、工艺分析

该零件包含了平面、外形轮廓、孔、螺纹的加工，凸台外轮廓及孔的尺寸精度要求较高，表面粗糙度 $Ra=1.6\mu m$。

1. 加工方案的确定

根据零件的要求，上表面采用端铣刀粗铣→精铣完成；凸台轮廓表面及台阶面采用立铣刀粗铣→精铣完成；ϕ30mm 孔的加工方案为钻中心孔→钻孔→扩孔→粗镗孔→精镗孔；M12 螺纹的加工方案为钻中心孔→钻孔→攻螺纹。

2. 确定装夹方案

该零件为单件生产，且零件外形为长方体，可选用平口虎钳装夹。零件上表面高出钳口 13mm 左右。

3. 确定加工工艺

加工工艺见表 10-10。

4. 进给路线的确定

凸台外轮廓及台阶面加工走刀路线比较复杂，如图 10-20 所示。

凸台外轮廓及台阶面加工时，图 10-20 所示各点坐标列入表 10-11。

5. 刀具及切削参数的确定

刀具及切削参数见表 10-12。

□ 表 10-10 数控加工工艺卡

数控加工工艺卡			产品名称	零件名称		材料	零件图号
						45 钢	
工序号	程序编号	夹具名称	夹具编号	使用设备		车间	
		虎钳					
工步号	工步内容	刀具号	主轴转速 /(r/min)	进给速度 /(mm/min)	背吃刀量 /mm	侧吃刀量 /mm	备注
1	粗铣上表面	T01	350	150	0.7	50	
2	精铣上表面	T01	500	100	0.3	50	
3	粗铣凸台外轮廓	T02	350	100	9.7		
4	钻中心孔	T03	1200	50	2.5		
5	钻孔	T04	600	60	5.15		
6	扩孔	T05	300	50	9.7		
7	精铣凸台外轮廓	T06	1600	200	10	0.3	
8	攻螺纹	T07	150	262.5			
9	粗镗孔	T08	800	80	0.1		
10	精镗孔	T09	1200	60	0.05		

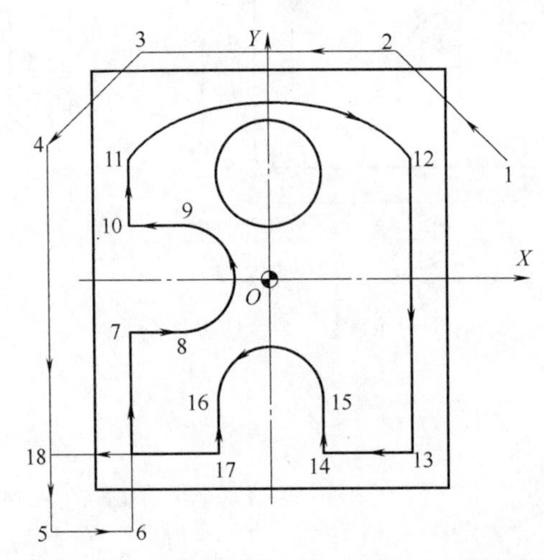

图 10-20 凸台外轮廓及台阶面加工走刀路线

□ 表 10-11 凸台外轮廓及台阶面加工基点坐标

基点	坐标	基点	坐标	基点	坐标
1	(66,33)	7	(−40,−15)	13	(40,−50)
2	(35,65)	8	(−25,−15)	14	(15,−50)
3	(−35,65)	9	(−25,15)	15	(15,−35)
4	(−62,38)	10	(−40,15)	16	(−15,−35)
5	(−62,−72)	11	(−40,34.721)	17	(−15,−50)
6	(−40,−72)	12	(40,34.721)	18	(−62,−50)

□ 表 10-12 数控加工刀具卡

数控加工刀具卡			工序号	程序编号	产品名称	零件名称	材料	零件图号
							45 钢	
序号	刀具号	刀具名称	刀具规格/mm		补偿值/mm		刀补号		备注
			直径	长度	半径	长度	半径	长度	
1	T01	端铣刀 6 齿	80	实测					硬质合金
2	T02	立铣刀 3 齿	20	实测	10.3		D01		高速钢

续表

序号	刀具号	刀具名称	刀具规格/mm		补偿值/mm		刀补号		备注
			直径	长度	半径	长度	半径	长度	
3	T03	中心钻 2 齿	5	实测					高速钢
4	T04	麻花钻 2 齿	10.3	实测					高速钢
5	T05	麻花钻 2 齿	29.7	实测					高速钢
6	T06	立铣刀 4 齿	20	实测	10		D02		硬质合金
7	T07	丝锥	M12	实测					高速钢
8	T08	粗镗刀	29.9	实测					硬质合金
9	T09	精镗刀	30	实测					硬质合金

备注：D02 的实际半径补偿值根据测量结果调整。

二、参考程序

以图 10-19 所示上表面中心作为 G54 零件坐标系原点，编制参考程序（FANUC 系统）如下：

```
O1301;                                主程序名
N10 G54 G90 G17 G40 G80 G49 21;       设置初始状态
N20 G91 G28 Z0;                       Z 向回参考点
N30 M06 T01;                          换 1 号刀,端铣刀
N40 G90 G43 G00 Z100 H1;              安全高度,建立刀具长度补偿
N50 G00 X40 Y-105 M03 S350;           启动主轴,快速进给至下刀位置
N60 G00 Z5 M08;                       接近零件,同时打开冷却液
N70 G01 Z-0.7 F80;                    下刀至 Z-0.7
N80 G01 X40 Y105 F150;                粗铣上表面
N90 G00 X-25 Y105;
N100 G01 X-25 Y-105;
N110 G00 X40 Y-105;                   快速进给至下刀位置
N120 G00 Z-1 M03 S500;                下刀至 Z-1,主轴转速 500r/min
N130 G01 X40 Y105 F100;               精铣上表面
N140 G00 X-25 Y105;
N150 G01 X-25 Y-105;
N160 G00 Z100 M09 M05;                Z 向抬刀至安全高度,并关闭冷却液,主轴停
N170 G91 G28 Z0;                      Z 向回参考点
N180 M06 T02;                         换 2 号刀,立铣刀
N190 G90 G43 G00 Z100 H2;             安全高度,建立刀具长度补偿
N200 G00 X66 Y33 M03 S350;            启动主轴,快速进给至下刀位置点 1
N210 G00 Z5 M08;                      接近零件,同时打开冷却液
N220 G01 Z-9.7 F80;                   下刀
N230 M98 P1112 D01 F100;              调子程序 O1112,粗加工凸台外轮廓及台阶面
N240 G00 Z100 M09 M05;                Z 向抬刀至安全高度,并关闭冷却液,主轴停
N250 G91 G28 Z0;                      Z 向回参考点
N260 M06 T03;                         换 3 号刀,中心钻
```

```
N270 G90 G43 G00 Z100 H3;          安全高度,建立刀具长度补偿
N280 M03 S1200;                    启动主轴
N290 G00 Z10;                      接近零件,同时打开冷却液
N300 G98 G81 X0 Y30 R3 Z-4 F50;    钻出3个孔的中心孔
N310 X40 Y50 R-7 Z-14;
N320 X-40 Y50 R-7 Z-14;
N330 G00 Z100 M09 M05;             Z向抬刀至安全高度,并关闭冷却液,主轴停
N340 G91 G28 Z0;                   Z向回参考点
N350 M06 T04;                      换4号刀,φ10.3mm麻花钻
N360 G90 G43 G00 Z100 H4;          安全高度,建立刀具长度补偿
N370 M03 S600;                     启动主轴
N380 G00 Z10;                      接近零件,同时打开冷却液
N390 G98 G73 X0 Y30 R3 Z-30 Q6 F60;
N400 X40 Y50 R-7 Z-30 Q6 F60;      钻3×φ10.3mm的孔
N410 X-40 Y50 R-7 Z-30 Q6 F60;
N420 G00 Z100 M09 M05;             Z向抬刀至安全高度,并关闭冷却液,主轴停
N430 G91 G28 Z0;                   Z向回参考点
N440 M06 T05;                      换5号刀,φ29.7mm麻花钻
N450 G90 G43 G00 Z100 H5;          安全高度,建立刀具长度补偿
N460 M03 S300;                     启动主轴
N470 G00 Z10;                      接近零件,同时打开冷却液
N480 G98 G81 X0 Y30 R3 Z-36 F50;   扩φ30mm孔至φ29.7mm
N490 G00 Z100 M09 M05;             Z向抬刀至安全高度,并关闭冷却液,主轴停
N500 G91 G28 Z0;                   Z向回参考点
N510 M06 T06;                      换6号刀,立铣刀
N520 G90 G43 G00 Z100 H6;          安全高度,建立刀具长度补偿
N530 G00 X66 Y33 M03 S1600;        启动主轴,快速进给至下刀位置点1
N540 G00 Z5 M08;                   接近零件,同时打开冷却液
N550 G01 Z-10 F80;                 下刀
N560 M98 P1112 D02 F200;           调子程序O1112,精加工凸台外轮廓及台阶面
N570 G00 Z100 M09 M05;             Z向抬刀,关闭冷却液,主轴停
N580 G91 G28 Z0;                   Z向回参考点
N590 M06 T07;                      换7号刀,丝锥
N600 G90 G43 G00 Z100 H7;          安全高度,建立刀具长度补偿
N570 M03 S150;                     启动主轴
N580 G00 Z10;                      接近零件,同时打开冷却液
N590 G98 G84 X40 Y50 R-5 Z-30 F262.5;
N600 X-40 Y50;                     加工2×M12螺纹
N610 G00 Z100 M09 M05;             Z向抬刀,关闭冷却液,主轴停
N620 G91 G28 Z0;                   Z向回参考点
```

```
N630 M06 T08;                         换 8 号刀,粗镗刀
N640 G90 G43 G00 Z100 H8;             回安全高度,建立刀具长度补偿
N650 M03 S800;                        启动主轴
N660 G00 Z10;                         接近零件,同时打开冷却液
N670 G98 G85 X0 Y30 R3 Z-32 F80;      粗镗 φ30mm 孔至 φ29.9mm
N680 G00 Z100 M09 M05;                Z 向抬刀,关冷却液,主轴停
N690 G91 G28 Z0;                      Z 向回参考点
N700 M06 T09;                         换 9 号刀,精镗刀
N710 G90 G43 G00 Z100 H9;             回安全高度,建立刀具长度补偿
N720 M03 S1200;                       启动主轴
N730 G00 Z10;                         接近零件,同时打开冷却液
N740 G98 G86 X0 Y30 R3 Z-32 F60;      精镗 φ30mm 孔
N750 G00 Z100 M09;                    Z 向抬刀至安全高度,并关闭冷却液
N760 M05;                             主轴停
N770 M30;                             主程序结束
O1112;                                凸台外轮廓及台阶面加工子程序
N10 G01 X35 Y65;                      1→2(见图 10-20)
N20 G01 X-35 Y65;                     2→3
N30 G01 X-62 Y38;                     3→4
N40 G00 X-62 Y-72;                    4→5
N50 G41 G01 X-40 Y-72;                5→6,建立刀具半径补偿
N60 G01 X-40 Y-15;                    6→7
N70 G01 X-25 Y-15;                    7→8
N80 G03 X-25 Y15 R15;                 8→9
N90 G01 X-40 Y15;                     9→10
N100 G01 X-40 Y34.721;                10→11
N110 G02 X40 Y34.721 R60;             11→12
N120 G01 X40 Y-50;                    12→13
N130 G01 X15 Y-50;                    13→14
N140 G01 X15 Y-35;                    14→15
N150 G03 X-15 Y-35 R15;               15→16
N160 G01 X-15 Y-50;                   16→17
N170 G01 X-62 Y-50;                   17→18
N180 G40 G00 X-62 Y-72;               18→5,取消刀具半径补偿
N190 G00 Z5;                          快速提刀
N200 M99;                             子程序结束
```

三、拓展练习

① 如图 10-21 所示，编程完成零件的数控加工。单件生产，零件的 φ60mm 外圆及相邻两个端面已加工，材料为 45 钢。

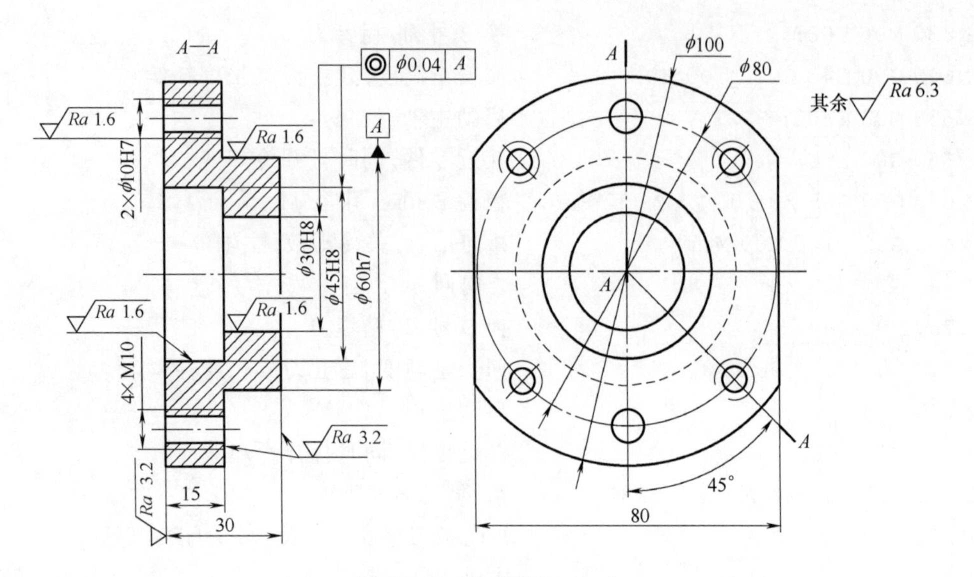

图 10-21 综合练习（一）

② 如图 10-22 所示，单件生产方式加工该端盖零件。零件材料为 HT200，毛坯尺寸为 170mm×110mm×50mm，分析该零件加工中心加工工艺如零件图分析、装夹方案、加工顺序、刀具卡、工艺卡等，进行程序编写和调试，完成零件加工。

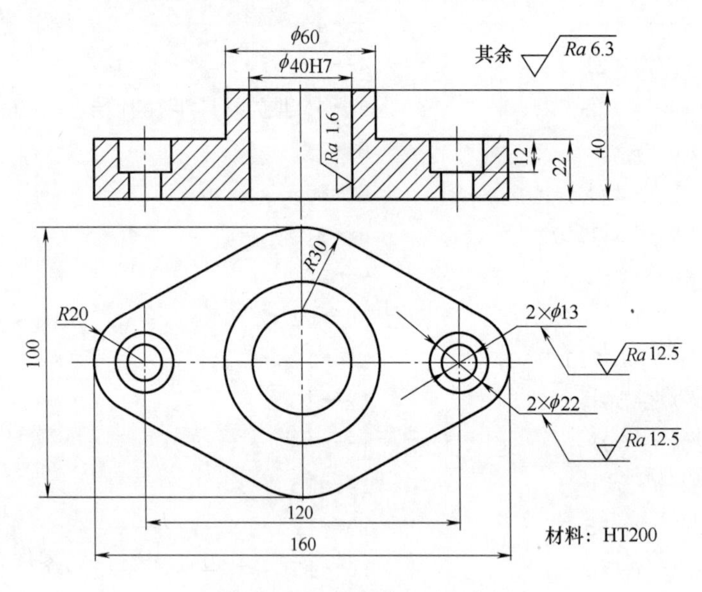

图 10-22 综合练习（二）

第六节 铣削综合件练习二

如图 10-23 所示，按单件生产设计腰形槽底板数控铣削工艺，编写加工程序。毛坯尺寸为（100±0.027)mm×(80±0.023)mm×20mm；长度方向侧面对宽度方向侧面及底面的垂直度公差为 0.03mm/m；零件材料为 45 钢；表面粗糙度 $Ra=3.2\mu m$。

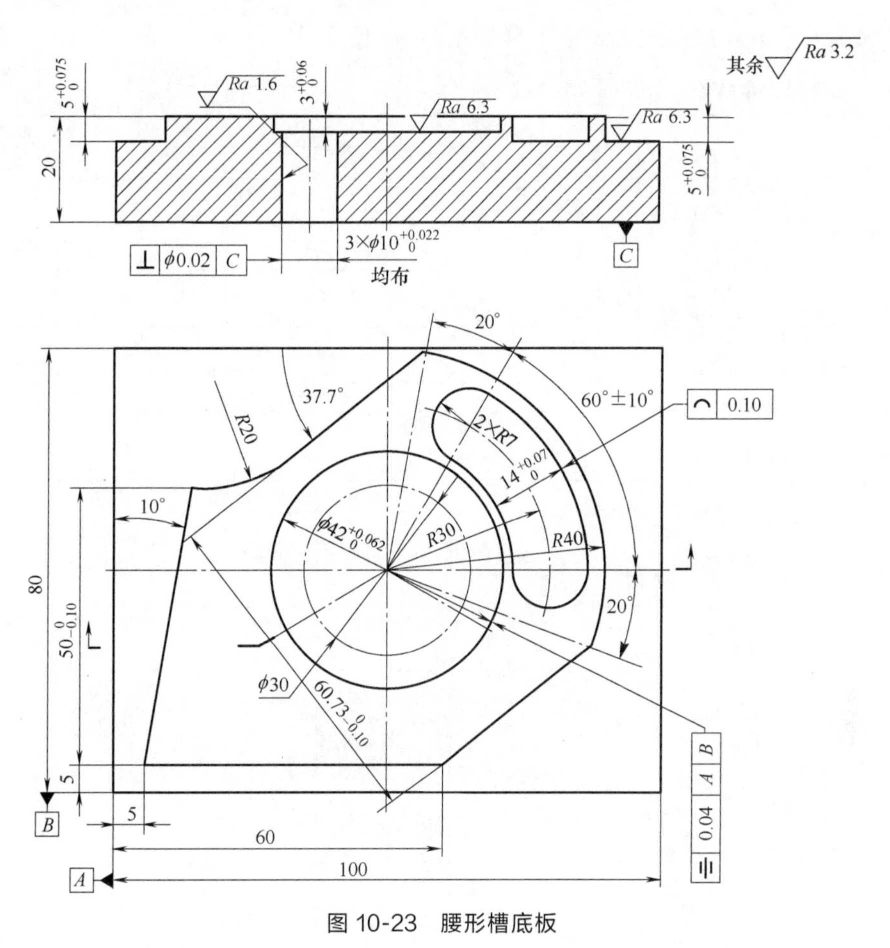

图 10-23　腰形槽底板

一、零件加工工艺分析

该零件包含了外形轮廓、圆形槽、腰形槽和孔的加工，有较高的尺寸精度和垂直度、对称度等形位精度要求。编程前必须详细分析零件的各部分加工方法及走刀路线，选择合理的装夹方案和加工刀具，保证零件的加工精度要求。

外形轮廓中的 50mm 和 60.73mm 两尺寸的上偏差都为零，可不必将其转变为对称公差，直接通过调整刀补来达到公差要求；3×ϕ10mm 孔尺寸精度和表面质量要求较高，并对 C 面有较高的垂直度要求，需要铰削加工，并注意以 C 面为定位基准；ϕ42mm 圆形槽有较高的对称度要求，对刀时 X、Y 方向应采用寻边器碰双边，准确找到零件中心。零件的加工过程如下：

① 外轮廓的粗、精铣削（批量生产时，粗、精加工刀具要分开，本项目因是单件加工，采用同一把刀具加工），粗加工单边留 0.2mm 余量；

② 加工 3×ϕ10mm 孔和垂直进刀工艺孔；

③ 圆形槽粗、精铣削，采用同一把刀具进行；

④ 腰形槽粗、精铣削，采用同一把刀具进行。

采用平口虎钳装夹零件，零件上表面高出钳口 8mm 左右。装夹时，注意校正固定钳口的平行度以及零件上表面的平行度，确保精度要求。

数控加工刀具卡和数控加工工序卡分别见表 10-13 和表 10-14。

▫ 表 10-13　数控加工刀具卡

单位		数控加工刀具卡	产品名称				零件图号	
			零件名称				程序编号	
序号	刀具号	刀具名称	刀具		补偿值		刀补号	
			直径/mm	长度/mm	半径/mm	长度/mm	半径	长度/mm
1	T01	立铣刀	20		10.2(粗)/9.96(精)		D01	
2	T02	中心钻	3					
3	T03	麻花钻	9.7					
4	T04	铰刀	10					
5	T05	立铣刀	16		8.2(半精)/7.98(精)		D05	
6	T06	立铣刀	12		6.1(半精)/5.98(精)		D06	

▫ 表 10-14　数控加工工序卡

单位	数控加工工序卡		产品名称	零件名称	材料	零件图号
工序号	程序编号	夹具名称	夹具编号	设备名称	编制	审核
工步号	工步内容	刀具号	刀具规格/mm	主轴转速/(r/min)	进给速度/(mm/min)	背吃刀量/mm
1	去除轮廓边角料	T01	ϕ20 立铣刀	400	80	
2	粗铣外轮廓	T01	ϕ20 立铣刀	500	100	
3	精铣外轮廓	T01	ϕ20 立铣刀	700	80	
4	钻中心孔	T02	ϕ3 中心钻	2000	80	
5	钻 3×ϕ10mm 底孔和垂直进刀工艺孔	T03	ϕ9.7 麻花钻	600	80	
6	铰 2×ϕ10mm(H7)孔	T04	ϕ10 铰刀	200	50	
7	粗铣圆形槽	T05	ϕ16 立铣刀	500	80	
8	半精铣圆形槽	T05	ϕ16 立铣刀	500	80	
9	精铣圆形槽	T05	ϕ16 立铣刀	750	60	
10	粗铣腰形槽	T06	ϕ12 立铣刀	600	80	
11	半精铣腰形槽	T06	ϕ12 立铣刀	600	80	
12	精铣腰形槽	T06	ϕ12 立铣刀	800	60	

二、程序编制

编程时，在零件中心建立零件坐标系，Z 轴原点设在零件上表面。

(1) 加工外轮廓

安装 ϕ20mm 立铣刀（T01）并对刀，程序（FANUC 系统）如下：

```
O0001;
N10 G17 G21 G40 G54 G80 G90 G94 ;      程序初始化
N20 G00 Z50.0 M07;                     刀具定位到安全平面,启动主轴
N30 M03 S400;
N40 X-65.0 Y32.0;                      去除轮廓边角料
N50 Z-5.0;
N60 G01 X-24.0 F80;
N70 Y55.0;
N80 G00 Z50.0;
```

```
N90 X40.0 Y55.0;
N100 Z-5.0;
N110 G01 Y35.0;
N120 X52.0;
N130 Y-32.0;
N140 X40.0;
N150 Y-55.0
N160 G00 Z50.0 M09;
N170 M05;
N180 M30;                              程序结束
```

（2）粗、精加工外形轮廓

如图 10-24 所示，各计算节点坐标见表 10-15。

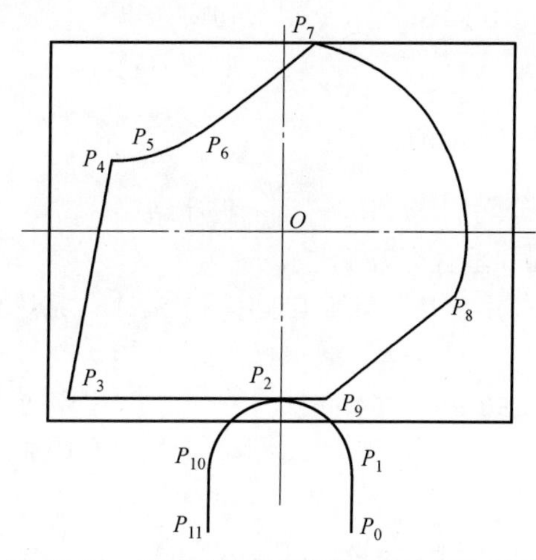

图 10-24　外形轮廓各点坐标及切入切出路线

表 10-15　轮廓节点坐标

点	坐标	点	坐标	点	坐标	点	坐标
P_0	(15,−65)	P_3	(−45,−35)	P_6	(−19.214,19.176)	P_9	(10,−35)
P_1	(15,−50)	P_4	(−36.184,15)	P_7	(6.944,39.393)	P_{10}	(−15,−50)
P_2	(0,−35)	P_5	(−31.444,15)	P_8	(37.589,−13.677)	P_{11}	(−15,−65)

刀具由 P_0 点下刀，通过 P_0P_1 直线建立左刀补，沿圆弧 P_1P_2 切向切入，走完轮廓后由圆弧 P_2P_{10} 切向切出，通过直线 $P_{10}P_{11}$ 取消刀补。粗、精加工采用同一程序，通过设置刀补值控制加工余量以达到尺寸要求。外形轮廓粗、精加工程序（FANUC 系统）如下（程序中切削参数为粗加工参数）：

```
O0002;
N10 G17 G21 G40 G54 G80 G90 G94;      程序初始化
N20 G00 Z50.0 M07;                    刀具定位到安全平面,启动主轴
N30 M03 S500;                         精加工时主轴转速设为 500r/min
N40 G00 X15.0 Y-65.0;                 达到 P0 点
N50 Z-5.0;                            下刀
```

```
N60 G01 G41 Y-50.0 D01 F100;          建立刀补,粗加工时刀补设为 10.2mm,精加
                                      工时刀补设为 9.95mm(具体可根据实测尺
                                      寸调整);精加工时 F 为 80mm/min
N70 G03 X0.0 Y-35.0 R15.0;            切向切入
N80 G01 X-45.0 Y-35.0;                铣削外形轮廓
N90 X36.184 Y15.0;
N100 X-31.444 ;
N110 G03 X-19.214 Y19.176 R20.0;
N120 G01 X6.944 Y39.393;
N130 G02 X37.589 Y-13.677 R40.0;
N140 G01 X10.0 Y-35;
N150 X0;
N160 G03 X-15.0 Y-50.0 R15;           切向切出
N170 G01 G40 Y-65.0;                  取消刀补
N180 G00 Z50.0 M09
N190 M05;
N230 M30;                             程序结束
```

(3) 加工 3×ϕ10mm 孔和垂直进刀工艺孔

首先安装中心钻（T02）并对刀，孔加工程序（FANUC 系统）如下：

```
O0003;
N10 G17 G21 G40 G54 G80 G90 G94;                程序初始化
N20 G00 Z50.0 M07;                              刀具定位到安全平面,启动主轴
N30 M03 S2000;
N40 G99 G81 X12.99 Y-7.5 R5.0 Z-5.0 F80;        钻中心孔,深度以钻出锥面为好
N50 X-12.99;
N60 X0.0 Y15.0;
N70 Y0.0;
N80 X30.0;
N100 G00 Z180.0 M09;                            刀具抬到手工换刀高度
N105 X150 Y150;                                 移到手工换刀位置
N110 M05;
N120 M00;
N130 M03 S600;
N140 G00 Z50.0 M07;                             刀具定位到安全平面
N150 G99 G83 X12.99 Y-7.5 R5.0 Z-24.0 Q-4.0 F80;
                                                钻 3×ϕ10mm 孔和垂直进刀工艺孔
N160 X-12.99;
N170 X0.0 Y15.0;
N180 G81 Y0.0 R5.0 Z-2.9;
N190 X30.0 Z-4.9;
```

```
N200 G00 Z180.0 M09;                          刀具抬到手工换刀高度
N210 X150 Y150;                               移到手工换刀位置
N220 M05;
N230 M00;                                     暂停,换 T04 刀,换转速
N240 M03 S200;
N250 G00 Z50.0 M07;                           刀具定位到安全平面
N260 G99 G85 X12.99 Y-7.5 R5.0 Z-24.0 Q-4.0 F80;
                                              铰 3×φ10mm 孔
N270 X-12.99;
N280 G98 X0.0 Y15.0;
N290 M05;
N300 M30;                                     程序结束
```

(4) 加工圆形槽

安装 ϕ16mm 立铣刀（T05）并对刀，程序（FANUC 系统）如下：

```
O0004;                              粗铣圆形槽
N10 G17 G21 G40 G54 G80 G90 G94;    程序初始化
N20 G00 Z50.0 M07;                  刀具定位到安全平面,启动主轴
N30 M03 S500;
N40 X0.0 Y0.0;
N50 Z10.0;
N60 G01 Z-3.0 F40;                  下刀
N70 X5.0 F80;                       去除圆形槽中材料
N80 G03 I-5.0;
N90 G01 X12.0;
N100 G03 I-12.0;
N110 G00 Z50 M09;
N120 M05;
N130 M30;                           程序结束
```

半精、精加工采用同一程序，通过设置刀补值控制加工余量和达到尺寸要求。程序（FANUC 系统，程序中切削参数为半精加工参数）如下：

```
O0005;                              半精、精铣圆形槽边界
N10 G17 G21 G40 G54 G80 G90 G94;    程序初始化
N20 G00 Z50.0 M07;                  刀具定位到安全平面,启动主轴
N30 M03 S600;                       精加工时主轴转速设为 600r/min
N40 X0.0 Y0.0;
N50 Z10.0;
N60 G01 Z-3.0 F40;                  下刀
N70 G41 X-15.0 Y-6.0 D05 F80;       建立刀补,半精加工时刀补设为 8.2mm,精加工
                                    时刀补设为 7.98mm(可根据实测尺寸调整);精
                                    加工时 F 为 60mm/min
```

```
N80 G03 X0.0 Y-21.0 R15.0;           切向切入
N90 G03 J21.0;                       铣削圆形槽边界
N100 G03 X15.0 Y-6.0 R15.0;          切向切出
N110 G01 G40 X0.0 Y0.0;              取消刀补
N120 G00 Z50 M09;
N130 M05;
N140 M30;                            程序结束
```

(5) 粗铣削腰形槽

安装 ϕ12mm 立铣刀（T06）并对刀，程序（FANUC 系统）如下：

```
O0006;                               粗铣腰形槽
N10 G17 G21 G40 G54 G80 G90 G94;     程序初始化
N20 G00 Z50.0 M07;                   刀具定位到安全平面,启动主轴
N30 M03 S600;
N40 X30.0 Y0.0;                      到达预钻孔上方
N50 Z10.0;
N60 G01 Z-5.0 F40;                   下刀
N70 G03 X15.0 Y25.981 R30.0 F80;     粗铣腰形槽
N80 G00 Z50 M09;
N90 M05;
N100 M30;                            程序结束
```

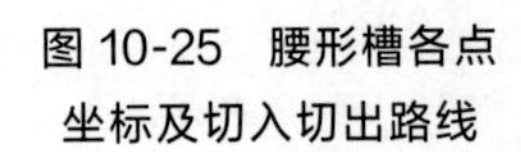

图 10-25 腰形槽各点坐标及切入切出路线

(6) 半精、精铣腰形槽

加工路线如图 10-25 所示，腰形槽各计算节点坐标见表 10-16。

表 10-16 腰形槽节点坐标

点	坐标	点	坐标	点	坐标	点	坐标
A_0	(30,0)	A_2	(37,0)	A_4	(11.5,19.919)	A_6	(30.5,6.5)
A_1	(30.5,−6.5)	A_3	(18.5,32.043)	A_5	(23,0)		

半精、精加工采用同一程序，通过设置刀补值控制加工余量来达到尺寸要求。程序（FANUC 系统，程序中切削参数为半精加工参数）如下：

```
O0007;
N10 G17 G21 G40 G54 G80 G90 G94;     程序初始化
N20 G00 Z50.0 M07;                   刀具定位到安全平面,启动主轴
N30 M03 S600;                        精加工时主轴转速设为 600r/min
N40 X30.0 Y0.0;
N50 Z10.0;
N60 G01 Z-3.0 F40;                   下刀
N70 G41 X30.5 Y-6.5 D06 F80;         建立刀补,半精加工时刀补设为 6.1mm,精加
                                     工时刀补设为 5.98mm(可根据实测尺寸调
                                     整);精加工时 F 为 60mm/min
N80 G03 X37.0 Y0.0 R6.5;             切向切入
N90 G03 X18.5 Y32.043 R37.0;         铣削腰形槽边界
```

```
N100 X11.5 Y19.919 R7.0;
N110 G02 X23.0 Y0 R23.0;
N120 G03 X37.0 R7.0;
N130 X30.5 Y6.5 R6.5;
N140 G01 G40 X30.0 Y0.0;                  取消刀补
N150 G00 Z50 M09;
N160 M05;
N170 M30;                                 程序结束
```

（7）注意事项

由于本任务零件加工比较复杂，操作过程中应注意以下几点：

① 铣削外形轮廓时，刀具应在零件外面下刀，注意避免刀具快速下刀时与零件发生碰撞；

② 使用立铣刀粗铣圆形槽和腰形槽时，应先在零件上钻工艺孔，避免立铣刀中心垂直切削零件；

③ 精铣时刀具应切向切入和切出零件，在进行刀具半径补偿时，切入和切出圆弧半径应大于刀具半径补偿设定值；

④ 精铣时应采用顺铣方式，以提高尺寸精度和表面质量；

⑤ 铣削腰形槽的 $R7$mm 内圆弧时，注意调低刀具进给率。

三、拓展练习

① 如图 10-26 所示，十字槽底板零件毛坯尺寸为 76mm×76mm×23mm，零件材料为

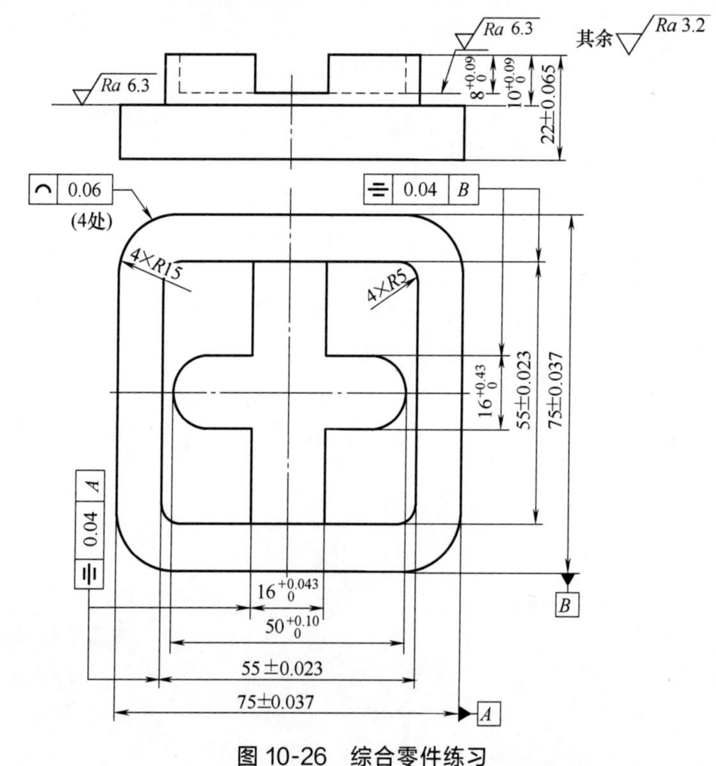

图 10-26　综合零件练习

45 钢，单件生产，试编程加工该零件。

② 如图 10-27 所示，箱体零件的材料为 45 钢，整个箱体由 10mm 钢板焊接而成。要求加工上下两个面和镗 2×ϕ20mm 孔。

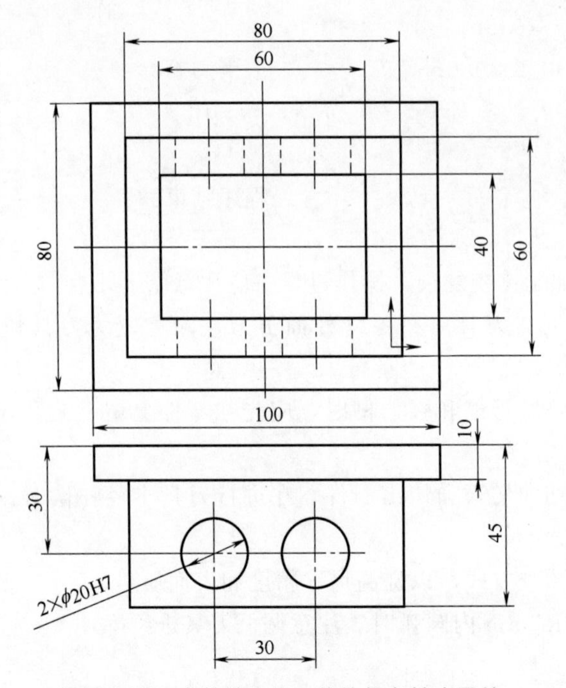

图 10-27　内外轮廓集一体的复杂轮廓零件

参考文献

[1] 张文. 数控加工工艺与编程项目式教程. 武汉：华中科技大学出版社，2016.
[2] 金璐玫. 数控加工工艺与编程. 上海：上海交通大学出版社，2014.
[3] 肖珑，赵军华. 数控车削加工操作实训. 北京：机械工业出版社，2008.
[4] 宋凤敏，时培刚. 数控铣床编程与操作. 第2版. 北京：清华大学出版社，2017.
[5] 人力资源和社会保障部教材办公室. 加工中心操作工（FANUC系统）编程与操作实训. 北京：中国劳动社会保障出版社，2015.
[6] 徐衡. 数控铣床和加工中心工艺与编程诀窍. 北京：化学工业出版社，2013.
[7] 王泉国，王小玲. 数控车床编程与加工（广数系统）. 北京：机械工业出版社，2019.
[8] 韦富基，李振尤. 数控车床编程与操作. 北京：电子工业出版社，2008.
[9] 何宏伟. 数控铣床加工中心编程与操作（FANUC系统）. 第二版. 北京：中国劳动社会保障出版社，2019.